MATHEMATIQUES
&
APPLICATIONS

Directeurs de la collection:
M. Benaim et J.-M. Thomas

14

Springer
Paris
Berlin
Heidelberg
New York
Hong Kong
Londres
Milan
Tokyo

MATHEMATIQUES & APPLICATIONS

Comité de Lecture / Editorial Board

Instructions aux auteurs:

Les textes ou projets peuvent être soumis directement à l'un des membres du comité de lecture avec copie à X. GUYON ou J.-M. THOMAS. Les manuscrits devront être remis à l'Éditeur *in fine* prêts à être reproduits par procédé photographique.

Alain Bossavit

Électromagnétisme, en vue de la modélisation

2ème tirage corrigé

Springer

Alain Bossavit
Laboratoire de Génie Électrique de Paris
11 Rue Joliot-Curie
91192 Gif-sur-Yvette, France
Bossavit@lgep.supelec.fr

1ère édition 1993.
2ème tirage corrigé 2004.

Mathematics Subject Classification
Primary: 65, 65M, 65M60 Secondary: 78, 78-08

ISBN 3-540-59620-8 Springer-Verlag Berlin Heidelberg New York

Springer-Verlag est membre du Springer Science+Business Media

springeronline.com
Imprimé en Allemagne

Imprimé sur papier non acide 41/3142/du - 5 4 3 2 1 0 -

Avant-propos

Ce livre se propose de présenter les bases de l'électromagnétisme, en vue de la *modélisation* de situations physiques où interviennent les équations de Maxwell. Modéliser consiste à poser des équations, sous une forme se prêtant à leur résolution *effective,* ce qui veut dire de nos jours, traduisible en un programme destiné à l'ordinateur. On peut considérer que cette forme est atteinte dès que l'on a abouti à un système d'équations, algébriques ou différentielles, avec un nombre *fini* d'inconnues, d'où la démarche bien connue : mettre en équations, vérifier que ces équations constituent un problème bien posé, et enfin les discrétiser. Appliquer cette démarche aux problèmes d'électrotechnique suppose un bagage théorique minimum, que l'on a tenté de rassembler ici.

Il ne s'agit donc pas d'un traité d'électromagnétisme : les équations de Maxwell, qui souvent constituent l'aboutissement de tels traités, sont prises ici, au contraire, comme point de départ. Mais il ne s'agit pas non plus d'un ouvrage mathématique consacré "aux équations de Maxwell", en toute généralité. En effet, il ne suffit pas de poser ces équations pour disposer d'un modèle immédiatement utilisable. Selon les dimensions des systèmes considérés, les constantes de temps, les rapports de valeur des coefficients exprimant les lois physiques, etc., on doit passer de ces équations à des équations plus spécialisées, ou *modèles,* qui certes dérivent des équations générales, mais ont chacune son caractère mathématique particulier (parabolique, elliptique, ...), et appellent des techniques de discrétisation particulières. C'est ainsi que l'on a un "modèle de Maxwell avec courants donnés", un autre "avec loi d'Ohm", un "modèle des courants de Foucault", "de la conduction", des "ondes en milieu borné", etc. Pour chacun de ces modèles[1], on se propose de montrer d'où il vient, de présenter le système d'équations aux dérivées partielles correspondant, en spécifiant les conditions aux limites s'il y a lieu, d'indiquer les éléments finis appropriés, et de vérifier que l'emploi de ceux-ci conduit, via des formulations "faibles", à des systèmes d'équations manipulables sur un ordinateur.

Les équations de Maxwell, et les modèles dérivés, sont le domaine d'élection des "éléments mixtes", c'est-à-dire des éléments finis à valeurs vectorielles à continuité "partielle" au passage des frontières entre éléments (continuité de la partie tangentielle,

---

[1] Ou plutôt, de ces *classes,* très générales, de modèles. Le format de ce livre ne permet pas de couvrir tous les modèles possibles, tant s'en faut. En particulier, les nombreux modèles justifiant le recours à des méthodes intégrales (courants de Foucault sur des coques minces, etc.) sont laissés de côté, d'où une certaine partialité pour les éléments finis.

ou de la partie normale). Les raisons de cette adéquation sont profondes. Elles tiennent à la *structure géométrique* des équations de Maxwell, et au fait que cette structure[2] est *préservée pour l'essentiel*, au cours de la discrétisation, grâce aux propriétés particulières de ces éléments[3]. Je ne pense pas que ce point de vue, qui exige une certaine familiarité avec la géométrie différentielle pour être vraiment compris, puisse être adopté d'emblée dans un cours comme celui-ci[4]. Mais j'espère au moins le suggérer, si possible intéresser l'étudiant à l'approfondir, et en tout cas donner quelques pistes dans cette direction. C'est la raison de la présence du dernier chapitre sur la géométrie des équations de Maxwell, et de l'annexe sur la géométrie différentielle (Chapitre 9 et Annexe 9).

L'ordre des *Chapitres* va du général (Maxwell) au très particulier (la conduction), en passant par les "modèles intermédiaires" que constituent les courants de Foucault (abandon du terme correspondant aux "courants de déplacement") et cavités micro-ondes (domaine borné, régime harmonique). Cet ordre, toutefois, ne s'impose pas strictement du point de vue logique, et on a fait un effort pour que chaque chapitre puisse être abordé indépendamment du reste.

Ceci est encore plus vrai des *Annexes,* qui sont autonomes (mais auxquelles les chapitres renvoient). Elles donnent un *contexte* aux chapitres, et consistent soit en *digressions* qui autrement retarderaient l'exposé (quelques démonstrations techniques, quelques exemples), soit en rappels concernant certains *outils* mathématiques : théorie classique du potentiel, espaces fonctionnels, transformation de Fourier des fonctions à valeurs vectorielles. Ainsi le prérequis est très limité : En principe, ces notes de cours sont à la portée d'étudiants connaissant la théorie des espaces de Hilbert et déjà familiers de la méthode des éléments finis.

Voici maintenant quelques indications sur le contenu.

Le premier chapitre est consacré au système formé par les équations de Maxwell plus la loi d'Ohm : il s'agit de trouver le champ électromagnétique qui s'établit, en présence de conducteurs immobiles donnés, lorsqu'on force une certaine distribution de courant, pas forcément conservative, dans une certaine région de l'espace-temps. Après une discussion sur ce qu'il faut entendre par "solution" (l'unicité ne s'obtenant que si l'on se restreint à une classe particulière de solutions, celles "vers l'avenir"), on montre que le problème est bien posé, en employant la transformation de Laplace et le lemme de Lax-Milgram. On rappelle au passage quelques éléments de théorie du potentiel ("potentiels retardés", etc.). On étudie brièvement la dépendance de la solution par

---

[2] incluant en particulier l'évidente *symétrie* des équations et les *deux* dualités en jeu, celle entre champ électrique et champ magnétique, et celle entre circulations des champs électrique et magnétique (f.é.m., f.m.m.) et flux des inductions correspondantes.

[3] Ni les éléments mixtes, ni la géométrisation des équations de Maxwell, ne sont des nouveautés. C'est *l'interaction* des deux qui est à mon avis le point essentiel, et aussi l'élément neuf dans ces notes.

[4] Il s'agit d'un cours de troisième cycle de six mois, donné à l'Université d'Orsay (Paris 11) dans le cadre du DEA d'Analyse Numérique.

rapport à un paramètre. En particulier, lorsque l'un des conducteurs présents est beaucoup plus conducteur que tous les autres, l'étude des solutions en fonction du petit paramètre que constitue le rapport des conductivités permet de justifier la condition à la limite "champ électrique normal" caractéristique de la surface des conducteurs parfaits[5].

On s'appuie sur ce résultat pour traiter le problème des équations de Maxwell en milieu *borné*, au Chap. 2, avec pour condition au bord le $n \times e = 0$ que la fin du Chap. 1 vient de justifier. L'étude des *fours à micro-ondes* et des *cavités résonnantes* constitue la principale application, et est faite en détail (mais pour partie, en Annexes), avec une première introduction des éléments finis adéquats. Le fait que dans ces problèmes on s'intéresse aux solutions *périodiques*, à une certaine fréquence, introduit une difficulté d'ordre mathématique (perte de coercivité), qu'on surmonte grâce à des propriétés de compacité dues au fait que le domaine de calcul est *borné*. On insiste sur la *dualité* des formulations classiques (électrique et magnétique) du problème. La question des "modes parasites" est évoquée.

Au Chap. 3, les éléments finis mixtes, ou "éléments d'arêtes", qu'on vient d'employer sont replacés dans leur véritable contexte, celui des "formes de Whitney". On insiste sur les propriétés du *complexe* formé par ces "éléments de Whitney" pris ensemble, et sur le fait qu'il constitue, grâce à ces propriétés mêmes, une structure d'accueil pour les équations de Maxwell, où celles-ci trouvent une discrétisation naturelle et quasi-automatique. Ceci, tout comme un certain nombre de faits de topologie et de géométrie différentielle mis en évidence au passage, ne sera totalement expliqué que plus tard, au Chap. 9.

Le Chap. 4 aborde une question essentielle quant aux applications à l'électrotechnique, et jusqu'ici peu traitée : la justification de la pratique consistant à négliger les courants de déplacement dans le système de Maxwell, et qui mène à un modèle mathématiquemet très différent (parabolique, alors que celui de Maxwell est hyperbolique), le *modèle des courants de Foucault.* On procède par développement limité par rapport à un petit paramètre. Ce dernier peut s'interpréter en première approche comme le quotient d'une dimension caractéristique du système étudié par la longueur d'onde[6], mais les limites de cette interprétation sont mises en évidence, et on en propose une meilleure. Ce chapitre est le premier pas vers une théorie élargie des courants de Foucault, incorporant les *effets capacitifs* que celle-ci néglige, sans pour autant revenir au système de Maxwell complet.

---

[5] On aurait pu poursuivre dans cette voie en cherchant, dans le cas d'une conductivité grande mais non infinie, de meilleures approximations de la condition au bord. Ceci, qui mènerait aux "conditions d'impédance" à la Rytov-Léontovitch (cf. [M]), est l'un des sujets importants laissés de côté. (Il se trouve traité en partie, toutefois, au Chap. 8, à propos de l'"effet de peau".)

[6] C'est ce qui semble fonder la division du champ de l'électromagnétisme numérique en deux parcelles, occupées par des communautés distinctes : "basses fréquences" (problèmes d'électrotechnique) et "hautes fréquences" (problèmes d'ondes). Cette distinction, sans base scientifique réelle, tend à s'estomper de nos jours, mais la séparation en deux communautés reste un fait. Ce livre s'adresse plutôt à la première, mais souhaite contribuer au rapprochement en cours.

Le modèle des courants de Foucault ainsi établi, on va consacrer les Chaps. 5 et 6 à son étude. Le Chap. 5 suppose le domaine de calcul borné (soit que le champ reste effectivement confiné, soit que l'on néglige le "champ lointain") et présente la "méthode h–φ", où les degrés de liberté sont les circulations du champ magnétique le long des arêtes internes du maillage et les valeurs nodales du potentiel magnétique sur la surface. Le Chap. 6 réintroduit le champ lointain et son traitement par l'intermédiaire d'une méthode intégrale de frontière couplée avec la méthode des éléments finis. Le tout est une tentative d'exposé équilibré de l'ensemble de ce sujet[7], qui n'était traité jusqu'ici que dans une série de publications disparates, et constitue une introduction théorique au code de calcul "Trifou", développé à EdF au cours des années 80.

Une autre simplification (cas *stationnaire*, champs indépendants du temps, et problèmes de type *elliptique)* apparaît au Chap. 7, où l'on étudie le modèle de la *conduction.* (Les autres modèles stationnaires, électrostatique et magnétostatique, sont très voisins, et relèvent des mêmes techniques.) On développe un aspect important de la dualité des équations de Maxwell, à savoir la *complémentarité* entre une formulation "électrique" (en potentiel scalaire) et une formulation "magnétique" (en potentiel vecteur). La complémentarité se manifeste en particulier par la possibilité d'obtenir des encadrements de certaines quantités, comme la résistance électrique d'un système. C'est l'occasion de revenir sur le complexe de Whitney, dont les propriétés structurales expliquent cette complémentarité, et sur les raisons de préférer les éléments d'arêtes aux éléments nodaux (lagrangiens), plus familiers.

Le Chap. 8 introduit un nouvel élément de simplification, l'invariance par translation ou rotation, qui mène à des modèles uni-dimensionnels[8]. Les solutions s'obtiennent alors "à la main", et présentent la décroissance exponentielle caractéristique de l'effet de peau, gouvernée par ce paramètre important qu'est la "profondeur de pénétration" classique, $\delta = (2/\sigma\omega\mu)^{1/2}$. Ce chapitre, très élémentaire du point de vue mathématique, est essentiel pour la pratique de la modélisation, en particulier en électrothermie.

Enfin, le Chap. 9 donne la raison profonde de l'emploi des éléments mixtes en électromagnétisme. Elle est à rechercher dans la structure même des équations, et celle-ci ne devient vraiment claire qu'au prix d'un effort de *géométrisation*, qui suppose un changement de langage, et d'outillage : l'étude, *y compris l'étude numérique,* des équations de Maxwell relève de la géométrie différentielle, et pas seulement du calcul vectoriel classique. Ce point de vue s'imposera un jour.

[7] Les aspects "avancés" du code sont signalés, mais ne pouvaient être traités en détail : il s'agit tout particulièrement de la prise en considération des *symétries* géométriques (cf. Annexe 6, et au-delà, [B, L]), et du "problème des boucles", relatif à l'apparition de potentiels magnétiques multivoques lorsque le domaine conducteur n'est pas simplement connexe. La solution employée dans Trifou est décrite dans [V].

[8] Logiquement, il faudrait traiter des modèles *bi*-dimensionnels d'abord. Mais d'une part, ils sont les mieux connus, ne différant en rien formellement d'autres modèles classiques comme l'équation de la chaleur. Et d'autre part, le *passage* de trois dimensions à deux, c'est-à-dire la justification des modèles 2D, est un immense sujet, qui justifierait un livre à lui seul. Aucun système physique, en effet, n'est réellement bidimensionnel : le supposer constitue toujours une approximation, qui devrait chaque fois être justifiée (par des études asymptotiques et des passages à la limite appropriés).

Il reste à parler des omissions : en gros, tout ce qui a trait à la *propagation des ondes*, et en particulier aux *conditions aux limites absorbantes*. Le sujet n'est pas abordé, mais on y fait allusion à la fin du Chap. 6. Par ailleurs, on fait aussi allusion au Chap. 3 aux éléments de Whitney hexaédriques. La combinaison des deux idées (éléments d'arêtes d'un maillage en hexaèdres selon trois familles de surfaces-coordonnées dans le domaine de calcul, et conditions aux limites absorbantes) conduirait à une méthode de résolution des équations de Maxwell complètes, avec évolution en temps, où l'on retrouverait le classique "schéma de Yee" [Y].

Les références sont placées *à la fin de chaque chapitre ou annexe*, au prix de quelques répétitions[9]. Elles comprennent : (1°) Quelques livres de référence en analyse fonctionnelle et analyse numérique, tels Brezis, Ciarlet, Lions, Yosida, etc., connus et accessibles, que les lecteurs de cette collection en général possèdent (ou rêvent de posséder) ; ils sont délibérément en très petit nombre ; (2°) Des ouvrages pédagogiques appartenant à d'autres sous-disciplines (topologie algébrique, géométrie différentielle, etc.) ; pour ceux-là, au contraire, on a introduit beaucoup de redondance, compte tenu des difficultés d'accès dont beaucoup d'étudiants se plaignent ; (3°) Des articles divers, cités en général à l'appui d'une affirmation non établie dans le texte, ou suggérés comme compléments pour des développements auxquels on renonce faute de place. On n'a pas cherché à faire une vraie bibliographie du sujet ni (à plus forte raison) à établir des priorités.

Quelques mots pour finir sur les notations.

On appelle V_n l'espace vectoriel de dimension n, et A_n l'espace affine associé. (Il importe de ne pas les confondre.) Pour tout ce qu'on fera ici ou presque, $n = 3$. La structure formée de A_n (orienté par la règle des trois doigts) et de la *distance* induite par un produit scalaire est l'"espace euclidien affine" (orienté) de dimension n, noté E_n. On note E_n aussi (bien qu'il ne s'agisse pas du même objet) la structure formée de V_n (orienté par la règle des trois doigts) plus la donnée de ce produit scalaire, lui-même noté à l'aide d'un point, « · », selon l'usage courant. La norme d'un vecteur v de E_n est notée $|v|$.

On note $L^2(D)$ l'espace des fonctions de carré sommable (en général, à valeurs réelles), où D est un domaine de E_3, et $(u, u') = \int_D u(x)\, u'(x)\, dx$, où dx est l'élément de volume (mesure de Lebesgue) induit par « · », son produit scalaire naturel. L'espace des champs de *vecteurs* de carré sommable est noté $\mathbb{L}^2(D)$, avec une "majuscule éclairée" $\mathbb{L}$ à la place[10] de L. Produit scalaire : $(h, h') = \int_D h(x) \cdot h'(x)\, dx = \int_D h \cdot h'$. La norme, $(h, h)^{1/2}$, est notée $\|h\|$. Noter l'omission possible de x et dx sous les intégrales (chaque fois qu'on peut) et l'usage du signe prime (*jamais* une dérivée ; les dérivées sont notées avec un ∂).

---

[9] L'*index des auteurs*, en fin de volume, devrait pallier en partie l'absence d'une liste de références unique.

[10] Même solution typographique chaque fois qu'on a affaire à des espaces fonctionnels dont les points sont des *champs de vecteurs :* $\mathbb{E}$, $\mathbb{H}$, $\mathbb{P}$, etc., et aussi pour les ensembles $\mathbb{N}$ et $\mathbb{R}$.

L'expression "x → Expr(x)" désigne la fonction qui à x associe la valeur de l'expression Expr. Si par ailleurs cette fonction s'appelle f, il est donc légitime d'écrire f = x → Expr(x). (On s'y fait. C'est même très commode à l'usage.) Toutes les fonctions sont a priori partiellement définies. On note dom(f) le domaine de définition de f, et cod(f) son image par f (ou "codomaine"). L'ensemble de toutes les fonctions partielles de X dans Y est noté X → Y. Si f ∈ X → Y, on dit que f est "de type X → Y". On dit que f est *biunivoque* si f(x) = f(y) ⇒ x = y. Dans ce cas, elle a une inverse $f^{-1} \in Y \to X$, de domaine cod(f), qui est biunivoque aussi. Une fonction f biunivoque est *injective* si dom(f) = X, *surjective* si cod(f) = Y, *bijective* si elle est l'un et l'autre. La fonction nulle, x → 0, quel que soit son type, se note simplement 0. (Ne pas lire "→" comme "tend vers".) De même pour les constantes autres que 0: la fonction x → a se note a. Exemples (voir l'Annexe 1 pour leur emploi) : fonction f = x → |x|, de type $E_3 \to \mathbb{R}$, champ u = x → x, de type $E_3 \to V_3$. (Remarquer l'abus de notation : x est à gauche un point, à droite un vecteur.)

Si f est une fonction de type X → Y et de domaine dom(f), sa restriction à une partie A de X est la fonction de domaine dom(f) ∩ A, notée $f|_A$, définie par $(f|_A)(x) = f(x)$ pour tout x ∈ dom(f) ∩ A. Selon le contexte, on la considérera comme de type X → Y ou de type A → Y.

Les entités physiques en électromagnétisme sont désignées par des symboles consacrés : e, h, b, μ, ε, etc., et il serait très imprudent de prétendre leur en affecter d'autres. (C'est déjà flirter avec l'hérésie que d'écrire h, b, j, etc., là où les comités internationaux ad hoc "recommandent" **H**, **B**, **J**, etc.) D'où certains choix douloureux, et quelques sacrifices (la base des logarithmes népériens apparaît quelquefois sous la forme exp(1), etc.) destinés à sauver malgré tout l'essentiel : π reste π, et $\sqrt{-1}$ reste i.

Enfin, ce n'est pas parce qu'un paramètre s'appelle "epsilon" (ε_0, en l'occurrence), et vaut $1/(4\pi\ 10^{-7} \times (299\ 792\ 458)^2)$, à peu près $1/(36\ \pi\ 10^9)$, qu'il faut le considérer sans autre examen comme "petit" ... On y reviendra au Chap. 4.

Références

[B] A. Bossavit: "The Exploitation of Geometrical Symmetry in 3-D Eddy-currents Computations", **IEEE Trans.**, **MAG-21**, 6 (1985), pp. 2307-9.

[L] J. Lobry: **Symétries et éléments de Whitney en magnétodynamique tridimensionnelle,** Thèse (Faculté Polytechnique de Mons), 1993.

[M] K.M. Mitzner: "An Integral Equation Approach to Scattering From a Body of Finite Conductivity", **Radio Science**, **2**, 12 (1967), pp. 1459-70.

[V] J.C. Vérité: "Calculation of multivalued potentials in exterior regions", **IEEE Trans.**, **MAG-23**, 3 (1987), pp. 1881-7.

[Y] K.S. Yee: "Numerical solution of initial boundary value problems involving Maxwell's equations in isotropic media", **IEEE Trans.**, **AP-14**, 3 (1966), pp. 302-7.

Voir `http://www.lgep.supelec.fr/mse/perso/ab/bossavit.html` pour les nombreux errata à la première édition, ici dûment reportés, ainsi que pour les erreurs, anciennes ou nouvelles, débusquées depuis que vous avez acquis ce livre...

Sommaire

1 Les équations de Maxwell, avec loi d'Ohm

1.1 Les équations de Maxwell

1.1.1 Généralités

Ces équations, qui s'écrivent

(1) $-\partial_t d + \text{rot } h = j,$ (2) $\partial_t b + \text{rot } e = 0,$

(3) $d = \varepsilon\, e,$ (4) $b = \mu\, h,$

sont pour nous un point de départ. Elles déterminent, comme on le verra, les champs de vecteurs e, h, d, b, dits *champ électrique, champ magnétique, induction électrique* et *induction magnétique*, une fois donnée la *densité de courant* j. Ces quatre champs, fonctions à valeurs vectorielles réelles de la position et du temps, sont une représentation mathématique (une parmi d'autres possibles[1]) d'un phénomène physique, dit *champ électromagnétique*, qui bien sûr existe indépendamment de ces représentations.

Il y a une différence de nature entre les équations (1) et (2) d'une part et les lois de comportement (3) et (4) d'autre part. Les premières, de caractère moins physique que "géométrique" (on verra en quoi au Chap. 9), sont plus fondamentales que (3) et (4), qui rendent compte de propriétés de la matière. Dans le vide, μ et ε ont pour valeurs respectives les constantes bien connues : $\mu_0 = 4\pi\ 10^{-7}$ (dans le système MKSA) et $\varepsilon_0 = 1/(\mu_0 c^2)$, où c est la vitesse de la lumière[2]. Même si l'on envisage que μ et ε puissent dépendre de la position, le comportement *linéaire* décrit par (3) et (4), quoique assez général pour ce qu'on veut faire ici, n'a pas lieu pour une classe importante de matériaux (fer, etc.). Au contraire, (1) et (2) sont universelles, *toujours* valables, sans aucune exception. L'équation (2) est la *loi de Faraday*. L'équation (1) s'appelle *théorème d'Ampère* lorsqu'on néglige le terme $\partial_t d$. L'introduction de ce terme (nommé "courants de déplacement") par Maxwell a été une des avancées scientifiques majeures du 19e siècle.

---

[1] Pas forcément la meilleure, comme on le verra à la fin (Chap. 9).

[2] On rappelle que la valeur de c, fixée par accord international, est 299 792 458 km/s. L'unité de temps étant définie par référence à l'atome de Césium (cf. Annexe 7), fixer ainsi c revient à définir le mètre. Adieu pavillon de Breteuil, platine iridié, etc.

On définit la *charge électrique* par

(5) $$q = \operatorname{div} d.$$

C'est donc un champ scalaire. D'après (1), on a

(6) $$\partial_t q + \operatorname{div} j = 0,$$

équation de conservation de la charge. Noter que si j est donné, on a la charge par intégration en temps, à condition de la connaître à un instant quelconque. Plus loin on supposera que j et q sont nuls avant une certaine date $-T$, $T > 0$, de sorte que $q(t, x) = -\int_{[-T,\, t]} (\operatorname{div} j)(s, x)\, ds$. Donner j, donc, détermine q.

On rappelle que la force (dite "de Lorentz", hors de France) exercée par le champ sur une charge ponctuelle q, de vitesse v, se trouvant au point x, est

(7) $$f = q\,(e(x) + v \times b(x)).$$

(Le premier terme est la "force de Coulomb", le second est la "force de Laplace", pour les français tout au moins.) Les champs (mathématiques) e et b décrivent donc l'effet du champ électromagnétique (physique) sur les particules chargées, qui par ailleurs sont, d'après (1—4), la *source* du champ. On n'est pas obligé toutefois de considérer (7) comme un postulat primitif dans la théorie : On peut construire une théorie des forces électromagnétiques sur la matière sans lui, à partir du seul "postulat thermodynamique" ci-dessous (Prop. 1.1). Cf. [B2].

1.1.2 Considérations énergétiques

Tous les problèmes concrets concernent des *systèmes isolés* (c'est-à-dire, que l'on *peut* considérer comme isolés aux fins de la modélisation que l'on a en vue ...), analysables en *sous-systèmes*, ou *compartiments :* électromagnétique, mécanique, thermique, chimique, etc. Chaque compartiment est assujetti à ses propres lois, des équations aux dérivées partielles, en général, dont les seconds membres, c'est-à-dire les *données*, du point de vue de chacun de ces compartiments, sont fournis comme *résultats* de la résolution des équations concernant les *autres* compartiments. Les équations (1—4) sont les lois qui régissent le compartiment électromagnétique. Celui-ci n'est presque jamais seul en cause, et on a affaire, en général, à un système *couplé* d'équations aux dérivées partielles.

Par exemple, la donnée j dans (1—4) peut être le résultat de la résolution d'un problème de *dynamique* des particules matérielles portant les charges. Pour résoudre ce problème, on appliquerait la loi fondamentale $(f = m\gamma)$, grâce à (7), connaissant e et b. D'où le couplage : partant de j, on a e et b, d'où les forces, d'où le mouvement de la matière chargée, d'où j, et il faut que le j de l'arrivée coïncide avec celui du départ (point fixe ...).

La science des échanges d'énergie (travail et/ou chaleur) entre les différents compartiments d'un système est la thermodynamique. Notre seul recours à celle-ci (en dehors de l'emprunt des concepts de travail, énergie, etc., considérés comme primitifs) sera le postulat suivant (qu'on pourrait autrement dériver de (7)) :

Proposition 1.1. *La puissance cédée par le compartiment électromagnétique d'un système aux autres compartiments est à chaque instant donnée par*

(8) $$p = \int_{E_3} j \cdot e.$$

D'après (1) et (2), on a $p = -\int_{E_3} (h \cdot \partial_t b + e \cdot \partial_t d)$, en intégrant par parties. Si l'on a (3) et (4) par dessus le marché, alors $p = -\partial_t W$, où

(9) $$W(t) = {}^1/_2 \int_{E_3} (\mu\, |h(t)|^2 + \varepsilon\, |e(t)|^2),$$

quantité qu'il est donc légitime d'appeler *énergie électromagnétique*.

En pratique, puissance et énergie sont finies, donc h et e restent dans l'espace $\mathbb{L}^2(\mathbb{E}_3)$: première indication quant aux espaces fonctionnels où vivent nos champs.

1.1.3 Cas particulier : conducteurs immobiles, et générateurs

Les corps conducteurs (métaux, etc.), sont ceux où existe une certaine population de charges électriques libres (non liées aux atomes). Sous l'effet du champ électrique (cf. (7)), elles se déplacent donc, et leur inertie étant en général négligeable, elles acquièrent une certaine vitesse limite où il y a équilibre entre la force exercée par le champ et diverses forces de friction. Comme par ailleurs la densité de courant due à chaque type de charges (ions, électrons, ...) est proportionnelle à la vitesse de celles-ci, il y a finalement proportionnalité entre e et la densité de courant :

$$j = \sigma\, e,$$

où σ, la *conductivité*, dépend du matériau. C'est la *loi d'Ohm*. On a $\sigma \geq 0$, et $\sigma = 0$ dans les *isolants* (air sec, vide, etc.).

Les *générateurs* sont les milieux où la densité de courant (notée alors j^d, d pour "donnée") est fixée indépendamment du champ électromagnétique. On peut donc toujours supposer $\sigma = 0$ dans ces milieux, et écrire la loi d'Ohm généralisée suivante (valable dans tout l'espace) :

(10) $$j = \sigma\, e + j^d.$$

La théorie des conducteurs immobiles est le système d'équations (1—4) plus (10). C'est celle qui va nous occuper (elle couvre une large gamme de situations en électrotechnique). Elle concerne un système à deux compartiments : celui de l'électromagnétisme, et celui de la dynamique des charges. Mais la théorie de ce dernier est particulièrement simple, car elle se réduit à (10). Ne pas oublier pour autant qu'il s'agit d'un problème couplé (dit "système de Maxwell avec loi d'Ohm", le "système de Maxwell" proprement dit, où j est une donnée, étant (1—4)).

1.1.4 Non-unicité

On s'intéresse à des processus physiques concrets, pour lesquels la source du champ, j^d, est nulle en dehors d'un certain intervalle de temps $[-T, T]$. La causalité étant ce qu'elle est, on s'attend donc à ce que les champs soient nuls pour $t \le -T$. Or ceci ne résulte pas des équations de façon immédiate.

Supposons en effet qu'il y ait une telle solution $\{e, b, d, h\}$ à (1—4)(10). Il y a alors une solution $\{\tilde{e}, \tilde{b}, \tilde{d}, \tilde{h}\}$ au problème analogue pour lequel les données seraient $\tilde{j}^d$ et $\tilde{\sigma}$ définies par $\tilde{j}^d(t, x) = j^d(-t, x)$ et $\tilde{\sigma}(x) = -\sigma(x)$: cette solution est donnée par $\tilde{e}(t, x) = -e(-t, x)$, $\tilde{d} = \varepsilon\tilde{e}$, $\tilde{h}(t, x) = h(-t, x)$, $\tilde{b} = \mu\tilde{h}$. Donc si $\sigma = 0$ partout, et si j^d est paire par rapport au temps ($j^d(-t) = j^d(t)$), à toute solution en correspond une autre, obtenue par ce renversement du temps. De même, si j^d est impaire : prendre $\tilde{e}(t, x) = e(-t, x)$, $\tilde{h}(t, x) = -h(-t, x)$, etc.

Nous dirons qu'une solution des équations du champ est "vers l'avenir" si $W(t) = 0$ pour $t \le -T$, et "vers le passé" si $W(t) = 0$ pour $t \ge T$. Ainsi, si $\sigma = 0$ et si j^d est paire en t, à toute solution vers l'avenir en correspond une autre vers le passé. Plus généralement, puisqu'on peut toujours décomposer j^d en partie paire et impaire, et varier l'origine des temps, il y a une *infinité* de solutions dès qu'il y en a une, certaines vers l'avenir, d'autres vers le passé, d'autres hybrides (combinaisons linéaires des deux espèces).

On rétablit l'unicité en décidant de ne s'intéresser qu'aux solutions vers l'avenir. En effet :

Proposition 1.2. *Si $\sigma \ge 0$ partout, il y a au plus une solution "vers l'avenir" de* (1—4)(10).

Démonstration. Par linéarité, cela revient à démontrer que la seule solution vers l'avenir est 0 lorsque $j^d = 0$. Considérons l'énergie associée $W(t)$, non négative d'après (9). Par hypothèse, $W(t) = 0$ pour $t \le -T$. Or, d'après (8) et (10),

$$W(t) = -\int_{-T}^{t} (\sigma e, e) \le 0,$$

donc $W(t) = 0 \ \forall\, t$, donc $e = h = 0$ à tout instant. ◊

À ce stade, nous ne savons rien encore de l'existence d'une solution (et presque rien des espaces fonctionnels dans lesquels il conviendrait de la chercher ...). Mais être assuré de l'unicité est tout de même un bon point d'appui : il suffira de vérifier qu'une solution (vers l'avenir) convient pour être sûr que c'est *la* solution.

Exercice 1.1. Exhiber une solution non nulle de (1—4) pour $j = 0$, $\varepsilon = \varepsilon_0$, $\mu = \mu_0$.

1.2 Existence, dans le système de Maxwell

1.2.1 Solution "par potentiels", à j donné

On notera M le produit cartésien $\mathbb{R} \times E_3$. (C'est "l'espace-temps de Minkowski", ou plutôt, ici, temps-espace... Les points de M, c'est-à-dire les couples $\{t, x\}$, s'appellent "événements".) On désigne par c une constante positive, qui sera plus loin $(\varepsilon_0 \mu_0)^{-1/2}$, c'est-à-dire la vitesse de la lumière dans le vide. La démonstration qui va suivre s'appuie sur le Lemme suivant, démontré à l'Annexe 1:

Lemme 1.1 *Soit* $f : M \rightarrow \mathbb{R}$ *une fonction régulière à support compact. On définit son* potentiel retardé u *par*

$$u(t, x) = \frac{1}{4\pi} \int_{E_3} \frac{f(t - |x - y|/c, y)}{|x - y|} \, dy.$$

Alors

(11) $$c^{-2} \partial_{tt} u - \Delta u = f$$

*(l'*équation des ondes, *de célérité* c, *avec second membre* f).

Nous allons maintenant *construire*, explicitement, la solution vers l'avenir du système de Maxwell dans le cas où $\varepsilon = \varepsilon_0$ et $\mu = \mu_0$ partout. (Il est fortement conseillé de ne pas poursuivre sans avoir fait la démonstration du Lemme 1.1 pour son propre compte, ou lu l'Annexe 1.)

Proposition 1.3. *Soit* j *donnée,* à *support borné dans* M, *avec* $j(t, x) = 0$ *pour* $t \leq -T$, *et soit* $q(t, x) = -\int_{-T}^{t} (\mathrm{div}\, j)(s, x)\, ds$. *On pose*

$$a(t, x) = \frac{\mu_0}{4\pi} \int_{E_3} \frac{j(t - |x - y|/c, y)}{|x - y|} \, dy,$$

$$\psi(t, x) = \frac{1}{4\pi\varepsilon_0} \int_{E_3} \frac{q(t - |x - y|/c, y)}{|x - y|} \, dy.$$

Alors, les champs $e = -\partial_t a - \mathrm{grad}\, \psi$ *et* $h = \mu_0^{-1} \mathrm{rot}\, a$ *vérifient*

(15) $$-\varepsilon_0 \partial_t e + \mathrm{rot}\, h = j, \quad \mu_0 \partial_t h + \mathrm{rot}\, e = 0.$$

De plus, $h(t) = 0$ *et* $e(t) = 0$ *pour* $t \leq -T$ *(solution "vers l'avenir").*

Démonstration. D'abord, $\mu_0 \partial_t h + \mathrm{rot}\, e = \mathrm{rot}(\partial_t a + e) = 0$. Ensuite, substituant z à $y - x$, et dz à dy, ce qui donne

$$a(t, x) = \frac{\mu_0}{4\pi} \int_{E_3} \frac{j(t - |x - y|/c, y)}{|x - y|} \, dy = \frac{\mu_0}{4\pi} \int_{E_3} \frac{j(t - |z|/c, x + z)}{|z|} \, dz$$

et

$$\psi(t, x) = \frac{1}{4\pi\varepsilon_0} \int_{E_3} \frac{q(t - |z|/c, x + z)}{|z|} \, dz,$$

on facilite un peu les dérivations sous le signe somme, d'où

(16) $$\varepsilon_0 \, \partial_t \psi + \mu_0^{-1} \operatorname{div} a = (4\pi)^{-1} \int_{E_3} |z|^{-1} \, (\partial_t q + \operatorname{div} j)(t - |z|/c, x + z) \, dz = 0,$$

puisque $\partial_t q + \operatorname{div} j = 0$ par définition de q, et donc (avec ∇ pour grad)

$$- \varepsilon_0 \, \partial_t e + \operatorname{rot} h = \varepsilon_0 \, \partial_{tt} a + \varepsilon_0 \nabla \partial_t \psi + \operatorname{rot} \mu_0^{-1} \operatorname{rot} a$$

$$= \varepsilon_0 \, \partial_{tt} a - \mu_0^{-1} \Delta a + \nabla(\varepsilon_0 \, \partial_t \psi + \mu_0^{-1} \operatorname{div} a) = \mu_0^{-1} (c^{-2} \partial_{tt} a - \Delta a),$$

d'après (16) et la relation $\varepsilon_0 \mu_0 = 1/c^2$, d'où finalement $- \varepsilon_0 \, \partial_t e + \operatorname{rot} h = j$ d'après (11) et la définition de a. On a donc prouvé (15). Le fait qu'on ait des solutions vers l'avenir tient au signe moins dans l'expression $t - |x - y|/c$ (potentiels "retardés"). Cf. Fig. 1.1. L'autre choix, $t + |x - y|/c$, donnerait des solutions "vers le passé". ◊

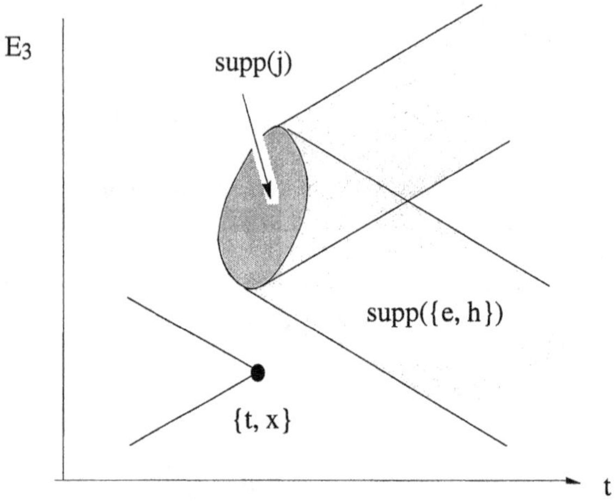

Figure 1.1. Support, dans l'espace-temps $M = \mathbb{R} \times E_3$, de la "solution vers l'avenir" donnée explicitement par la Prop. 1.3, connaissant le support de j. Les obliques figurent les "lignes de lumière", de pente $\pm c$. En bas à gauche, la "nappe vers le passé" du "cône de lumière" de l'événement $\{t, x\}$, formée des points $\{s, y\}$ de M tels que $s \leq t$ et $|x - y| = (t - s)c$. Lorsque ce cône ne rencontre pas le support de j, on a $e(t, x) = 0$ et $h(t, x) = 0$, d'après la Prop. 1.1. On en déduit immédiatement la construction de l'ensemble en grisé, contenant le support de la solution. Noter la présence de "fronts d'onde" : un "front avant" et aussi, lorsque supp(j) est borné dans M, un "front arrière".

1.2.2 Solution par transformation de Laplace, à j donné

Pour la commodité typographique, on note les transformées de Laplace ou de Fourier avec des PETITES CAPITALES au lieu de l'habituel chapeau ^ : donc A au lieu de â, etc. (Voir l'Annexe 3 pour un rappel sur ces transformations, si nécessaire.)

À titre d'exercice de familiarisation, on va d'abord retrouver les résultats précédents. On continue à supposer μ et ε indépendants de x (et donc égaux à μ_0 et ε_0). Soit, pour a nul jusqu'à t = 0,

$$\mathrm{A}(p, x) = \int_0^{+\infty} \exp(-pt)\, a(t, x)\, dt,$$

où $p \in \mathbb{C}$ est un paramètre. On sait que a est alors restitué par l'intégration

$$a(t, x) = (2i\pi)^{-1} \int_\gamma \exp(pt)\, \mathrm{A}(p, x)\, dp,$$

sur un contour γ convenable du plan complexe, par exemple la ligne[3] $\omega \to \xi + i\omega$, avec $\xi > 0$. Même chose pour j, e, h, etc., dont les transformées sont J, E, H, etc. D'après l'énoncé de la Prop. 1.3, on a

$$\mathrm{A}(p, x) = \frac{\mu}{4\pi} \int_{\mathbf{R}} dt\, e^{-pt} \int_{E_3} dy\, \frac{j(t - |x - y|/c, y)}{|x - y|}$$

$$= \frac{\mu}{4\pi} \int_{E_3} \frac{dy}{|x - y|} \int_{\mathbf{R}} dt\, e^{-pt}\, j(t - |x - y|/c, y),$$

donc, substituant s et ds à $t - |x - y|/c$ et dt,

(17) $$\mathrm{A}(p, x) = \frac{\mu}{4\pi} \int_{E_3} \frac{dy}{|x - y|}\, e^{-ik|x-y|}\, \mathrm{J}(p, y),$$

où $k = p/ic$ (le *nombre d'onde,* complexe dans le cas où $\mathrm{Re}[p] \neq 0$). De même,

(18) $$\Psi(p, x) = \frac{1}{4\pi\varepsilon} \int_{E_3} \frac{dy}{|x - y|}\, e^{-ik|x-y|}\, \mathrm{Q}(p, y),$$

avec $\mathrm{Q} = -\operatorname{div} \mathrm{J}/p$. Remarquer que l'on a, en écho à (16),

$$p\, \varepsilon\, \Psi + \mu^{-1} \operatorname{div} \mathrm{A} = 0.$$

Remarque. L'autre choix de signe, e^{ikr}/r, est possible et donne aussi des solutions, mais vers le passé. Pour $p = i\omega$, ω réel, le noyau de convolution $r \to e^{-ikr}/(4\pi r)$ s'appelle *noyau de Helmholtz.* Pour $k = 0$, on retrouve naturellement la théorie classique du potentiel, dont l'essentiel est rappelé dans l'Annexe 2. ◊

Donc, étant donnée J, transformée de Laplace de j, on a une solution $\{\mathrm{E}_p, \mathrm{H}_p\}$ de

$$-p\, \varepsilon\, \mathrm{E} + \mathrm{rot}\, \mathrm{H} = \mathrm{J}, \qquad p\, \mu\, \mathrm{H} + \mathrm{rot}\, \mathrm{E} = 0$$

pour tout p en posant (indice p sous-entendu désormais) $\mathrm{E} = -(p\mathrm{A} + \nabla\Psi)$, où A et Ψ sont donnés par (17) et (18), d'où H. On voit, en éliminant H, que l'on a ainsi résolu, dans le cas où $\varepsilon = \varepsilon_0$ et $\mu = \mu_0$ partout, l'équation

$$p\, \varepsilon\, \mathrm{E} + \mathrm{rot}((p\mu)^{-1}\, \mathrm{rot}\, \mathrm{E}) = -\mathrm{J}.$$

---

[3] La notation adoptée ici pour les fonctions, avec en particulier l'usage de "$\to$", est expliquée dans l'avant-propos.

1.2.3 Solution par Laplace, avec loi d'Ohm, ε et μ non uniformes

On se tourne maintenant vers l'image de Laplace du système de Maxwell avec loi d'Ohm (avec cette fois ε et μ éventuellement variables en x), soit

(19) $$- p\,\varepsilon\,\mathrm{E} + \mathrm{rot}\,\mathrm{H} = \mathrm{J}^d + \sigma\mathrm{E}, \qquad p\,\mu\,\mathrm{H} + \mathrm{rot}\,\mathrm{E} = 0,$$

c'est-à-dire, après élimination de H,

$$p\,\varepsilon\,\mathrm{E} + \mathrm{rot}((p\,\mu)^{-1}\,\mathrm{rot}\,\mathrm{E}) = -\,(\mathrm{J}^d + \sigma\mathrm{E}),$$

équation analogue à celle que l'on vient de résoudre, mais avec le terme $\sigma\mathrm{E}$ en plus. Sous forme faible, c'est[4]

(20) $$((p\,\varepsilon + \sigma)\mathrm{E}, \mathrm{E}') + ((p\,\mu)^{-1}\,\mathrm{rot}\,\mathrm{E}, \mathrm{rot}\,\mathrm{E}') = -\,(\mathrm{J}^d, \mathrm{E}') \quad \forall\, \mathrm{E}' \in \mathbb{L}^2_{\mathrm{rot}}(E_3),$$

où (,) est par définition $(u, u') = \int_{E_3} u(x) \cdot u'(x)\,dx$ si u et u' sont des champs réels, et $(\mathrm{U}, \mathrm{U}') = (u_R, u'_R) - (u_I, u'_I) + i\,[(u_R, u'_I) + (u_I, u'_R)]$ lorsque $\mathrm{U} = u_R + i\,u_I$ et $\mathrm{U}' = u'_R + i\,u'_I$. On suppose ε et μ mesurables et tels que

$$0 < \varepsilon_0 \le \varepsilon(x) \le \varepsilon_1, \quad 0 < \mu_0 \le \mu(x) \le \mu_1 \qquad \forall\, x \in E_3.$$

Proposition 1.4. *Si* $\mathrm{Re}[p] > 0$, *le problème* (20) *est bien posé : il y a une solution unique* $\mathrm{E} \in \mathbb{L}^2_{\mathrm{rot}}(E_3)$, *et l'application* $\mathrm{J}^d \to \mathrm{E}$ *est continue de* $\mathbb{L}^2(E_3)$ *dans* $\mathbb{L}^2_{\mathrm{rot}}(E_3)$.

Démonstration. Soit $a(\mathrm{E}, \mathrm{E}')$ la forme bilinéaire du premier membre de (20), et soit $p = \xi + i\omega$. Si $\xi > 0$, a est *coercive*, autrement dit, il existe $\alpha > 0$ tel que

$$\mathrm{Re}[a(\mathrm{E}, \mathrm{E}^*)] \ge \alpha \int_{E_3} (|\mathrm{E}|^2 + |\mathrm{rot}\,\mathrm{E}|^2),$$

avec ici $\alpha = \xi \min(\varepsilon_0, \mu_1^{-1}\,|p|^{-2})$, comme le montre un calcul simple, d'où le résultat par le lemme de Lax-Milgram. De plus, $\mathrm{Re}[a(\mathrm{E}, \mathrm{E}^*)] \le \|\mathrm{J}^d\|\,\|\mathrm{E}\|$, où $\|\ \|$ est la norme dans $\mathbb{L}^2(E_3)$, d'où la continuité. ◊

De (20), on déduit aussi, grâce à l'inégalité algébrique $|ab| \le \rho\,a^2 + b^2/4\rho$ (valable pour tout $\rho > 0$),

$$\varepsilon_0\,\xi\,\|\mathrm{E}\|^2 + \xi\,\mu_1^{-1}(\xi^2 + \omega^2)^{-1}\,\|\mathrm{rot}\,\mathrm{E}\|^2 \le \rho\|\mathrm{E}\|^2 + \|\mathrm{J}^d\|^2/4\rho,$$

et ceci implique (prendre $\rho = \varepsilon_0\xi/2$)

(21) $$\varepsilon_0\,\xi\,\|\mathrm{E}(\xi + i\omega)\| \le \|\mathrm{J}^d(\xi + i\omega)\|,$$

ainsi que (prendre $\rho = \varepsilon_0\xi$)

(22) $$\|\mathrm{rot}\,\mathrm{E}(\xi + i\omega)\| \le \sqrt{\frac{\mu_1}{4\varepsilon_0}\left(1 + \frac{\omega^2}{\xi^2}\right)}\;\|\mathrm{J}^d(\xi + i\omega)\|.$$

---

[4] $\mathbb{L}^2_{\mathrm{rot}}$ est l'espace des champs de $\mathbb{L}^2$ à rotationnel dans $\mathbb{L}^2$, muni de la norme hilbertienne $\mathrm{U} \to (\int |\mathrm{U}|^2 + \int |\mathrm{rot}\,\mathrm{U}|^2)^{1/2}$. Voir l'Annexe 4.

On retrouve e par la formule d'inversion :

(23) $$e(t) = (2\pi)^{-1} \int_{\mathbf{R}} d\omega \; e^{(\xi + i\omega)\, t} \, \mathrm{E}(\xi + i\omega),$$

pourvu que cette intégrale converge. Pour examiner ce point, on a besoin d'une définition technique (locale à cette Section). Disons qu'une fonction $t \to u(t)$ à valeurs dans $\mathbb{L}^2(E_3)$, pour $t \geq 0$, est "de classe $F(\xi)$" s'il existe une fonction $\tilde{u}$ de $\mathbb{L}^2(M)$ telle que $u(t) = e^{\xi t} \tilde{u}(t)$. D'après la définition même et le Th. de Plancherel,

Lemme 1.2. *Une fonction* u *est de classe* $F(\xi)$ *si et seulement si sa transformée de Laplace* U *est telle que* $\omega \to \mathrm{U}(\xi + i\omega)$ *soit dans* $\mathbb{L}^2(\mathbb{R}\,;\, \mathbb{L}^2(E_3))$.

Soit alors $j^d \in \mathbb{L}^2(M)$, nulle pour $t \leq 0$, et donc de classe $F(\xi)$ pour $\xi > 0$ choisi une fois pour toutes. Par (21) et le Lemme 1.2, e est aussi de classe $F(\xi)$, donc l'intégrande dans (23), à valeurs $\mathbb{L}^2(E_3)$, est sommable, et on peut dire, de façon peu rigoureuse mais imagée, que e(t) "ne croît pas plus vite que $\exp(\xi t)$ pour t grand", pour tout $\xi > 0$. En particulier, $e \in L^2([0, T]\,;\, \mathbb{L}^2(E_3))\ \forall\, T > 0$.

Ceci ne garantit pas encore $e(t) \in \mathbb{L}^2_{rot}(E_3)$. Pour obtenir ce surcroît d'information, supposons $\partial_t j^d \in \mathbb{L}^2(M)$, c'est-à-dire $\omega \to \omega\, \mathrm{J}^d(\xi + i\omega)$ dans $\mathbb{L}^2$. Alors, d'après (22) et le Lemme 1.2, rot e est de classe $F(\xi)$. Même résultat pour h.

Il reste à s'assurer que e et h, qui vérifient bien les équations (19), par transformation de Laplace inverse, constituent la solution cherchée. La fonction $\omega \to \omega\, \mathrm{E}(\xi + i\omega)$ est dans $L^2(\mathbb{R}\,;\, \mathbb{L}^2(E_3))$ d'après (21). De ce fait, $\omega \to \mathrm{E}(\xi + i\omega)$ est sommable (utiliser Cauchy-Schwarz, en remarquant que la fonction $\omega \to (1 + \omega^2)^{-1/2}$ est sommable). Donc $t \to \exp(-\xi t)\, e(t)$ est la transformée de Fourier d'une fonction sommable (cf. Annexe 3). À ce titre, elle est continue (à valeurs dans $\mathbb{L}^2(E_3)$), et nulle à l'infini, donc e(t) est elle-même continue, et nulle pour $t = -\infty$. Même résultat pour h. La quantité W(t) de (9) ne pouvant croître tant que $j^d = 0$, comme on l'a vu, e et h restent nulles jusqu'à $t = 0$, et on a bien trouvé une solution vers l'avenir. On peut donc conclure :

Théorème 1.1. *Si* j^d *et* $\partial_t j^d$ *sont de carré sommable sur l'espace-temps, et à support borné, les équations de Maxwell avec loi d'Ohm ont une seule solution* $\{e, h\}$ *vers l'avenir, avec* e *et* h *continues à valeurs dans* $\mathbb{L}^2(E_3)$ *et appartenant à l'espace* $L^2([0, T]\,;\, \mathbb{L}^2_{rot}(E_3))$ *pour tout* $T > 0$.

1.2.4 La méthode de Lions

Il y a une autre approche de la question, techniquement plus compliquée, mais plus générale [DL]. Rappelons d'abord le

Lemme de Gronwall. *Si* $0 \leq u(t) \leq a + b \int_0^t u(s)\, ds\ \forall\, t \in [0, T]$, *avec* $b > 0$, *on a*

$$0 \leq u(t) \leq a + b \int_0^t u(s)\, ds \leq a \exp(bt).$$

Démonstration. Soit $A(t) = a + b \int_0^t u(s)\, ds$. Alors $^d/_{dt} \log A(t) = b\, u(t)/A(t) \le b$, donc $A(t) \le A(0) \exp(bt) \equiv a \exp(bt)$. ◊

Soit $\{w_i : i = 1, 2, ..., \infty\}$ une base hilbertienne de $\mathbb{L}^2_{rot}(E_3)$. On cherche la solution sous forme *approchée :* $h_m(t) = \sum_{i \le m} h^i_m(t)\, w_i$ et $e_m(t) = \sum_{i \le m} e^i_m(t)\, w_i$, où les $h^i_m(t)$ et les $e^i_m(t)$ sont réels, en appliquant la méthode de Galerkine à la forme *faible* du système de Maxwell (1—4)(10). Ceci fournit un système d'équations différentielles linéaires par rapport aux h^i_m et aux e^i_m, pour m fixé, qui a une solution unique d'après les théorèmes généraux (cf. p. ex. [Br], p. 104). On a alors immédiatement des majorations a priori telles que

$$^1/_2\, \varepsilon\, \|e_m\|^2 \le - \int_0^t j(\tau) \cdot e_m(\tau)\, d\tau,$$

d'où, par le lemme de Gronwall, $\varepsilon\, \|e_m\|^2 \le [\int_0^t \|j(\tau)\|^2\, d\tau] \exp(t/\varepsilon)$, et une majoration analogue sur h. Le point important est que les majorants ne dépendent pas de m. On peut donc, par compacité faible de la boule unité, extraire de $\{e_m, h_m\}$ une sous-suite, notée encore $\{e_m, h_m\}$, faiblement convergente au sens de $L^\infty([0, T] ; \mathbb{L}^2(E_3))$. On vérifie alors sans peine que sa limite est solution des équations de départ. Tout ceci s'obtient en supposant $j^d \in \mathbb{L}^2([0, T] ; \mathbb{L}^2(E_3))$ (tout comme l'on avait supposé plus haut $j^d \in \mathbb{L}^2(M)$), avec T choisi à loisir. Si de plus $\partial_t j^d \in \mathbb{L}^2([0, T] ; \mathbb{L}^2(E_3))$, on peut tout dériver par rapport au temps, appliquer à nouveau la même méthode, et en déduire que les rotationnels de e et h sont L^2, d'où le même résultat que celui du Théorème 1.1.

1.3 Dépendance par rapport à un paramètre

Supposons maintenant que le problème, et donc la solution, soient paramétrés par un certain α, et qu'on s'intéresse à la solution limite pour une certaine valeur limite de ce paramètre. S'il y a "convergence dominée" (cf. Annexe 2), en ce sens que par exemple $\|\mathrm{E}_\alpha(p)\| \le \|\mathrm{G}(p)\|$ en norme $\mathbb{L}^2_{rot}$ et que $\omega \to \|\mathrm{G}(\xi + i\omega)\|$ est une fonction de carré sommable, on peut passer à la limite sous les intégrales telles que (23) : si donc, pour chaque p, $\lim_{\alpha=0} \mathrm{E}_\alpha(p) = \mathrm{E}_0(p)$, alors $\lim_{\alpha=0} e_\alpha(t) = e_0(t)$ pour chaque t. Tout revient donc à étudier E_α en fonction de α, et les conclusions d'ordre physique tirées de l'étude du problème limite "en fréquentiel" valent en règle générale "en temps-espace".

Un exemple (important, en pratique) est donné par le cas où l'un parmi les conducteurs, disons C_0, est *très* conducteur vis-à-vis des autres. Soit donc σ la fonction conductivité, partout sauf dans C_0, où on l'écrit sous la forme σ/α, avec α positif "très petit". L'équation (20) peut alors se réécrire comme suit (en gardant à la notation (,) le même sens) :

(24) $$(\alpha^{-1} - 1) \int_{C_0} \sigma\, E_\alpha \cdot E' + ((p\,\varepsilon + \sigma)E_\alpha, E') + ((p\,\mu)^{-1} \operatorname{rot} E_\alpha, \operatorname{rot} E') = -\,(J^d, E') \quad \forall\, E' \in \mathbb{L}^2_{rot}(E_3).$$

Proposition 1.5. *La solution* E_α *de* (24) *converge, dans* $\mathbb{L}^2_{rot}(E_3)$, *vers la solution* E_0 *du problème consistant à* trouver $E \in \mathbb{E}^0$ tel que

(25) $$((p\,\varepsilon + \sigma)E, E') + ((p\,\mu)^{-1} \operatorname{rot} E_\alpha, \operatorname{rot} E') = -\,(J^d, E') \quad \forall\, E' \in \mathbb{E}^0,$$

où $\mathbb{E}^0 = \{E \in \mathbb{L}^2_{rot}(E_3) : E = 0 \text{ sur } C_0\}$.

Démonstration. D'après les majorations a priori (21) et (22), encore valables dans ce cas, la solution E_α de (24) reste dans un borné de $\mathbb{L}^2_{rot}$. Par compacité faible, il existe donc une suite de valeurs de α, avec 0 pour limite, telle que la suite des E_α associée converge faiblement vers un certain E_0. Or on voit, en multipliant (24) par α, que $\int_{C_0} \sigma\, E_0 \cdot E' = 0 \ \forall\, E' \in \mathbb{L}^2_{rot}(E_3)$, d'où $E_0 = 0$ sur C_0, c'est-à-dire $E_0 \in \mathbb{E}^0$. Faisant $E' \in \mathbb{E}^0$ dans (24), il vient (25). Mais (25) est un problème *bien posé,* au même titre que (20). Il n'y a donc qu'une limite E_0 possible, d'où, par un raisonnement classique, la convergence faible de E_α vers E_0 (et non pas seulement d'une sous-suite) lorsque α tend vers 0. Reste à prouver la convergence forte, et il suffit pour cela de prouver la convergence de la *norme* de E_α, ou de n'importe quelque forme quadratique dont la racine carrée est équivalente à la norme : or c'est le cas de

$$\mathrm{Re}[(p\,\varepsilon\, E_\alpha, E_\alpha{}^*) + ((p\,\mu)^{-1} \operatorname{rot} E_\alpha, \operatorname{rot} E_\alpha{}^*)],$$

qui converge bien vers $\mathrm{Re}[(p\,\varepsilon\, E_0, E_0{}^*) + ((p\,\mu)^{-1} \operatorname{rot} E_0, \operatorname{rot} E_0{}^*)]$, comme on le voit en faisant $E' = E_\alpha{}^*$ dans (24) et (25) et en utilisant la convergence faible. ◊

Le problème (25) consiste à résoudre les équations de Maxwell "en fréquentiel" dans le complémentaire de C_0, avec pour condition à la limite $n \times E_0 = 0$ sur ∂C_0, c'est-à-dire à la frontière des "conducteurs parfaits". La convergence dominée étant assurée par les inégalités a priori, on peut donc conclure que e_α converge vers e_0 solution du problème de Maxwell dans la région complémentaire de la réunion des conducteurs parfaits, avec $n \times e_0 = 0$ sur la frontière de ceux-ci. Il est donc légitime de prendre pour condition à la limite $n \times e = 0$ à la frontière des très bons[5] conducteurs, et d'exclure ceux-ci du calcul.

Le même argument[6] vaut pour une région de perméabilité μ/α, quand α tend vers 0, d'où $n \times h = 0$ à la frontière des "corps magnétiques parfaitement perméables" (c'est-à-dire, en pratique, à μ très grand).

Par contre, il ne faut pas songer à utiliser cette méthode lorsque ce qu'on veut considérer comme petit paramètre est la permittivité ε, car celle-ci est présente de façon

---

[5] Notion bien entendu relative.

[6] À condition toutefois que la région où μ est considéré comme infini soit *simplement* connexe, autrement la condition $n \times h = 0$ ne vaut pas (il n'y a pas symétrie parfaite entre e et h à cet égard). Voir [B1].

irréductible dans les majorations a priori. Au chapitre 4, nous résoudrons le problème du passage à la limite $\varepsilon = 0$, mais avec beaucoup moins de facilité que ci-dessus.

Références

[B1] A. Bossavit: "On the condition 'h normal to the wall' in magnetic field problems", **Int. J. Numer. Meth. Engng., 24** (1987), pp. 1541-50.

[B2] A. Bossavit: "Eddy-currents and forces in deformable conductors", in **Mechanical Modellings of New Electromagnetic Materials** (Proc. IUTAM Symp., Stockholm, April 1990, R.K.T. Hsieh, ed.), Elsevier (Amsterdam), 1990, pp. 235-42.

[Br] H. Brezis: **Analyse fonctionnelle,** Masson (Paris), 1983.

[DL] G. Duvaut, J.L. Lions: **Les inéquations en mécanique et en physique,** Dunod (Paris), 1972.

L'existence, lorsque supp(j) est borné, du "front d'onde arrière" de la Fig. 1.1 signifie que lorsqu'une antenne émet pendant un temps fini, le champ en tout point x revient à 0 pour t assez grand, et reste nul : pas de "traînée". Il en irait autrement si l'espace était de dimension 2 au lieu de 3. Voir là-dessus [ST], et [De], p. 133 (les autres pages valent d'être lues aussi).

[ST] H. Soodak, M.S. Tiersten: "Wakes and waves in N dimensions", **Am. J. Phys., 61**, 5 (1993), pp. 395-401.

[De] A.K. Dewdney: **The Planiverse,** Computer contact with a two-dimensional world, Pan Books (London), 1984.

2 Le système de Maxwell en régime harmonique, en domaine borné

2.1 Un problème concret : le four à micro-ondes

2.1.1 Modélisation

D'un point de vue très distancié, un four à micro-ondes est essentiellement une cavité à parois métalliques, contenant une antenne et un corps à chauffer, ou "charge" (Fig. 2.1). L'antenne est un tube à vide, c'est-à-dire, toujours très abstraitement, un système capable de transporter des électrons d'un point à un autre, dans un mouvement de va-et-vient à fréquence élevée (2450 MHz, typiquement), et qu'on peut donc modéliser par une densité de courant j^d, périodique en temps, à support contenu dans une partie de la cavité. Noter que ce courant donné n'a pas de raison d'être conservatif et que l'on ne suppose donc pas $\operatorname{div} j^d = 0$. La puissance nécessaire pour l'entretenir est $-\int j^d \cdot e$, et se retrouvera pour partie sous forme de puissance thermique dissipée dans la charge. Celle-ci occupe une partie de la cavité et se caractérise par des coefficients ε et μ différents de ceux du vide, et surtout, pouvant prendre des valeurs *complexes*, pour des raisons que l'on va voir.

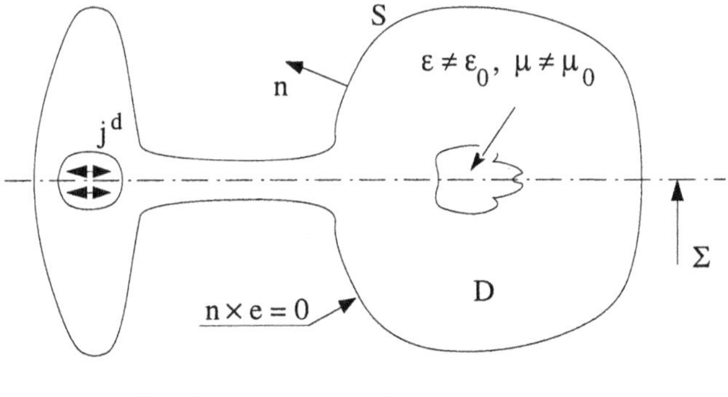

Figure 2.1. Four à micro-ondes. Notations.

La conductivité des murs métalliques étant très supérieure à celle de la charge, on se trouve dans la situation de la fin du Chap. 1, avec α très petit. On peut donc considérer que $e = 0$ dans les parois (pour peu que leur épaisseur soit suffisante[1]), qui fonctionnent donc comme un écran électromagnétique, et le problème se sépare en deux parties : un problème extérieur au four sans source de champ (champ nul, si l'on s'en tient au parti de ne considérer que les solutions vers l'avenir), et un problème intérieur, pour lequel les équations sont

(1) $- \varepsilon \, \partial_t e + \text{rot } h = j^d + \sigma \, e,$ (2) $\mu \, \partial_t h + \text{rot } e = 0$ dans D,

(3) $n \times e = 0$ sur S,

où D est le domaine[2] de E_3 correspondant à l'intérieur du four et S sa surface.

La charge est en général un milieu aqueux, d'où des propriétés diélectriques particulières. La molécule d'eau en effet s'apparente à un dipôle électrique, c'est-à-dire à deux charges q opposées, très voisines (distance $d \sim 1$ Å), liées élastiquement. Soit u le vecteur unitaire parallèle au dipôle et $m = d^{-1} q u$ le *moment électrique* du dipôle. L'effet du champ électrique appliqué, par la force de Coulomb, est de tendre à aligner les dipôles sur lui. Dans un champ variable en temps, chaque dipôle se comporte comme un oscillateur linéaire[3] forcé. D'après la théorie générale de ces oscillateurs, on a $m(t) = \int^t f(t-s)\, e(s)\, ds$, où f est la réponse impulsionnelle et e le champ électrique au niveau du dipôle. À une échelle spatiale très supérieure à celle des molécules (mais encore microscopique), on a affaire à une distribution de dipôles, caractérisée par une certaine densité (à valeurs vectorielles) de moments dipolaires, que l'on peut encore noter m, appelée *polarisation*, et qui dépend du champ *moyen*[4] e selon une loi de même forme, $m(t) = \int^t f(t-s)\, e(s)\, ds$. Maintenant (comme on s'en convaincra en raisonnant sur un dipôle déjà aligné dans la direction du champ) la vibration d'un dipôle équivaut à un courant local, proportionnel à $\partial_t m$. On peut donc conclure que la relation entre j et e dans la charge du four est de la forme

(∗) $$j(t) = \int^t g(t-s)\, e(s)\, ds.$$

Cette relation de convolution semble plus compliquée que la loi d'Ohm, mais retrouve un aspect simple après transformation de Laplace : on a en effet

$$\mathrm{J}(p) = \sqrt{2\pi}\, \mathrm{G}(p)\, \mathrm{E}(p),$$

---

[1] Un centième de mm suffit largement. Ce point sera éclairci plus tard, par l'étude de ce qu'on appelle "effet de peau". Le grillage métallique qui double la porte en verre des fours domestiques n'est pas "transparent" aux micro-ondes, à cause de la diffraction. (La théorie de la diffraction des ondes électromagnétiques par des structures périodiques est un sujet de recherche actif. Pour un point de départ, voir [Wa].)

[2] On rappelle que "domaine" signifie "ouvert *connexe*". Considérer une région non connexe serait sans intérêt, puisque les problèmes relatifs à chaque composante connexe seraient indépendants. Bien noter en revanche qu'il n'est pas dit que D soit *simplement* connexe.

[3] Ceci, pour fixer les idées et s'en tenir aux cas simples. La réalité est plus compliquée, avec des phénomènes de résonance, etc. Voir là-dessus [Jo].

[4] Le champ *local* est somme de e et d'un terme proportionnel à m, très rapidement variable en espace, et dont la moyenne spatiale, prise sur un volume assez grand, est nulle.

où G est la *fonction de transfert* du milieu polarisé. Tout se passe donc comme si l'on avait $J = \sigma E$, mais avec σ *complexe*, et dépendant du paramètre p.

Au Chap. 1, on a résolu le pb. (1—3) grâce à la transformation de Laplace. À 2450 MHz, le nombre d'oscillations pendant une période de chauffage (de l'ordre de la minute) est tel qu'on ne peut pas se satisfaire de cette solution : on souhaiterait plutôt résoudre ces équations "en régime harmonique", c'est-à-dire en considérant que tous les champs sont de la forme $\mathrm{Re}[U \exp(i\omega t)]$, avec U complexe, fonction de x (et éventuellement aussi du temps, mais à l'échelle de la minute, pas à celle de la période d'oscillation). Cela revient à rechercher la transformée de Laplace pour *une* valeur particulière de p, à savoir $p = i\omega$. On souhaite donc résoudre le système[5]:

$$- i\omega\, \varepsilon_0 E + \mathrm{rot}\, H = J^d + \sigma E, \quad i\omega\, \mu_0 H + \mathrm{rot}\, E = 0 \text{ dans } D, \quad n \times E = 0 \text{ sur } S.$$

On simplifie en posant $\varepsilon = \varepsilon' - i\varepsilon''$, où $\varepsilon' = \varepsilon_0 + \mathrm{Im}[\sigma]/\omega$ et $\varepsilon'' = \mathrm{Re}[\sigma]/\omega$, de sorte que $(i\omega\, \varepsilon_0 + \sigma) E = i\omega\, \varepsilon E$. Le signe moins est là pour que ε'' soit positif, condition dont on va voir immédiatement la nécessité physique.

En effet, si $J = \sigma E$ avec σ complexe, et si T est la période des phénomènes électriques ($T = 2\pi/\omega$), on a

$$\frac{1}{T} \int_{t-T}^{t} ds \int_D j(s) \cdot e(s) = \frac{1}{T} \int_{t-T}^{t} ds \int_D \mathrm{Re}[J\, e^{i\omega s}] \cdot \mathrm{Re}[E\, e^{i\omega s}]$$

$$= \mathrm{Re}[J \cdot E^*]/2 = |E|^2\, \mathrm{Re}[\sigma]/2 \equiv \omega\, \varepsilon''\, |E|^2/2.$$

Cette quantité, d'après le Chap. 1, est la puissance thermique moyenne cédée par le compartiment électromagnétique du système, et donc $\varepsilon'' > 0$. (L'intégrale en temps $\int dt \int_D j(t) \cdot e(t)$ s'interprète ici comme l'énergie cédée au milieu par le système de dipôles. On retrouve celle-ci sous forme d'un accroissement de l'énergie d'agitation moléculaire, c'est-à-dire sous forme de ... chaleur. C'est ainsi que les fours à micro-ondes remplissent leur office.)

Bien entendu, on n'a accès à la fonction g que par la théorie (cf. [Jo]). En revanche, ε' et ε'' sont accessibles à l'expérience : leurs valeurs sont bien connues et tabulées pour une grande variété de matériaux [St], pour toutes les fréquences praticables et dans une large gamme de températures. Pour une denrée alimentaire telle que la viande, par exemple, ε' et ε'' ont l'allure donnée par la Fig. 2.2 ci-dessous[6].

Pour la symétrie et la généralité[7], on supposera aussi $\mu = \mu' - i\mu''$, de sorte que les équations prennent la forme définitive :

---

[5] avec éventuellement le "temps lent" comme paramètre.

[6] En tant que partie réelle et imaginaire de la transformée de Fourier d'une même fonction, ε' et ε'' ne sont pas indépendantes (elles sont "tranformée de Hilbert" l'une de l'autre). On pourrait donc en théorie déterminer l'une si l'on connaissait l'autre, à condition que ce soit sur *tout* le spectre, et avec une précision suffisante. C'est pratiquement irréalisable, et ε' et ε'' sont mesurées indépendamment (comme partie réelle et imaginaire de l'impédance d'un échantillon, sur une gamme de fréquences appropriée).

(4) $\qquad - i\omega\, \varepsilon\, \mathrm{E} + \mathrm{rot}\, \mathrm{H} = \mathrm{J}^d, \quad i\omega\, \mu\, \mathrm{H} + \mathrm{rot}\, \mathrm{E} = 0$ dans D, $\mathrm{n} \times \mathrm{E} = 0$ sur S,

avec $\varepsilon = \varepsilon' - i\, \varepsilon''$ et $\mu = \mu' - i\, \mu''$. Ces équations seront normalement couplées avec l'équation de la chaleur dans la charge, avec comme terme source la puissance thermique moyenne $\omega\, \varepsilon'' |\mathrm{E}|^2/2$ (plus $\omega\, \mu'' |\mathrm{H}\,|^2/2$, s'il y a lieu). Le paramètre ε, fonction de la température, va donc évoluer au cours du chauffage (et μ, éventuellement, fera de même).

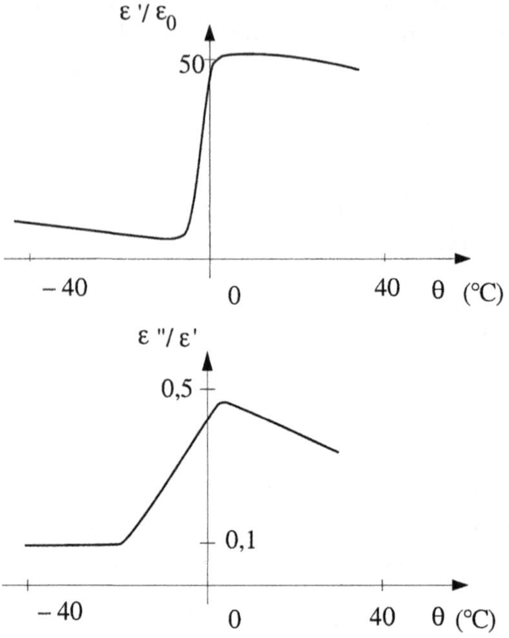

Figure 2.2. Allure typique de ε' et ε'' en fonction de la température, pour un matériau riche en eau. Le rapport $\varepsilon''/\varepsilon'$ est souvent noté $\mathrm{tg}\, \delta$.

2.1.2 Position du problème

On va chercher une formulation variationnelle de (4), où l'inconnue sera le champ E, après élimination de H. On note $\mathbb{E}(D)$ l'espace complexe $\mathbb{L}^2_{\mathrm{rot}}(D)$, puis

$$\mathbb{E}^0(D) = \{\mathrm{E} \in \mathbb{E}(D) : \ \mathrm{n} \times \mathrm{E} = 0 \ \text{ sur } \ S\}.$$

La donnée J^d est dans $\mathbb{L}^2_{\mathrm{div}}(D)$, et (,) a le même sens qu'au Chap. 1, § 1.2.3,

---

[7] et aussi parce que certains matériaux magnétiques présentent de l'hystérésis à ces fréquences. Or une relation analogue à (∗) entre b et h constitue une modélisation commode, bien qu'un peu simpliste, de l'hystérésis.

étant bien entendu que l'intégrale porte maintenant sur D et non sur E_3. Le produit scalaire hermitien de deux éléments u et v de $\mathbb{L}^2(D)$ est ainsi (u, v*).

Une formulation précise de (4) est donc : *trouver* $E \in \mathbb{E}^0$ *tel que*

(5) $$(i\omega\, \varepsilon\, E, E') + ((i\omega\, \mu)^{-1} \operatorname{rot} E, \operatorname{rot} E') = -(J^d, E') \quad \forall\ E' \in \mathbb{E}^0.$$

Malheureusement, l'existence d'une solution n'est plus aussi évidente maintenant que la partie réelle de $p = i\omega$ n'est plus strictement positive, car la forme bilinéaire $a(E, E')$ du premier membre de (5) *n'est pas coercive* (cf. p. 8). En effet,

$$\operatorname{Re}[a(E, E^*)] = \omega \int_D \varepsilon'' \, |E|^2 + \omega^{-1} \int_D \mu''/|\mu|^2 \, |\operatorname{rot} E|^2,$$

qui est nul si le support de E ne rencontre pas ceux de ε'' et μ'', et

$$\operatorname{Im}[a(E, E^*)] = \omega \int_D \varepsilon' \, |E|^2 - \omega^{-1} \int_D \mu'/|\mu|^2 \, |\operatorname{rot} E|^2,$$

dont le signe n'est pas défini.

Donc, passer de $\xi + i\omega$ à $i\omega$ fait perdre le bénéfice de la coercivité. Mais par ailleurs, le fait de se restreindre à un domaine *borné* (ou même seulement de volume fini) introduit dans le problème de la *compacité* que l'on va pouvoir exploiter pour s'assurer de l'existence d'une solution, au moins pour les valeurs "non singulières" de ω, grâce à l'alternative de Fredholm. Pour simplifier un peu, toutefois, nous ne traiterons que le cas où μ est constant en espace.

2.2 Le "problème continu"

2.2.1 Existence d'une solution

Démontrons d'abord le résultat de compacité suivant :

Proposition 2.1. *Soit* D *un domaine borné régulier de* E_3, *de frontière* S *connexe, et* J *donné dans* $\mathbb{L}^2(E_3)$, *avec* $\operatorname{div} J = 0$ *et* $\operatorname{supp}(J) \subset D$. *Il existe* $A \in \mathbb{L}^2_{\mathrm{rot}}(D)$, *unique, vérifiant*

(6) $$\operatorname{rot}(\mu^{-1} \operatorname{rot} A) = J, \quad \operatorname{div} \varepsilon A = 0 \quad \text{dans } D, \quad n \times A = 0 \quad \text{sur } S,$$

et l'application $J \to A$ *est* compacte *dans* $\mathbb{L}^2(D)$.

Démonstration. Donnons d'abord une forme faible précise à (6) (et profitons-en pour nous affranchir de l'hypothèse gênante, "S connexe"). Pour cela, soit Ψ^0 l'espace des restrictions à D des fonctions ψ de $L^2_{\mathrm{grad}}(E_3)$ pour lesquelles $\operatorname{grad} \psi = 0$ hors de D. (Si S est connexe, ce sont les éléments de l'espace de Sobolev $H^1_0(D)$, mais sinon, c'est un espace un peu plus grand, car ψ peut être une constante non nulle sur certaines

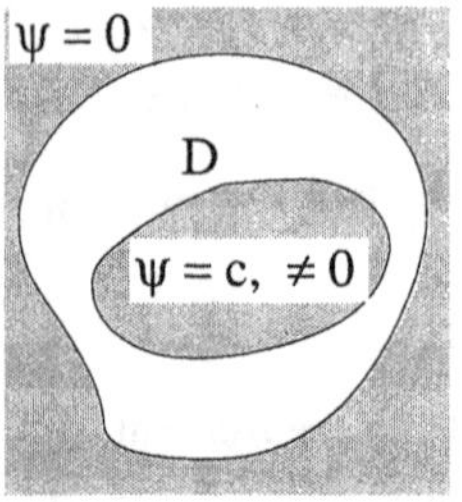

parties de S (dessin ci-contre).) Maintenant, (6) consiste à *trouver* $A \in \mathbb{E}^0$ *tel que*

$$(\mu^{-1} \operatorname{rot} A, \operatorname{rot} A') = (J, A') \quad \forall\ A' \in \mathbb{E}^0,$$

et $\varepsilon A \in V$, *où* V *est le sous-espace*[8]

$$V = \{v \in \mathbb{L}^2(D) : (v, \operatorname{grad} \psi') = 0 \quad \forall\ \psi' \in \Psi^0\}.$$

(Restreindre l'ensemble des champs-tests A' par la condition $\varepsilon A' \in V$ ne changerait rien.) Il y a unicité, car le noyau de rot dans $\mathbb{E}^0$ est précisément $\operatorname{grad} \Psi^0$ (c'est pour cela que Ψ^0 est défini de cette façon). Posons $A_1 = \chi * J$, avec $\chi = x \rightarrow 1/(4\pi\,|x|)$, et $H_1 = \operatorname{rot} A_1$. L'application $J \rightarrow H_1 \in \mathbb{L}^2(E_3)$ est compacte : car si J^n converge faiblement vers J, alors $A_1^n|_D$ converge vers $A_1|_D$ fortement (cf. Annexe 2) et $\int |\operatorname{rot} A_1^n|^2 = \int J^n \cdot (A_1^n)^*$ tend vers $\int |\operatorname{rot} A_1|^2$. Soit Φ dans $L^2_{grad}(D)$ telle que $B = \mu(H_1|_D + \operatorname{grad} \Phi)$ vérifie $\operatorname{div} B = 0$ et $n \cdot B = 0$. L'application $H_1 \rightarrow \operatorname{grad} \Phi$ est continue au sens de $\mathbb{L}^2(D)$. Soit $A_0 = (\operatorname{rot}(\chi * B))|_D$ (qui dépend continûment de B — noter que $\operatorname{rot} A_0 = B$, et que $\operatorname{rot}(\mu^{-1} \operatorname{rot} A_0) = J$), et soit Ψ dans $L^2_{grad}(D)$ telle que $n \times (A_0 + \operatorname{grad} \Psi) = 0$ et $(\varepsilon\,(A_0 + \operatorname{grad} \Psi), \operatorname{grad} \Psi') = 0 \;\; \forall\ \Psi' \in \Psi^0$. Alors $A = A_0 + \operatorname{grad} \Psi$ est la solution cherchée, et $\operatorname{grad} \Psi$ dépend continûment de A_0, au sens de $\mathbb{L}^2(D)$ à nouveau. L'application $J \rightarrow A$, composée d'applications continues dont au moins une est compacte, est donc compacte. ◊

Ceci entraîne la compacité de l'opérateur $G = J \rightarrow \varepsilon A$, défini sur le sous-espace V. Appelons *singulières* (ou *résonnantes*) les valeurs non nulles de ω telles que le problème homogène associé à (5) ait une solution non triviale, c'est-à-dire un champ $E \neq 0$ tel que

$$\text{(7)} \qquad (i\omega\,\varepsilon\,E, E') + ((i\omega\,\mu)^{-1} \operatorname{rot} E, \operatorname{rot} E') = 0 \quad \forall\ E' \in \mathbb{E}^0.$$

Un tel champ vérifie $\operatorname{div}(\varepsilon\,E) = 0$ (en fait, pour être plus précis, $\varepsilon\,E \in V$), ainsi que $\operatorname{rot}(\mu^{-1} \operatorname{rot} E) = \omega^2\,\varepsilon\,E$ (intégrer par parties). Autrement dit, $\varepsilon\,E = \omega^2\,G\varepsilon\,E$. Donc $\varepsilon\,E$ est un vecteur propre de l'opérateur G, de valeur propre ω^{-2}. (On dit que le couple $\{E, H\}$, où $H = -(\operatorname{rot} E)/i\omega\,\mu$, est "mode propre" de la cavité, pour la fréquence $\omega/2\pi$.) D'après la théorie générale des opérateurs compacts, il existe une infinité dénombrable de valeurs propres de G, chacune de multiplicité finie, sans autre point d'accumulation que 0 dans le plan complexe[9]. Les valeurs singulières sont donc les racines carrées des inverses des valeurs propres *réelles* de G. (Si ε et μ ne sont pas réels tous les deux, les valeurs propres de G sont a priori complexes.)

Théorème 2.1. *Pour toute valeur non singulière de* ω, *le problème* (5) *est* bien

---

[8] On a $V = \{v \in \mathbb{L}^2(D) : \operatorname{div} v = 0\}$ si S est connexe, mais sinon, c'est un sous-espace strictement plus petit, caractérisé par $\int n \cdot v = 0$ sur chaque composante connexe de S. On voit que cette condition sur A a été "oubliée" dans la "formulation forte" (6), qui n'est donc correcte que si S est connexe. L'avantage des formulations faibles est précisément de prévenir de tels oublis, en forçant à préciser le sens de conditions telles que $\operatorname{div}(\varepsilon A) = 0$, etc.

[9] Puisqu'il y a unicité dans (6), 0 n'est pas valeur propre de G.

posé, *autrement dit, il admet une solution* E *unique et l'application* $J^d \to E$ *est continue de* $\mathbb{L}^2(D)$ *dans* $\mathbb{E}(D)$.

Démonstration. Puisque ω n'est pas singulière, il y a unicité. Cherchons la solution sous la forme $E = -i\omega A - \text{grad}\, \Psi$, avec $A \in \mathbb{E}^0$, $\varepsilon A \in V$ et $\Psi \in \Psi^0$. Faisons $E' = \text{grad}\, \Psi'$ dans (5), avec $\Psi' \in \Psi^0$. Il vient

$$\int_D i\omega\, \varepsilon\, (A + \text{grad}\, \Psi) \cdot \text{grad}\, \Psi' = \int_D J^d \cdot \text{grad}\, \Psi' \quad \forall\, \Psi' \in \Psi^0,$$

et donc, puisque εA est orthogonale aux $\text{grad}\, \Psi'$,

$$\text{(8)} \qquad \int_D i\omega\, \varepsilon\, \text{grad}\, \Psi \cdot \text{grad}\, \Psi' = \int_D J^d \cdot \text{grad}\, \Psi' \quad \forall\, \Psi' \in \Psi^0,$$

ce qui est un problème bien posé dans Ψ^0, d'où la continuité de $J^d \to \text{grad}\, \Psi$ dans $\mathbb{L}^2(D)$. Reste à trouver A, qui d'après (5) doit vérifier

$$(\mu^{-1} \text{rot}\, A, \text{rot}\, A') = (J^d + i\omega\, \varepsilon\, E, A') \quad \forall\, A' \in \mathbb{E}^0$$

$$= (J^d - i\omega\, \varepsilon\, \text{grad}\, \Psi, A') + \omega^2\, (\varepsilon A, A') \quad \forall\, A' \in \mathbb{E}^0.$$

Or ceci n'est autre que l'équation de Fredholm de deuxième espèce

$$(1 - \omega^2 G)\, \varepsilon\, A = G(J^d - i\omega\, \varepsilon\, \text{grad}\, \Psi),$$

d'où A par l'alternative de Fredholm si ω n'est pas valeur singulière, à charge pour nous de vérifier que $J^d - i\omega\, \varepsilon\, \text{grad}\, \Psi \in V$: mais c'est bien ce que dit (8). ◊

Quant aux valeurs singulières de ω, on a ceci (en supposant, pour simplifier l'énoncé, μ réel) :

Proposition 2.2. *Si* $C = \text{supp}(\varepsilon'')$ *est de mesure positive, il n'y a pas de valeurs singulières.*

Démonstration (esquissée). Faisant $E' = E^*$ dans (7), on obtient

$$\omega \int_D \varepsilon''\, |E|^2 + i\omega \int_D \varepsilon'\, |E|^2 + \int_D (i\omega\, \mu)^{-1}\, |\text{rot}\, E|^2 = 0,$$

d'où, prenant la partie réelle, $E = 0$ sur C, donc $\text{rot}\, E = 0$ (donc aussi $H = 0$). Donc s'il existe un mode E non nul, il est à support dans $D - C$, où il vérifie $-\Delta E = k^2 E$ ($k = \omega/c$) et les conditions aux limites $n \times E = 0$ et $n \times \text{rot}\, E = 0$ sur l'interface ∂C. C'est "trop" de conditions sur ∂C, et cela entraîne $E = 0$, ainsi que ses dérivées, sur ∂C (cf. Annexe 5), d'où $E = 0$ dans tout D, grâce à l'analyticité de E. ◊

2.2.2 Formulations faibles plus générales

Satisfaits de savoir que (4), ou mieux sa forme faible (5), a une solution unique, nous allons chercher à la calculer par la méthode des éléments finis. Mais auparavant, il convient de généraliser un peu (5), du point de vue des termes-sources et des conditions aux limites, sans trop se préoccuper de la pertinence *physique* de ces généralisations[10]. Il y a de ce point de vue une grande marge de manœuvre : par exemple, puisque E et H jouent dans les équations des rôles symétriques, il n'y a pas de raison que les conditions aux limites portent toujours uniquement sur E ; ou encore, on peut mettre au second membre de (5) d'autres fonctionnelles linéaires continues que $E' \to (J^d, E')$.

Première manœuvre : exploiter la *symétrie* que présente la Fig. 2.1. On suppose que la densité de courant donnée J^d est symétriquement disposée par rapport au plan Σ, ou *paire*, selon la terminologie expliquée dans l'Annexe 6. Dans ces conditions, la solution de (5) est paire aussi, et donc (Annexe 6), $H = -\operatorname{rot} E/(i\omega\,\mu)$ est impaire.

Exercice 2.1. Démontrer ces assertions. (Symétriser la solution de (5) et utiliser l'unicité. La seule difficulté est de traduire correctement l'hypothèse de symétrie quant aux coefficients ε et μ.)

Donc $H(x) = -\,s_* H(x)$, où s est la réflexion par rapport à Σ et s_* l'opération induite sur les vecteurs (Annexe 6). Pour $x \in \Sigma$, cela n'est possible que si $H(x)$ est orthogonal à Σ. La condition à la limite à appliquer est donc, si n est le champ des normales à Σ,

$$(9) \qquad n \times H = 0 \text{ sur } \Sigma.$$

(Si l'on avait supposé J^d impaire, et donc E impair, la conclusion aurait été $n \times E = 0$ sur Σ.)

Deuxième généralisation : introduire un second membre K^d dans la deuxième équation (4). Ce second membre ne correspond à rien de physique (ce serait un courant de charges magnétiques, si de telles charges existaient). Mais il n'est pas non plus seulement une fausse fenêtre pour la symétrie (celle des équations par rapport à l'échange de E et de H, que l'on commence à percevoir) : Dans certaines modélisations, on peut être amené à écrire le champ total sous la forme $H^d + \tilde{H}$, où H^d est un champ connu, l'inconnue étant le champ complémentaire $\tilde{H}$. Un terme $K^d = -\,i\omega\,\mu\,H^d$ vient alors naturellement au second membre.

Cela suggère de préserver aussi la possibilité de conditions aux limites *non homogènes :* $n \times E = n \times E^d$ dans (4) et $n \times H = n \times H^d$ dans (9), où E^d et H^d sont des champs donnés, dont seule la trace tangentielle sur S va jouer un rôle. Par exemple, dans le cas de la Fig. 2.1, on pourrait souhaiter limiter le calcul à la partie four proprement dite (la partie droite de la cavité). En effet, la partie médiane est un

---

[10] La pratique de la modélisation montre que pour toute source ou condition aux limites négligée par les concepteurs d'un code de calcul comme "physiquement invraisemblable", ou "exotique", en phase de spécification, il existe au moins un usager potentiel du code qui un jour va la réclamer (et ou bien ruinera sa carrière en se laissant imposer de payer plusieurs fois ce qu'il croyait avoir déjà acheté, ou bien ruinera le fournisseur de logiciel, selon les rapports de force). Autant prendre les devants. De ce point de vue, ce qu'on fait dans ce Chapitre est encore *très loin* d'avoir la généralité désirable.

guide d'ondes dans lequel la *forme* du champ électrique, à défaut de son amplitude, est déterminée d'avance. (Elle s'obtient par l'étude des modes propres du laplacien dans une section droite. Cf. [Cs].) D'où le E^d, à un facteur près.

On va donc traiter la situation plus générale suivante : un domaine D régulier borné, de frontière S, celle-ci étant partitionnée sous la forme $S = S^e \cup S^h$, avec $\mathrm{int}(S^e) \cap \mathrm{int}(S^h) = \emptyset$,[11] et des champs donnés J^d, K^d (dans $\mathbb{L}^2_{\mathrm{div}}(D)$), H^d, E^d (dans $\mathbb{L}^2_{\mathrm{rot}}(D)$). On note $\mathbb{E} = \mathbb{L}^2_{\mathrm{rot}}(D)$ (avec D sous-entendu, désormais) et aussi $\mathbb{H} = \mathbb{L}^2_{\mathrm{rot}}(D)$, puis

$$\mathbb{E}^d = \{E \in \mathbb{E} : \; n \times E = n \times E^d \quad \text{sur} \;\; S^e\},$$

$$\mathbb{E}^0 = \{E \in \mathbb{E} : \; n \times E = 0 \quad \text{sur} \;\; S^e\},$$

$$\mathbb{H}^d = \{H \in \mathbb{H} : \; n \times H = n \times H^d \quad \text{sur} \;\; S^h\},$$

$$\mathbb{H}^0 = \{H \in \mathbb{H} : \; n \times H = 0 \quad \text{sur} \;\; S^h\},$$

et on pose les deux problèmes suivants :

trouver $E \in \mathbb{E}^d$ *tel que*

(10) $$(i\omega\, \varepsilon\, E, E') + ((i\omega\, \mu)^{-1} \operatorname{rot} E, \operatorname{rot} E') = \\ -(J^d, E') + ((i\omega\, \mu)^{-1} K^d, \operatorname{rot} E') + \int_S n \times H^d \cdot E' \quad \forall\, E' \in \mathbb{E}^0,$$

et

trouver $H \in \mathbb{H}^d$ *tel que*

(11) $$(i\omega\, \mu\, H, H') + ((i\omega\, \varepsilon)^{-1} \operatorname{rot} H, \operatorname{rot} H') = \\ (K^d, H') + ((i\omega\, \varepsilon)^{-1} J^d, \operatorname{rot} H') - \int_S n \times E^d \cdot H' \quad \forall\, H' \in \mathbb{H}^0.$$

(Attention, il n'y a pas de relation, a priori, entre K^d et H^d, ni entre J^d et E^d.)

Procédant aux intégrations par parties, on voit sans peine que *chacune* des formulations faibles (10) et (11) résout le problème "fort" suivant (comparer avec (4)) :

(12) $$\left| \begin{array}{ll} -\, i\omega\, \varepsilon\, E + \operatorname{rot} H = J^d \;\text{ dans } D, & n \times E = n \times E^d \;\text{ sur }\; S^e, \\ i\omega\, \mu\, H + \operatorname{rot} E = K^d \;\text{ dans } D, & n \times H = n \times H^d \;\text{ sur }\; S^h. \end{array} \right.$$

On peut donc résoudre (12) de façon approchée en discrétisant au choix (10) ou (11). Mais on va voir que ce faisant on obtient des solutions différentes, et qui contiennent des informations "complémentaires", d'une certaine façon, sur la solution exacte.

---

11 Il s'agit bien sûr des intérieurs relativement à la topologie propre à S.

2.3 Discrétisation

2.3.1 Éléments finis pour (10) ou (11)

Soit m un maillage[12] de D. Appelons $\mathcal{N}$, $\mathcal{A}$, $\mathcal{F}$, $\mathcal{T}$ les ensembles de nœuds, arêtes, facettes et tétraèdres qui le constituent. À chaque nœud $n \in \mathcal{N}$, on associe la "fonction chapeau" bien connue de la théorie des éléments finis, ou "fonction barycentrique" relative à n, ici notée w_n, c'est-à-dire la fonction continue, affine par morceaux, qui vaut 1 au point occupé par n et 0 aux autres sommets. À chaque arête $a \in \mathcal{A}$, on associe le champ de vecteurs $w_a = w_n \operatorname{grad} w_m - w_m \operatorname{grad} w_n$, où n et m sont l'origine et l'extrémité de l'arête a (l'orientation de a compte). Les "éléments nodaux" w_n (scalaires) et "éléments d'arêtes" w_a (vectoriels) font partie d'une famille d'éléments finis plus vaste, les *éléments de Whitney,* qu'on va étudier plus en détail au Chap. 3. Les w_a engendrent un espace vectoriel de dimension finie, soit $W^1_m(D)$ (noté désormais W^1_m), sous-espace de $\mathbb{L}^2_{rot}(D)$, dont il constitue une approximation à la Galerkine. (Plus loin, on notera de même $W^0_m(D)$ le sous-espace de $L^2_{grad}(D)$ engendré par les w_n.) L'idée est de *restreindre* les formulations (10) et (11) à l'espace W^1_m.

Pour cela, notons $\mathcal{A}^e$ [resp. $\mathcal{A}^h$] le sous-ensemble de $\mathcal{A}$ formé des arêtes qui appartiennent à la frontière S^e [resp. S^h], et posons $\mathbb{E}_m = \mathbb{H}_m = W^1_m$. On désigne par $\int_a \tau \cdot u$ la circulation du champ de vecteurs u le long de l'arête a. (Plus généralement, $\int_\gamma \tau \cdot u$ est l'intégrale $\int_{[0,1]} \partial_t\gamma(t) \cdot u(\gamma(t))\, dt$, où γ est une représentation paramétrique de l'arc γ. Ici, γ est l'arête a, avec $\gamma(0) = n$ et $\gamma(1) = m$.) Posons :

$$\mathbb{E}^d_m = \{E \in \mathbb{E}_m : \int_a \tau \cdot E = \int_a \tau \cdot E^d \quad \forall a \in \mathcal{A}^e\},$$

$$\mathbb{E}^0_m = \{E \in \mathbb{E}_m : \int_a \tau \cdot E = 0 \quad \forall a \in \mathcal{A}^e\},$$

$$\mathbb{H}^d_m = \{H \in \mathbb{H}_m : \int_a \tau \cdot H = \int_a \tau \cdot H^d \quad \forall a \in \mathcal{A}^h\},$$

$$\mathbb{H}^0_m = \{H \in \mathbb{H}_m : \int_a \tau \cdot H = 0 \quad \forall a \in \mathcal{A}^h\}.$$

Il suffit maintenant d'indexer par m tous les espaces figurant dans (10) et (11) pour obtenir des formulations faibles *approchées* de ces deux problèmes :

trouver $E \in \mathbb{E}^d_m$ *tel que*

(13) $$(i\omega\, \varepsilon\, E, E') + ((i\omega\, \mu)^{-1} \operatorname{rot} E, \operatorname{rot} E') =$$
$$- (J^d, E') + ((i\omega\, \mu)^{-1} K^d, \operatorname{rot} E') + \int_S n \times H^d \cdot E' \quad \forall\ E' \in \mathbb{E}^0_m,$$

---

[12] En fait, un "maillage simplicial", selon la définition qui sera donnée au chapitre suivant, avec éventuellement des tétraèdres déformés, pour s'adapter à la courbure de la surface de D, si nécessaire. Voir un exemple de maillage, et en même temps de problème concret justifiant l'approche exposée ici, dans l'Annexe 7.

et

trouver $\text{H} \in \mathbb{H}^d{}_m$ *tel que*

(14) $$(i\omega\, \mu\, \text{H}, \text{H}') + ((i\omega\, \varepsilon)^{-1} \operatorname{rot} \text{H}, \operatorname{rot} \text{H}') =$$
$$(\text{K}^d, \text{H}') + ((i\omega\, \varepsilon)^{-1}\, \text{J}^d, \operatorname{rot} \text{H}') - \int_S n \times \text{E}^d \cdot \text{H}' \quad \forall\ \text{H}' \in \mathbb{H}^0{}_m.$$

Il s'agit bien de systèmes d'équations linéaires, en nombre fini : le choix, au second membre, de $\text{E}' = w_a$, pour tout a non dans $\mathcal{A}^e$ [resp. de $\text{H}' = w_a$, pour tout a non dans $\mathcal{A}^h$] donne bien une équation pour chaque arête portant une inconnue.

Un glissement de notation naturel va permettre d'écrire ces équations sous forme matricielle. Pour cela, soient $\text{E} = \sum_{a \in \mathcal{A}} \text{E}_a\, w_a$ et $\text{H} = \sum_{a \in \mathcal{A}} \text{H}_a\, w_a$ les éléments de $\mathbb{E}^d{}_m$ et $\mathbb{H}^d{}_m$ cherchés. (Les "degrés de liberté" E_a et H_a, circulations de E et H le long des arêtes, sont respectivement, du point de vue de l'Électricien, des "forces électromotrices" (f.é.m.) et "forces magnétomotrices" (f.m.m.) "d'arêtes".) On notera $\mathbf{E}$ et $\mathbf{H}$, en gras, les vecteurs de degrés de liberté, c'est-à-dire $\mathbf{E} = \{\text{E}_a : a \in \mathcal{A}\}$ et $\mathbf{H} = \{\text{H}_a : a \in \mathcal{A}\}$. Ils parcourent des espaces vectoriels, notés $\mathbb{E}_m$ et $\mathbb{H}_m$, isomorphes à $\mathbb{C}^A$, où A est le nombre d'arêtes de m. Pour U et U' dans $\mathbb{C}^A$, on notera

$$(\text{U}, \text{U}') = \sum_{a \in \mathcal{A}} \text{U}_a \cdot \text{U}'_a \equiv \sum_{a \in \mathcal{A}} (\text{Re}[\text{U}_a] + i\, \text{Im}[\text{U}_a]) \cdot (\text{Re}[\text{U}'_a] + i\, \text{Im}[\text{U}'_a]).$$

Par imitation de ce qui précède, posons

$$\mathbb{E}^d{}_m = \{\text{E} \in \mathbb{E}_m : \text{E}_a = \int_a \tau \cdot \text{E}^d \quad \forall\, a \in \mathcal{A}^e\},$$

$$\mathbb{E}^0{}_m = \{\text{E} \in \mathbb{E}_m : \text{E}_a = 0 \quad \forall\, a \in \mathcal{A}^e\},$$

$$\mathbb{H}^d{}_m = \{\text{H} \in \mathbb{H}_m : \text{H}_a = \int_a \tau \cdot \text{H}^d \quad \forall\, a \in \mathcal{A}^h\},$$

$$\mathbb{H}^0{}_m = \{\text{H} \in \mathbb{H}_m : \text{H}_a = 0 \quad \forall\, a \in \mathcal{A}^h\}.$$

Posons aussi, pour simplifier l'écriture des seconds membres,

$$\text{F}^d{}_a = -(\text{J}^d, w_a) + ((i\omega\, \mu)^{-1}\, \text{K}^d, \operatorname{rot} w_a) + \int_S n \times \text{H}^d \cdot w_a,$$

$$\text{G}^d{}_a = (\text{K}^d, w_a) + ((i\omega\, \varepsilon)^{-1}\, \text{J}^d, \operatorname{rot} w_a) - \int_S n \times \text{E}^d \cdot w_a,$$

et $\mathbf{F}^d = \{\text{F}^d{}_a : a \in \mathcal{A}\}$ ainsi que $\mathbf{G}^d = \{\text{G}^d{}_a : a \in \mathcal{A}\}$.

Lorsqu'on développe les expressions (13) et (14), il apparaît des termes tels que $\int_D \varepsilon\, w_a \cdot w_{a'}$, $\int_D \mu^{-1} \operatorname{rot} w_a \cdot \operatorname{rot} w_{a'}$, etc., éléments de matrices que nous notons ici $\mathbf{M}_1(\varepsilon)$, $\mathbf{R}^t\, \mathbf{M}_2(\mu^{-1})\, \mathbf{R}$, etc., pour des raisons qui vont être exposées au prochain chapitre (t dénote la transposition matricielle). Les deux problèmes se réécrivent alors ainsi :

trouver $\mathbf{E} \in \mathbb{E}^d{}_m$ *tel que*

(15) $$(i\omega\, \mathbf{M}_1(\varepsilon)\, \mathbf{E}, \mathbf{E}') + (i\omega)^{-1}\, (\mathbf{R}^t\, \mathbf{M}_2(\mu^{-1})\, \mathbf{R}\, \mathbf{E}, \mathbf{E}') = (\mathbf{F}^d, \mathbf{E}') \quad \forall\ \mathbf{E}' \in \mathbb{E}^0{}_m,$$

et

trouver $\text{H} \in \mathbb{H}^d_m$ *tel que*

(16) $$(i\omega\ \mathbf{M}_1(\mu)\ \text{H}, \text{H}') + (i\omega)^{-1}\ (\mathbf{R}^t\,\mathbf{M}_2(\varepsilon^{-1})\,\mathbf{R}\ \text{H}, \text{H}') = (\text{G}^d, \text{H}')\quad \forall\ \text{H}' \in \mathbb{H}^0_m.$$

Puisque les espaces $\mathbb{E}^d_m$ et $\mathbb{E}^0_m$ [resp. $\mathbb{H}^d_m$ et $\mathbb{H}^0_m$] sont *parallèles*, par leur définition même, ils ont même dimension, de sorte qu'il y a bien *autant d'équations que d'inconnues* dans (15) [resp. dans (16)]. Reste à examiner la régularité, au sens algébrique, de ces systèmes.

2.3.2 Systèmes linéaires obtenus

Pour cela, un dernier effort. Écrivons le vecteur inconnu E sous la forme $\text{E} = {}^0\text{E} + {}^1\text{E}$, le 0 correspondant aux arêtes de $\mathcal{A} - \mathcal{A}^e$ et le 1 à celles de $\mathcal{A}^e$. Si $\mathbf{K}$ est une matrice quelconque d'ordre A (le nombre d'arêtes), l'identité

$$(\mathbf{K}\ ({}^0\text{E} + {}^1\text{E}), {}^0\text{E} + {}^1\text{E}) = ({}^{00}\mathbf{K}\ {}^0\text{E}\ , {}^0\text{E}) + ({}^{01}\mathbf{K}\ {}^1\text{E}, {}^0\text{E}) + ({}^{10}\mathbf{K}\ {}^0\text{E}, {}^1\text{E}) + ({}^{11}\mathbf{K}\ {}^1\text{E}, {}^1\text{E})$$

définit une partition de $\mathbf{K}$ en blocs de dimensions $A - A^e$ et A^e, où A^e est le nombre d'arêtes dans $\mathcal{A}^e$. Posons (pour simplifier un peu ...) $\mathbf{K}_{\varepsilon\mu}(\omega) = i\omega\ \mathbf{M}_1(\varepsilon) + (i\omega)^{-1}\ \mathbf{R}^t\,\mathbf{M}_2(\mu^{-1})\,\mathbf{R}$, et soient ${}^{00}\mathbf{K}_{\varepsilon\mu}(\omega)$, ${}^{01}\mathbf{K}_{\varepsilon\mu}(\omega)$, etc., les blocs correspondants. Même chose pour la matrice $\mathbf{K}_{\mu\varepsilon}(\omega) = i\omega\ \mathbf{M}_1(\mu) + (i\omega)^{-1}\ \mathbf{R}^t\,\mathbf{M}_2(\varepsilon^{-1})\,\mathbf{R}$, partitionnée en ${}^{00}\mathbf{K}_{\mu\varepsilon}(\omega)$, etc. On voit que (15) et (16) s'écrivent :

(17) $${}^{00}\mathbf{K}_{\varepsilon\mu}(\omega)\ {}^0\text{E} = {}^0\text{F}^d - {}^{01}\mathbf{K}_{\varepsilon\mu}(\omega)\ {}^1\text{E},$$

(18) $${}^{00}\mathbf{K}_{\mu\varepsilon}(\omega)\ {}^0\text{H} = {}^0\text{G}^d - {}^{01}\mathbf{K}_{\mu\varepsilon}(\omega)\ {}^1\text{H},$$

deux systèmes d'ordre $A - A^e$ et $A - A^h$ respectivement. Les valeurs réelles de ω pour lesquelles ils sont singuliers — qui n'ont pas de raison d'être les mêmes pour les deux — sont des approximations des valeurs singulières vues plus haut. On pourra démontrer (**Exercice 2.2**) que si $\mathbf{M}_2$ ou $-\mathbf{M}_1$ ont une partie imaginaire définie positive (ce qui sera le cas si μ'' ou ε'' ne sont pas identiquement nuls), alors il n'y a pas de valeurs résonnantes réelles (c'est la version "discrète" du phénomène étudié dans l'Annexe 5). Des problèmes comme celui de l'Annexe 7 peuvent conduire, au contraire, à rechercher ces valeurs résonnantes et à calculer les vecteurs propres correspondants.

Les problèmes (10) et (11) étaient équivalents, mais (17) et (18) ne le sont plus. Ils donnent des vues *complémentaires* de la solution : (17) donne E (approché, bien sûr) d'où $\text{B} = (\text{K}^d - \text{rot}\ \text{E})/i\omega$, (18) donne H, d'où D par $\text{D} = (\text{rot}\ \text{H} - \text{J}^d)/i\omega$. Ces quatre champs vérifient les équations de Maxwell *exactement*. En revanche, les relations $\text{B} = \mu\text{H}$ et $\text{D} = \varepsilon\text{E}$ ne sont vérifiées que de façon approchée, et l'écart à la vérification de ces lois est une bonne mesure de la précision obtenue par ce double calcul. Voir [PB] pour le développement de cette idée.

Il resterait, pour être complet, à étudier la convergence des solutions approchées, considérées comme fonctions du maillage m, lorsque celui-ci est indéfiniment raffiné. Ceci, *une fois connues les propriétés de convergence* des éléments d'arête (prochain chapitre), relève de techniques établies, telles qu'elles sont exposées par exemple dans [Ci], pour le problème avec sources, et [Ch, Ra] pour le problème aux valeurs propres.

2.3.3 La question des modes parasites

Il est peut-être plus intéressant toutefois, du point de vue pratique, d'évoquer la question des "modes parasites", un problème qui a intrigué la communauté micro-ondes pendant 20 ans. (Voir [KT] pour l'état de la question en 1993.)

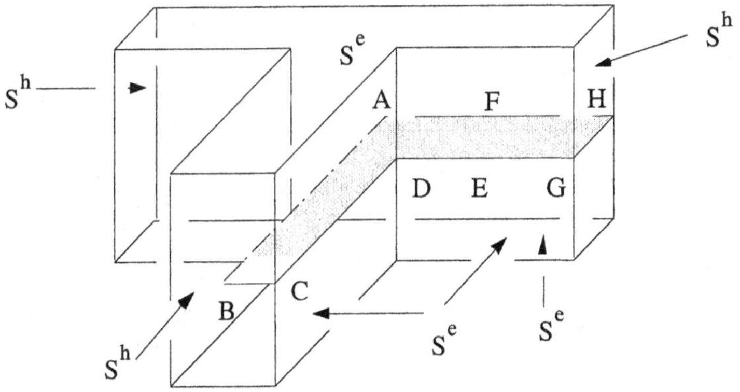

Figure 2.3 (d'après [WP]). Jonction en T entre trois guides d'ondes. Les trois parties de S^h correspondent aux extrémités de trois guides d'onde. Comme on cherche une solution non nulle de (19)(20) avec E *anti*-symétrique par rapport au plan vertical médian, le domaine de calcul est la moitié droite, avec dans ce plan une "nouvelle frontière" S^h (Annexe 6).

Reprenons (12), mais pour une cavité *vide* (donc $\varepsilon = \varepsilon_0$ et $\mu = \mu_0$ partout) et *non excitée* par des sources extérieures (donc E^d et H^d sont nuls). La Fig. 2.3 est un cas type. Les équations sont alors

(19) $$-\,i\omega\,\varepsilon_0\, E + \text{rot}\, H = 0 \ \text{ dans } D, \quad n \times E = 0 \ \text{ sur } S^e,$$

(20) $$i\omega\,\mu_0\, H + \text{rot}\, E = 0 \ \text{ dans } D, \quad n \times H = 0 \ \text{ sur } S^h,$$

et elles admettent des solutions non nulles pour les valeurs résonnantes de ω, qui correspondent là à *toutes* les valeurs propres du problème (les valeurs propres sont toutes réelles). De la sorte, pour $\omega \neq 0$, on a $\text{div}\, B = 0$ et $\text{div}\, D = 0$, où $B = \mu_0 H$ et $D = \varepsilon_0 E$: les inductions magnétique et électrique sont des champs conservatifs. (Noter que ce n'est pas le cas si $\omega = 0$: il y a des solutions de la forme $\text{H} = \text{grad}\,\Phi$ et $\text{E} = \text{grad}\,\Psi$, avec Φ et Ψ non harmoniques.) Bien sûr, quelle que soit la méthode, on ne résout pas (19) et (20) exactement, donc on ne s'attend pas à ce que les relations $\text{div}(\mu_0\, \text{H}) = 0$ et $\text{div}(\varepsilon_0\, \text{E}) = 0$ soient *exactement* vérifiés, mais au moins peut-on espérer que ces divergences restent petites[13]. Or avant l'emploi des éléments d'arêtes, ce n'était pas le cas de tous les modes propres calculés, certains ayant une divergence appréciable et devant à ce titre être rejetés comme "non physiques". On verra au Chap. 7 que l'apparition de ces "modes parasites" est un défaut inhérent à l'emploi d'éléments finis classiques, mais ce diagnostic n'a pas été immédiatement accepté. Dans l'immédiat, on va se contenter de donner une condition suffisante garantissant contre l'apparition de modes parasites, dont la Fig. 2.4 (empruntée à O. Picon et M.-F. Wong, que je remercie) montre bien l'aspect calamiteux.

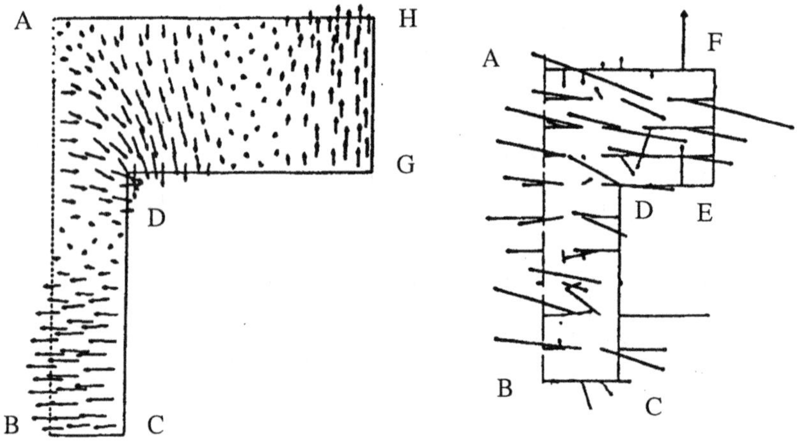

Figure 2.4 (d'après [WP] et [Wo]). À gauche, aspect du champ électrique dans le plan horizontal médian pour le mode dit "TE_{01}" dans la jonction en T de la Fig. 2.3. À droite, un "mode parasite" obtenu en tentant de calculer ce même mode TE_{01} à l'aide d'éléments finis nodaux.

Le problème spectral "continu" consiste à trouver les valeurs de ω pour lesquelles, toutes les données étant nulles, et μ et ε étant positifs réels, le problème (11), c'est-à-dire *trouver* $\text{H} \in \mathbb{H}^0$ *tel que*

$$(i\omega\, \mu\, \text{H}, \text{H}') + ((i\omega\, \varepsilon)^{-1} \text{rot}\, \text{H}, \text{rot}\, \text{H}') = 0 \quad \forall\, \text{H}' \in \mathbb{H}^0,$$

admet une solution non nulle. (De même pour (10), symétriquement.) Envisageons une méthode d'approximation de ce problème "à la Galerkine", consistant à *trouver* $\text{H} \in \mathcal{H}_m$ *tel que*

(21) $$(i\omega\, \mu\, \text{H}, \text{H}') + ((i\omega\, \varepsilon)^{-1} \text{rot}\, \text{H}, \text{rot}\, \text{H}') = 0 \quad \forall\, \text{H}' \in \mathcal{H}_m,$$

[13] La divergence doit être évaluée selon une norme adéquate, s'agissant de *distributions* et non de fonctions : par exemple, $\|\varepsilon_0\, \text{E}\| = \sup\{\Psi \in \Psi^0 : |\int_D \varepsilon_0\, \text{E} \cdot \nabla\Psi| / \|\Psi\|_2\}$.

où $\mathcal{H}_m$ est un sous-espace de dimension *finie* de $\mathbb{H}^0$. (Il s'agit de $\mathbb{H}^0{}_m$, pour le même maillage m, si l'on emploie les éléments d'arêtes.) Ce problème n'a de solution non nulle que pour un nombre fini de valeurs de ω, correspondant aux valeurs propres de la matrice qui représente, dans une base quelconque de $\mathcal{H}_m$, la forme bilinéaire du premier membre de (21).

Considérons maintenant le noyau de l'opérateur rot dans l'espace $\mathcal{H}_m$. C'est un certain sous-espace $\mathcal{K}_m$ qui, si l'on suppose D simplement connexe, est l'image par l'opérateur grad d'un certain espace de dimension finie $\mathcal{F}_m$, formé de fonctions de L^2_{grad}. Si, pour $\omega \neq 0$, (21) admet une solution H non nulle, celle-ci vérifie a fortiori

(22) $$(\mu \text{H}, \text{grad}\, \Phi') = 0 \quad \forall\, \Phi' \in \mathcal{F}_m.$$

Cette relation est familière : C'est celle que l'on obtient, dans le cas où $\text{H} = \text{grad}\, \Phi$, lorsqu'on approche par éléments finis classiques l'équation $\text{div}(\mu\, \text{H}) = 0$ (plus une condition à la limite appropriée), et bien que cela n'entraîne pas $\text{div}(\mu\, \text{H}) = 0$ *exactement*, on s'en contente, à condition que $\mathcal{F}_m$ soit un *bon* espace d'approximation de L^2_{grad}, c'est-à-dire "assez gros", en un sens intuitivement clair, bien qu'un peu délicat à préciser[14].

Dans le cas où $\mathcal{H}_m = \mathbb{H}^0{}_m$, l'espace $\mathcal{F}_m$ est effectivement "assez gros", comme on va le voir au prochain chapitre, de sorte que les modes parasites sont exclus avec ce type d'approximation [Bo, PR, Wo]. Par contre, comme on le montrera au Chap. 7, certains procédés d'approximation d'apparence pourtant raisonnables peuvent conduire à des espaces $\mathcal{F}_m$ de dimensions très faibles, voire réduits à $\{0\}$. Dans ce cas, rien ne garantit plus que $\text{div}(\mu\, \text{H})$ soit même approximativement nul, d'où l'apparition des modes parasites, maintes fois observée [KT].

Références

[Bo] A. Bossavit: "Solving Maxwell's Equations in a Closed Cavity, and the Question of Spurious Modes", **IEEE Trans. MAG-26,** 2 (1990), pp. 702-705.

[Ci] P.G. Ciarlet: **The Finite Element Method for Elliptic Problems,** North-Holland (Amsterdam), 1978.

[Ch] F. Chatelin: **Spectral Approximation of Linear Operators,** Academic Press (New York), 1983.

[Cs] M. Cessenat: **Exemples en électromagnétisme et en physique quantique,** Chap. 9 de [DL].

[DL] R. Dautray et J.L. Lions (r.c.): **Analyse mathématique et calcul numérique pour les sciences et les techniques,** t. 2, Masson (Paris), 1985.

[Jo] A.K. Jonscher: "The 'universal' dielectric response", **Nature,** 267 (23 Juin 1977), pp. 673-79.

[KT] A. Konrad, I.A. Tsukerman: "Comparison of high- and low-frequency electromagnetic field analysis", **J. Phys. III France,** 3 (1993), pp. 363-71.

---

[14] Il faut que la projection L^2 d'une fonction $\varphi \in L^2_{grad}$ sur $\mathcal{F}_m$ tende vers φ assez vite lorsqu'on raffine le maillage. Cf. prochain Chapitre (note 4).

[PR] L. Pichon, A. Razek: "Analysis of Three-Dimensional Dielectric Loaded Cavities with Edge Elements," **ACES Journal, 66,** 2 (1991), pp. 133-42.

[PB] L. Pichon, A. Bossavit: "A new variational formulation, free of spurious modes, for the problem of loaded cavities," **IEEE Trans., MAG-29,** 2 (1993), pp. 1595-1600.

[Ra] J. Rappaz: "Some properties on the stability related to the approximation of eigenvalue problems", in **Computing Methods in Applied Sciences and Engineering, V** (R. Glowinski, J.L. Lions, eds.), North-Holland (Amsterdam), 1982, pp. 167-75.

[St] M.A. Stuchly, S.S. Stuchly: "Dielectric Properties of Biological Substances —Tabulated", **J. Microwave Power, 15,** 1 (1980), pp. 19-26.

[Wa] J.R. Wait: "Theories of scattering from wire grid and mesh structures", in P.L.E. Uslenghi (ed.): **Electromagnetic Scattering,** Academic Press (New York), 1978, pp. 253-87.

[Wo] M.-F. Wong: **Méthode des éléments finis mixtes 3D appliquée à la caractérisation des composants passifs microondes et millimétriques,** Thèse, Paris 7 (28 mai 1993).

[WP] M.-F. Wong, O. Picon, V. Fouad-Hanna: "Résolution par éléments finis d'arête des équations de Maxwell dans les problèmes de jonctions et cavités micro-ondes", **J. de Physique III** (Nov. 1992), pp. 2083-99.

[Note de 2003] Depuis la généralisation des éléments d'arêtes, le problème des modes parasites ne semble plus préoccuper les praticiens, mais pour des raisons difficiles à comprendre, l'idée simple qu'il n'y a "pas de modes parasites avec les éléments d'arête, car [contrairement à ce qui se passe pour les éléments nodaux vectoriels, cf. p. 94] l'espace d'approximation des champs, W^1, contient les gradients des éléments de l'espace d'approximation des potentiels scalaires" [Bo], passe mal, d'où d'étranges contorsions. Voir par exemple

B. Jian, J. Wu, L.A. Povinelli: "The Origin of Spurious Solutions in Computational Electromagnetism", **J. Comput. Phys., 125** (1996), pp. 104-23,

G. Mur: "The fallacy of edge elements", **IEEE Trans., MAG-34,** 5 (1998), pp. 3244-7.

Plus subtilement, les auteurs de [CF] proposent une condition suffisante d'élimination des modes parasites [leur "condition d'inclusion" (22)], logiquement plus forte que nécessaire, pour clamer ensuite que les éléments d'arêtes ne la satisfont pas. Voir aussi [FR] et [BG].

[CF] S. Caorsi, P. Fernandes, M. Raffetto: "Towards a good characterization of spectrally correct finite element methods in electromagnetics", **COMPEL, 15,** 4 (1996), pp. 21-35.

[FR] S. Caorsi, P. Fernandes, M. Raffetto: "On the Convergence of Galerkin Finite Element Approximations of Electromagnetic Eigenproblems", **SIAM J. Numer. Anal., 38,** 2 (2000), pp. 580-607.

[BG] D. Boffi, F. Brezzi, L. Gastaldi: "On the problem of spurious eigenvalues in the approximation of linear elliptic problems in mixed form", **Math. Comp., 69,** 229 (2000), pp. 12-40.

3 Le complexe des éléments de Whitney

Les éléments d'arêtes dont on vient de voir un premier exemple d'emploi font partie d'une famille d'objets géométriques[1], inventés vers 1957 [Wh] par Whitney (Hassler Whitney, 1907-1989, à qui on doit quelques-uns des grands théorèmes de la géométrie différentielle). Ces objets, introduits à une époque où il n'était guère question d'éléments finis, forment une structure très riche, qui s'avère être le cadre idéal pour comprendre les concepts modernes de formulations variationnelles "à deux champs" et d'éléments finis "mixtes" (voir [BF, RT] pour une bibliographie de ce sujet). On les appelle ici "éléments de Whitney" pour cette raison.

3.1 Définition et premières propriétés

Soit $D \subset E$ un domaine borné de l'espace, de frontière S régulière. Considérons un pavage de D par des tétraèdres (ou plus exactement par des images continues de tétraèdres, généralisation facile). Il faut que ce soit un "maillage", au sens des éléments finis, c'est-à-dire que deux tétraèdres se coupent selon une facette, une arête, un sommet, ou pas du tout. On désigne par $\mathcal{N}$, $\mathcal{A}$, $\mathcal{F}$, $\mathcal{T}$ les ensembles formés par les simplexes de ce maillage de différentes dimensions, c'est-à-dire par les nœuds, les arêtes, les facettes et les tétraèdres respectivement, et par m le maillage lui-même.

À chaque nœud n, associons la fonction w_n, continue, affine par morceaux, égale à 1 en n et à 0 aux autres sommets. (De la sorte, $w_n(x)$ est la coordonnée barycentrique du point x par rapport au sommet n, si x et n font partie d'un même tétraèdre.) La définition vise à ce que le domaine de la fonction w_n soit tout D. Remarquer l'identité

(1) $$\sum_{n \in \mathcal{N}} w_n = 1$$

sur D. On nommera W^0 l'espace de dimension finie engendré par les w_n. (Il dépend

[1] Il s'agit des "formes (différentielles) de Whitney", des formes différentielles linéaires par morceaux sur un complexe simplicial en dimension n quelconque. (Cf. Chap. 9, Sect. 9.4. Mais le présent chapitre peut être lu indépendamment.)

du maillage m, et devrait être noté $W^0(m)$, ou $W^0{}_m$, mais l'indice m sera en général sous-entendu dans ce qui suit.)

Maintenant, soit a une arête, de sommets n et m (dans cet ordre[2]). À l'arête a, associons le champ de vecteurs (cf. Fig. 3.1)

$$\text{(2)} \qquad w_a = w_n \nabla w_m - w_m \nabla w_n$$

(∇ pour "gradient"), et notons W^1 l'espace de champs de vecteurs engendré par les w_a. De même, W^2 sera l'espace engendré par les w_f, un par facette $f = \{\ell, m, n\}$ (cf. Fig. 3.2), avec

$$\text{(3)} \qquad w_f = 2(w_\ell \nabla w_m \times \nabla w_n + w_m \nabla w_n \times \nabla w_\ell + w_n \nabla w_\ell \times \nabla w_m).$$

Enfin, W^3 est engendré par des fonctions w_T, une par tétraèdre T, égale à 1/volume(T) sur T et 0 ailleurs. (Son expression analytique dans le même style que (2) et (3), qu'on pourra deviner à titre d'exercice, importe peu.)

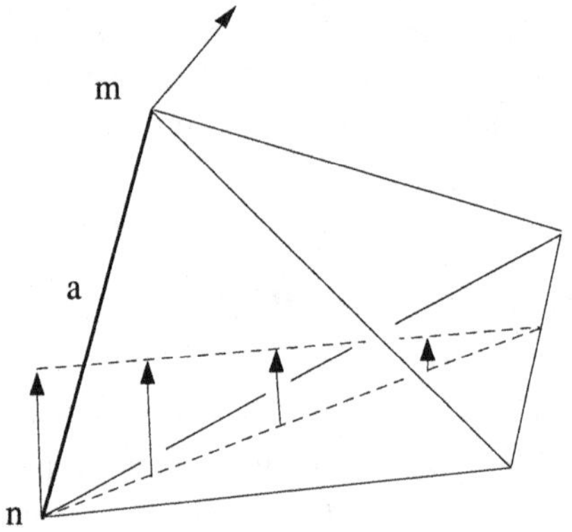

Figure 3.1. L'"élément d'arête", ou élément de Whitney de degré 1 associé à l'arête a = {n, m}, représenté ici sur un seul tétraèdre ayant a pour arête. Les flèches suggèrent l'aspect du champ de vecteurs w_a défini en (2). Au point n, par exemple, $w_a = \text{grad}\, w_m$, d'après (2), et ce vecteur est orthogonal à la facette opposée à m. Par ailleurs, son module est inversement proportionnel à la hauteur issue de m, donc proportionnel à l'aire de la facette opposée à m.

Les w_s, un par simplexe s, sont les éléments de Whitney. Nous allons passer en revue leurs propriétés essentielles, toutes faciles à établir. D'abord,

[2] Un simplexe de m est une liste de sommets, *plus* le choix d'une des deux classes d'équivalence obtenues en tenant pour équivalentes deux permutations de ces sommets qui ont même parité. Ainsi {i, j, k} et {j, k, i} désignent la même facette, mais {i, k, j} est la facette d'orientation opposée. Seule l'une des deux est censée faire partie de m.

- la valeur de w_n prise au nœud n est 1 (et 0 aux autres nœuds),

- la circulation de w_a le long de l'arête a est 1,

- le flux de w_f à travers la facette f est 1,

- l'intégrale de w_T sur le tétraèdre T est 1

(et aussi, dans chaque cas, 0 pour les autres simplexes).

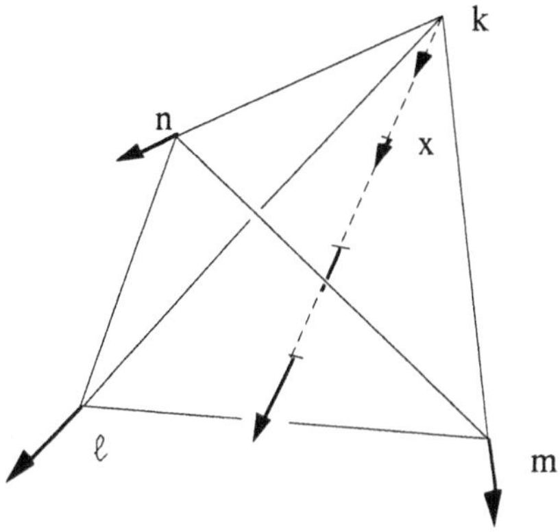

Figure 3.2. L'"élément de facette", ou élément de Whitney de degré 2 associé à la facette $f = \{\ell, m, n\}$, représenté ici sur un seul tétraèdre ayant f pour facette. Les flèches suggèrent l'aspect du champ de vecteurs w_f défini en (3). Au point m, par exemple, $w_f = 2\,\nabla w_n \times \nabla w_\ell$, d'après (3), et ce vecteur est orthogonal à la fois à ∇w_n et ∇w_ℓ, donc parallèle aux plans contenant les faces $\{\ell, m, k\}$ et $\{k, m, n\}$, donc parallèle à leur intersection, qui est l'arête $\{k, m\}$. Sa longueur est proportionnelle à celle de cette même arête (cf. Exer. 3.1).

Exercice 3.1. Faire les calculs. Commencer par établir que le volume d'un tétraèdre $T = \{k, \ell, m, n\}$ est $\mathrm{vol}(T) = 4 \int_T w_n$. Puis montrer que l'aire de la facette $\{k, \ell, m\}$ est $3\,\mathrm{vol}(T)\,|\nabla w_n|$, que la longueur du vecteur $\{k, \ell\}$ est $6\,\mathrm{vol}(T)\,|\nabla w_m \times \nabla w_n|$, enfin que $6\,\mathrm{vol}(T)\det(\nabla w_k, \nabla w_\ell, \nabla w_m) = 1$.

Exercice 3.2. Calculer l'intégrale $\int_T \nabla w_n \cdot \nabla w_m$. En déduire les valeurs des intégrales $\int_D w_a \cdot w_\alpha$ selon les positions relatives des arêtes a et α.

Exercice 3.3. Montrer que le champ (2) est de la forme $x \to \alpha \times x + \beta$ dans un tétraèdre donné, où α et β sont des vecteurs de $\mathbb{R}^3$, avec α parallèle à l'arête opposée à $\{n, m\}$. Montrer que le champ (3) est de la forme $x \to \gamma\, x + \beta$ ($\gamma \in \mathbb{R}$).

Deuxième groupe de propriétés, la continuité éventuelle au passage d'une facette du maillage. La fonction w_n est continue. Pour le champ w_a, c'est plus compliqué.

Considérons deux tétraèdres ayant en commun la face $\{\ell, m, n\}$, et soit x un point de cette face. Alors le champ de vecteurs ∇w_n n'est pas continu en x, puisque w_n n'est pas différentiable. Mais par contre la partie *tangentielle* de ∇w_n, c'est-à-dire sa projection sur la facette $\{\ell, m, n\}$, varie continûment lorsqu'on passe d'un tétraèdre à l'autre en franchissant la facette : en effet, elle ne dépend que des valeurs de w_n sur cette facette, indépendamment du tétraèdre dans lequel on fait le calcul. Comme ce raisonnement vaut aussi pour ∇w_m, et pour toutes les facettes du maillage, on conclut que la partie tangentielle de w_a est continue au passage des facettes. (Une autre façon de voir cela, si l'on connaît les distributions et la notion de trace tangentielle d'un champ de vecteurs de $\mathbb{L}^2_{rot}(D)$, est de remarquer que rot $w_a = 2$ grad $w_n \times$ grad w_m, et donc existe au sens des fonctions, pas seulement à celui des distributions, donc w_a est dans $\mathbb{L}^2_{rot}(D)$ et a de ce fait une trace tangentielle bien définie sur toute surface contenue dans l'adhérence de D. Cf. Annexe 4.) Le même genre de raisonnement montre que la partie *normale* de w_f est continue au passage des facettes. Quant à w_T, elle est discontinue[3].

On voit, grâce à ces propriétés de continuité, que W^0 est inclus dans L^2_{grad}, W^1 dans $\mathbb{L}^2_{rot}$ et W^2 dans $\mathbb{L}^2_{div}$. (Quant à W^3, il n'est "que" dans L^2.) Les W^p sont de dimension finie et peuvent donc jouer le rôle d'espaces d'approximation interne (i.e., de Galerkine) pour ces espaces fonctionnels. Pour W^0, on s'en était aperçu, puisque les w_n ne sont autres que les éléments de Lagrange P^1 (polynomiaux sur chaque tétraèdre, de degré polynomial 1) de la théorie des éléments finis.

Mais ce qui surprend, à première vue, c'est l'interprétation des degrés de liberté, si l'on utilise les Whitney-1 ou -2 comme éléments finis. Soit par exemple h dans W^1. Alors, par définition,

(4) $$h = \sum_{a \in \mathcal{A}} \mathbf{h}_a w_a,$$

où les $\mathbf{h}_a$ sont des coefficients réels (qui pourront dépendre du temps). Comme la circulation de w_a est 1 le long de l'arête a et 0 sur les autres, la circulation de h le long d'une arête a est le degré de liberté $\mathbf{h}_a$. Donc les degrés de liberté (DL) sont associés aux *arêtes* du maillage, et non aux *nœuds* comme on en a l'habitude. De la même façon, si $b \in W^2$, on a $b = \sum_{f \in \mathcal{F}} \mathbf{b}_f w_f$, et les $\mathbf{b}_f$ sont les flux de b à travers les facettes. Donc là, les DL sont localisés sur les facettes. Enfin, ceux des fonctions de W^3, un par tétraèdre, peuvent être localisés aux centres de ceux-ci.

Remarque 3.1. Donc les w_a (ainsi que les autres éléments de Whitney) sont linéairement indépendants, car $h = 0$ dans (4) entraîne $\mathbf{h}_a = 0$ pour tout a. ◊

Les propriétés de convergence des éléments de Whitney sont celles que l'on devine. D'abord, pour le cas connu de W^0, soit φ une fonction de $L^2_{grad}(D)$, continue, et soit

---

[3] L'unité entre ces propriétés de continuité, diverses en apparence, tient à la nature de formes différentielles des éléments de Whitney : ce sont des p-formes continues (ainsi que leurs différentielles extérieures respectives) sur D (Chap. 9).

$\varphi_m = \sum_{n \in \mathcal{N}} \varphi_n w_n$, où φ_n est la valeur de φ au nœud n. Alors, lorsque le "grain" du maillage tend vers 0 en un sens convenable[4] (cf. [Ci]), φ_m converge vers φ dans $L^2_{grad}(D)$. C'est la propriété bien connue des éléments finis P^1. De même, si h est donnée, assez régulière, dans $\mathbb{L}^2_{rot}(D)$, si $\mathbf{h}_a$ est la circulation de h le long de l'arête a, et si l'on pose $h_m = \sum_{a \in \mathcal{A}} \mathbf{h}_a w_a$, alors h_m converge vers h dans $\mathbb{L}^2_{rot}(D)$. Même chose enfin pour $b_m = \sum_{f \in \mathcal{F}} \mathbf{b}_f w_f$, où $\mathbf{b}_f$ est le flux de b à travers f. Tout ceci est démontré dans [Do].

3.2 Le complexe de Whitney

Les propriétés qu'on vient de voir (nature des degrés de liberté, continuité, convergence) concernaient les espaces W^p pris individuellement, pour les différentes valeurs de p. Or il y a aussi des propriétés de la structure formée par tous les W^p pris ensemble (dite "complexe de Whitney"), qui sont encore plus remarquables. D'abord,

Proposition 3.1. *On a les inclusions*

(5) $$\text{grad}(W^0) \subset W^1, \ \text{rot}(W^1) \subset W^2, \ \text{div}(W^2) \subset W^3.$$

Démonstration. Il faut quelques définitions nouvelles. L'*incidence* d'un sommet n dans l'arête a est le nombre i(n, a) égal à 1 si n est l'extrémité de a, à − 1 si n est l'origine de a, et à 0 dans les autres cas. Par exemple, i(n, {n, m}) = −1. De même, i(a, f) vaut 0 si f ne contient pas a, et vaut 1 ou −1 selon que, en supposant a = {n, m}, n précède ou suit immédiatement m dans la liste circulaire des sommets de f : par exemple, i({n, m}, {m, ℓ, n}) = 1. Pour i(f, T), on pose par définition i({m, n, k}, {k, ℓ, m, n}) = −1 et i({ℓ, m, n}, {k, ℓ, m, n}) = 1, et cela suffit à donner toutes les autres possibilités[5]. On appellera *matrices d'incidence* les matrices rectangulaires **G**, **R**, **D** ainsi formées : $\mathbf{G}_{a\,n} = i(n, a)$, $\mathbf{R}_{f\,a} = i(a, f)$, $\mathbf{D}_{T\,f} = i(f, T)$. Considérons maintenant un sommet m. On a, par définition même des nombres d'incidence,

$$\sum_{a \in \mathcal{A}} i(m, a)\, w_a = \sum_{n \in \mathcal{N}} (w_n \nabla w_m - w_m \nabla w_n)$$
$$= (\sum_{n \in \mathcal{N}} w_n) \nabla w_m - w_m \nabla(\sum_{n \in \mathcal{N}} w_n) \equiv \nabla w_m$$

d'après (1), donc grad $w_m \in W^1$, d'où la première inclusion par linéarité. De même (**Exercice 3.4**), pour a = {n, m}, on a rot $w_a = 2 \nabla w_n \times \nabla w_m = \sum_{f \in \mathcal{F}} i(a, f)\, w_f$, donc rot $w_a \in W^2$, et div $w_f = \sum_{T \in \mathcal{T}} i(f, T)\, w_T$, donc div $w_f \in W^3$, d'où (5). ◊

---

[4] incluant en particulier une condition qui vise à "limiter l'aplatissement" des simplexes : par exemple, que le rapport des rayons des sphères circonscrite et inscrite reste borné.

[5] L'idée est que si les arêtes {i, j}, {i, k}, {i, ℓ} de T = {i, j, k, ℓ} forment un trièdre *direct*, les faces f, comme par exemple f = {i, k, j}, pour lesquelles le vecteur {i, k} × {k, j} est *sortant* par rapport à T, vérifient i(f, T) = 1. C'est donc une affaire d'orientation *relative* de simplexes contenus l'un dans l'autre (cf. Annexe A9).

Ce résultat a l'important corollaire suivant. Si $\varphi = \sum_{n \in \mathcal{N}} \varphi_n w_n$ est un élément de W^0, et si l'on pose $h = \text{grad}\, \varphi$, ce champ h peut aussi s'exprimer comme en (4), les DL d'arêtes étant $\mathbf{h}_{\{n,\, m\}} = \boldsymbol{\varphi}_m - \boldsymbol{\varphi}_n$. Soit $\mathbf{h}$ le vecteur formé par les $\mathbf{h}_a$ (de dimension A, le nombre d'arêtes), $\boldsymbol{\varphi}$ celui des $\boldsymbol{\varphi}_n$ (de dimension N, le nombre de nœuds). Alors $\mathbf{h} = \mathbf{G}\boldsymbol{\varphi}$, où $\mathbf{G}$ est la matrice d'incidence définie ci-dessus, à N colonnes et A lignes, qui apparaît ainsi comme l'analogue discret de l'opérateur gradient. De même (Fig. 3.3), si $h = \sum_{a \in \mathcal{A}} \mathbf{h}_a w_a$, alors $j \equiv \text{rot}\, h = \sum_{f \in \mathcal{F}} \mathbf{j}_f w_f$, où les $\mathbf{j}_f$ sont les composantes du vecteur $\mathbf{j} = \mathbf{R}\, \mathbf{h}$, de dimension F (le nombre de facettes). Enfin, si $b = \sum_{f \in \mathcal{F}} \mathbf{b}_f w_f$, on a $\text{div}\, b = \sum_{T \in \mathcal{T}} \boldsymbol{\psi}_T w_T$, où $\boldsymbol{\psi} = \mathbf{D}\, \mathbf{b}$. Les matrices $\mathbf{R}$ et $\mathbf{D}$, de dimensions respectives $F \times A$ et $T \times F$ (où T est le nombre de tétraèdres), correspondent au rotationnel et à la divergence. On notera les égalités $\mathbf{D}\, \mathbf{R} = 0$ et $\mathbf{R}\, \mathbf{G} = 0$.

La matrice $\mathbf{R}$ est celle qui apparaissait dans (15) et (16) au Chap. 2.

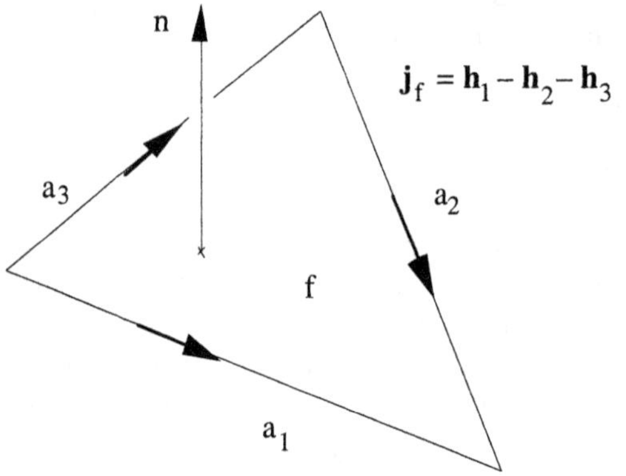

Figure 3.3. Calcul de $\mathbf{j}_f$ (flux à travers la facette f du champ $j = \text{rot}\, h$), à partir des DL de h ($\mathbf{h}_i$ est la circulation de h le long de l'arête a_i, l'orientation des a_i est indiquée par les flèches, celle de f est donnée par la normale n et la règle d'Ampère). Les termes de la matrice d'incidence $\mathbf{R}$ sont ici $\mathbf{R}_{f\, a_1} = 1$, $\mathbf{R}_{f\, a_2} = \mathbf{R}_{f\, a_3} = -1$.

Mais (5) n'épuise pas la question. Nous dirons qu'une partie de l'espace est *contractile* si elle est simplement connexe et de frontière connexe[6]. Alors :

Proposition 3.2. *Si la réunion des tétraèdres du maillage est contractile, on a les identités*

[6] On rappelle qu'un espace topologique est *connexe* si deux points quelconques peuvent être joints par un chemin continu (image continue du segment [0, 1]). (En fait cette notion-là est la *connexité par arcs,* mais il n'y a pas de différence dans le contexte où nous nous plaçons.) Il est *simplement connexe* si tout arc fermé sur lui même, ou *circuit* (image continue du cercle unité) est réductible à 0 par déformation continue.

$$W^1 \cap \ker(\mathrm{rot}) = \mathrm{grad}\, W^0, \qquad W^2 \cap \ker(\mathrm{div}) = \mathrm{rot}\, W^1,$$

en plus de (5).

Démonstration. Soit h un élément de W^1 tel que rot h = 0. Alors (D étant simplement connexe), il existe une fonction φ telle que $h = \mathrm{grad}\, \varphi$. Les $\boldsymbol{\varphi}_n$ étant les valeurs de φ aux sommets, formons $k = \mathrm{grad}(\sum_{n \in \mathcal{N}} \boldsymbol{\varphi}_n w_n)$. Alors $k \in W^1$ par la Prop. 3.1, et ses DL sont ceux de h par construction, donc (Remarque 1) $h = k \in \mathrm{grad}\, W^0$. Quant à la deuxième égalité, soit b un élément de W^2 tel que div b = 0. Il existe alors un champ de vecteurs e tel que b = rot e. (Attention, "D simplement connexe" ne suffirait pas pour cela, et l'hypothèse "S connexe" est indispensable. Par exemple, si D est l'ouvert $\{x \in E_3 : 1 < |x| < 2\}$, le champ $\mathrm{grad}(x \to 1/|x|)$ est à divergence nulle, puisque $x \to 1/|x|$ est une fonction harmonique, mais n'est pas un rotationnel, puisque son flux à travers la surface fermée $\{x : |x| = 1\}$ n'est pas nul.) Les $\mathbf{e}_a$ étant les circulations de e le long des arêtes, formons $c = \mathrm{rot}(\sum_{a \in \mathcal{A}} \mathbf{e}_a w_a)$. Alors $c \in W^2$ par la Prop. 3.1, et ses DL sont ceux de b par construction, donc $b = c \in \mathrm{rot}\, W^1$. ◊

3.3 Propriétés topologiques du complexe

C'est toutefois dans le cas non contractile que le complexe de Whitney donne toute sa mesure. (Cette Section peut être sautée sans inconvénient.)

On dit qu'une famille d'espaces vectoriels $X^0, \ldots, X^n$ (sur le même corps de base) et d'applications linéaires $A^i \in X^{i-1} \to X^i$, $i = 1, \ldots, n$, forme une *suite exacte au niveau de* X^i si $\mathrm{cod}(A^i) = \ker(A^{i+1})$, avec comme cas particuliers A^1 injective (i = 0) et A^n surjective (i = n). La suite est *exacte* si elle est exacte à tous les niveaux et on a l'habitude de représenter ce type de phénomène par le diagramme

$$\{0\} \to X^0 \xrightarrow{A^1} X^1 \xrightarrow{A^2} \ldots \to X^{n-1} \xrightarrow{A^n} X^n \to \{0\}$$

où $\{0\}$ est l'espace de dimension 0.

Les Propositions 3.1 et 3.2 montrent que la suite

$$\{0\} \to W^0 \xrightarrow{\mathrm{grad}} W^1 \xrightarrow{\mathrm{rot}} W^2 \xrightarrow{\mathrm{div}} W^3 \to \{0\} \qquad (6)$$

est exacte à tous les niveaux sauf 0 (car $\mathrm{grad}\, \varphi = 0$ n'implique pas $\varphi = 0$ mais seulement $\varphi = \mathrm{Cte}$). Il en va de même de la suite isomorphe

$$(6)\qquad \{0\} \rightarrow \mathbb{R}^N \xrightarrow{\mathbf{G}} \mathbb{R}^A \xrightarrow{\mathbf{R}} \mathbb{R}^F \xrightarrow{\mathbf{D}} \mathbb{R}^T \rightarrow \{0\}.$$

On remarquera que ces propriétés sont aussi celles de la suite :

$$(7)\qquad \{0\} \rightarrow L^2_{grad} \xrightarrow{\text{grad}} \mathbb{L}^2_{rot} \xrightarrow{\text{rot}} \mathbb{L}^2_{div} \xrightarrow{\text{div}} L^2 \rightarrow \{0\}.$$

Ce n'est pas une coïncidence, comme on va le voir sur deux cas particuliers où D n'est pas contractile. C'est même en un sens la raison d'être de la suite de Whitney.

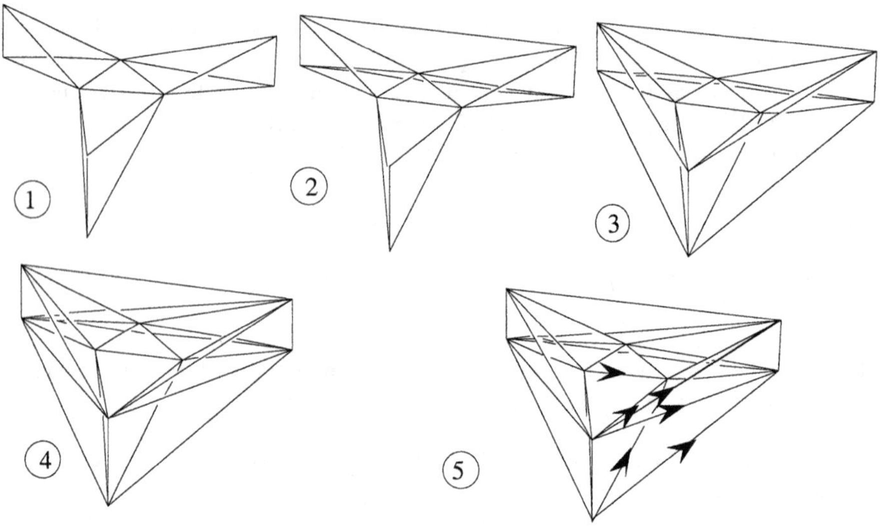

Figure 3.4. Étapes de la construction d'un "tore simplicial" : Joindre trois tétraèdres selon un triangle (1), ajouter une pyramide (2), puis deux autres (3), de manière à former un anneau solide, puis couper chaque pyramide en deux tétraèdres (4). Le polyèdre torique obtenu comporte 9 tétraèdres, 27 facettes, 27 arêtes, 9 sommets ($\chi = 0$). En (5), attribution des DL pour obtenir un élément de W^1 à rotationnel nul qui ne soit pas un gradient.

Prenons d'abord le cas du maillage (très grossier) d'un tore, de la Fig. 3.4. Attribuons le degré de liberté $\mathbf{h}_a = 0$ à toutes les arêtes, sauf les six indiquées sur la Fig. 3.4-5, pour lesquelles $\mathbf{h}_a = 1$ (le sens de la flèche donne l'orientation des arêtes). On obtient ainsi un élément h de W^1 à rotationnel nul (calculer $\mathbf{R}\,\mathbf{h}$ en faisant la somme des $\mathbf{h}_a$ sur les pourtours de tous les triangles : on voit que $\mathbf{R}\,\mathbf{h} = 0$), mais qui n'est certainement pas un gradient, puisque sa circulation le long de certains circuits fermés, comme par exemple celui formé par le pourtour du petit triangle central, n'est pas nulle.

Donc, dans ce cas, grad W^0 est strictement contenu dans $\ker(\text{rot} ; W^1)$. Le quotient $\ker(\text{rot} ; W^1)/\text{grad}(W^0)$ est alors un sous-espace vectoriel non trivial de W^1, et il n'est pas difficile de voir que sa dimension est 1 dans le cas présent. Dans le cas général, la dimension de ce quotient s'appelle *nombre de Betti de dimension* 1 du maillage. Ce nombre mesure donc la non-exactitude au niveau 1 de la suite de Whitney. On peut le noter $b_1(m)$, et simplement b_1 s'il n'y a pas d'ambiguïté.

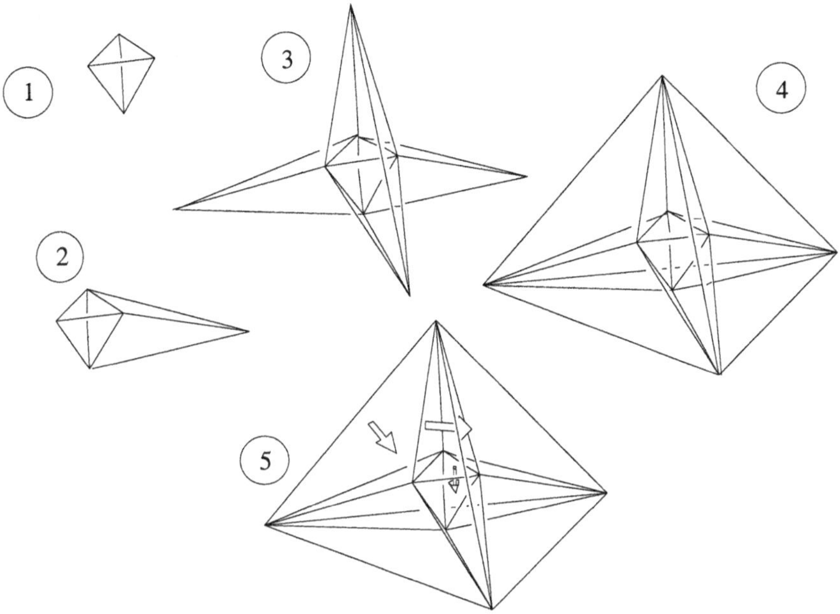

Figure 3.5. Étapes de la construction d'un "tétraèdre creux" : Aux faces d'un tétraèdre régulier (1), ajouter quatre pointes tétraédriques (2-3), puis six tétraèdres partageant une arête avec le tétraèdre initial (4), enfin les quatre tétraèdres nécessaires pour combler les faces. Enlever le tétraèdre central. Le solide creux restant comporte 14 tétraèdres, 32 facettes, 24 arêtes, 8 sommets ($\chi = 2$). En (5), attribution des DL pour obtenir un élément de W^2 à divergence nulle qui ne soit pas un rotationnel.

Or, si l'on considère maintenant la suite (7) relative à ce volume torique, on constate qu'elle présente le même défaut d'exactitude. En effet, les champs à rotationnel nul dans ce tore qui ne sont pas des gradients se déduisent tous de celui qu'on vient de construire par multiplication scalaire et addition du gradient d'une fonction. Le quotient $\ker(\text{rot} \,;\, \mathbb{L}^2_{\text{rot}})/\text{grad}(L^2_{\text{grad}})$ est donc de dimension 1.

On peut observer le même genre de phénomène sur le cas du tétraèdre creux de la Fig. 3.5. En attribuant 0 pour DL à toutes les facettes sauf celles indiquées sur la Fig. 3.5-5, qui portent 1 pour DL avec l'orientation suggérée par les flèches, on obtient un champ b de W^2 à divergence nulle (faire le bilan des flux à travers les facettes pour chaque tétraèdre : on voit que $\mathbf{D}\,\mathbf{b} = 0$), mais qui n'est certainement pas un rotationnel, car son flux à travers certaines surfaces fermées, comme par exemple la surface du tétraèdre intérieur, n'est pas nul. Cette fois, $\text{rot}\, W^1$ est strictement contenu dans $\ker(\text{div} \,;\, W^2)$, et le quotient $\ker(\text{div} \,;\, W^2)/\text{rot}(W^1)$ est de dimension 1. Dans le cas général, la dimension de ce quotient s'appelle *nombre de Betti de dimension* 2 du maillage (noté b_2), et mesure la non-exactitude de la suite au niveau 2. La suite (7) présente le même défaut d'exactitude au même niveau.

Ces défauts d'exactitude apparaissent donc comme caractéristiques de la *topologie globale* du domaine maillé. On peut deviner par exemple, d'après ce qui précède, que les nombres de Betti b_1 et b_2 sont respectivement les nombres de "boucles" et de "trous" du domaine D, et ne dépendent pas du maillage. Les observations qu'on vient de faire suggèrent donc que la suite de Whitney est un outil de nature combinatoire et algébrique susceptible de donner des informations d'ordre topologique.

Effectivement, cette suite est une des constructions de la *topologie algébrique*, la partie des mathématiques qui se propose d'associer aux espaces topologiques des objets algébriques (invariants par homéomorphisme), de manière à étudier la topologie à l'aide des méthodes de l'algèbre. (Ainsi par exemple, on donne un sens aux notions intuitives de "nombre de boucles" ou "nombre de trous" à l'aide des nombres de Betti, définis comme les dimensions de certains espaces vectoriels, comme ci-dessus.) Il y a plusieurs façons de procéder à ce genre d'associations, correspondant à autant de chapitres de la topologie algébrique. L'une d'elles est la *cohomologie,* qui consiste en gros à étudier des suites telles que (7). La suite de Whitney apparaît donc comme une cohomologie *discrète*, se prêtant à un *calcul* combinatoire, et c'était la raison de son invention en 1957 [Wh].

Mais nous n'irons pas plus loin dans cette voie, car le seul résultat de topologie dont on ait besoin ici est le suivant : On définit les nombres de Betti par $b_i = \dim(\ker(d\,;W^i)/dW^{i-1})$, $i = 1$ à 3 (où d est l'opérateur grad, rot, div, selon la valeur de i), et b_0 comme la dimension du noyau ker(grad) dans W^0 (c'est donc le nombre de composantes connexes de D). On démontre que ces nombres sont des *invariants topologiques*, en ce sens qu'ils dépendent de D, à un homéomorphisme près, mais pas du maillage. L'entier $\chi = b_0 - b_1 + b_2 - b_3$ s'appelle *constante d'Euler-Poincaré.* D'après la définition des b_i, on a la *formule d'Euler-Poincaré :*

(8) $$N - A + F - T = \chi(D),$$

où N, A, F, T sont les nombres de nœuds, d'arêtes, etc., définis plus haut. La constante χ vaut typiquement de 0 à 2 (cf. Figs. 4 et 5). Lorsque la région maillée est bornée et contractile, $\chi = 1$.

3.4 Propriétés métriques du complexe

On aura remarqué le caractère *combinatoire* de tout ce qui précède : Toute l'information de nature topologique s'obtient à partir de la donnée des matrices d'incidence **G**, **R**, **D**, et celles-ci ne dépendent que de la façon dont les simplexes du maillage sont arrangés, non de leur taille, leurs angles dièdres, etc. Les "matrices de masse" introduites ci-dessous vont contenir l'information à ce sujet, c'est-à-dire la *métrique* du maillage.

Soit α une fonction sur D, positive. (En pratique, c'est l'un des coefficients ε, μ, etc., ou son inverse.) On note $\mathbf{M}_p(\alpha)$, $p = 0, 1, 2, 3$, les matrices carrées de taille $N \times N$, $A \times A$, $F \times F$, $T \times T$ dont les termes sont

$$(9) \qquad (\mathbf{M}_p(\alpha))_{s\,s'} = \int_D \alpha\; w_s \cdot w_{s'} \quad \text{si } p = 1 \text{ ou } 2,$$

$$(10) \qquad = \int_D \alpha\; w_s\; w_{s'} \quad \text{si } p = 0 \text{ ou } 3,$$

où s et s' sont deux simplexes de m de dimension p. Les $\mathbf{M}_p$ sont dites *matrices de masse* du maillage, car on retrouve l'une d'entre elles ($\mathbf{M}_1$) dans la même position que la matrice de masse d'un système mécanique en vibration lorsqu'on établit le schéma numérique du calcul des modes résonnants d'une cavité, comme on l'a vu au Chap. 2.

Exercice 3.5. Calculer tous les termes des $\mathbf{M}_p$ lorsque $\alpha = 1$ (cf. Exer. 3.2).

Exercice 3.6. Vérifier que la matrice dont les éléments sont $\int_D \mu^{-1} \operatorname{rot} w_a \cdot \operatorname{rot} w_{a'}$ (cf. p. 23) est bien $\mathbf{R}^t\, \mathbf{M}_2(\mu^{-1})\, \mathbf{R}$.

Dans (9), le coefficient α peut être remplacé par un tenseur symétrique de composantes cartésiennes $\alpha_{i\,j}$:

$$(\mathbf{M}_p(\alpha))_{s\,s'} = \int_D \Sigma_{i,\, j\, =\, 1,\, 2,\, 3}\; \alpha_{ij}\; w^i_s\, w^j_{s'}\,.$$

Nous n'avons pas utilisé cette possibilité au Chap. 2, mais il est utile de la remarquer, car c'est elle qui permet de traiter le cas de lois de comportement *anisotropes*.

Références

Les éléments de Whitney ont été redécouverts par les numériciens à partir de 1975 en relation avec la recherche d'éléments finis "mixtes" [BF, RT]. En particulier (cf. Exer. 3.3), l'élément d'arête (2) apparaît dans [Nd], où il est décrit par ses "fonctions de forme", $x \to \alpha(\text{T}) \times x + \beta(\text{T})$ dans le tétraèdre T, $\alpha(\text{T})$ et $\beta(\text{T})$ étant des vecteurs ordinaires. (Il y a ainsi 6 degrés de liberté par tétraèdre, en correspondance linéaire inversible avec les 6 circulations sur les arêtes.) De même [Nd], l'élément de facette a pour fonction de forme $x \to \gamma(\text{T})\, x + \beta(\text{T})$, avec $\gamma(\text{T}) \in \mathbb{R}$. Par rapport aux fonctions de forme, une représentation comme (2) ou (3) a évidemment l'avantage de donner explicitement une *base* de l'espace W^1 ou W^2. Mais il faut toutefois noter que la description par fonctions de formes semble convenir mieux aux éléments vectoriels de degré polynomial supérieur à 1 (cf. [Ne]), et que leur description dans le style de Whitney, à l'aide de fonctions de base clairement associées à des éléments géométriques du complexe simplicial, est encore un problème ouvert, comme d'ailleurs la classification de la famille hétéroclite des éléments vectoriels "à continuité tangentielle" proposés jusqu'ici par divers auteurs [MH, vW, WC, ...].

On peut s'initier sans douleur à la topologie algébrique en lisant des ouvrages de vulgarisation tels que [Al,St, Ba], qui tablent sur notre intuition de l'espace en faisant largement appel au dessin. (Il en va de même de [Fn], mais ce livre suppose des connaissances préalables.) Pour une approche plus classique, [Mu] est un bon choix. On pourra aussi consulter [Am, Jä, Ma], et à un niveau un peu plus élevé, [GH]. À part le dernier cité, qui est bien équilibré (mais ne peut guère, en dépit de son titre, servir de "premier cours"), ces ouvrages ne font pas sa place à la cohomologie, pour laquelle il faudra consulter des textes orientés vers la géométrie différentielle, tels que, entre autres, [Ar, Bu, Sc]. Plus récent, et très populaire, [Fr].

[Al] P. Alexandroff: **Elementary Concepts of Topology,** Dover (New York), 1961 (trad. de **Einfachste Grundbegriffe der Topologie,** J. Springer, 1932).

[Am] M.A. Armstrong: **Basic Topology,** McGraw-Hill (London), 1979.

[Ar] V. Arnold: **Méthodes mathématiques de la physique classique,** Mir (Moscou), 1976.

[Ba] S. Barr: **Experiments in Topology,** Th. Y. Crowell (New York), 1964.

[BF] F. Brezzi, M. Fortin: **Mixed and Hybrid Finite Element Methods,** Springer-Verlag (New York), 1991.

[Bu] W.L. Burke: **Applied Differential Geometry,** Cambridge University Press (Cambridge, U.K.), 1985.

[Ci] P.G. Ciarlet: **The Finite Element Method for Elliptic Problems,** North-Holland (Amsterdam), 1978.

[Do] J. Dodziuk: "Finite-Difference Approach to the Hodge Theory of Harmonic Forms", **Amer. J. Math.**, **98,** 1 (1976), pp. 79-104.

[Fn] G.K. Francis: **A Topological Picturebook,** Springer-Verlag (New York), 1987.

[Fr] Th. Frankel: **The Geometry of Physics,** An Introduction, Cambridge U.P. (Cambridge), 1997.

[GH] M.J. Greenberg, J.R. Harper: **Algebraic Topology, A First Course,** Benjamin/Cummings (Reading, Ma.), 1981.

[Jä] K. Jänich: **Topology,** Springer-Verlag (New York), 1984 (éd. orig.: **Topologie,** Springer-Verlag, Berlin, 1980).

[MH] G. Mur, A.T. de Hoop: "A Finite-Element Method for Computing Three-Dimensional Electromagnetic Fields in Inhomogeneous Media", **IEEE Trans., MAG-19**, 6 (1985), pp. 2188-91.

[Nd] J.C. Nedelec: "Mixed finite elements in $\mathbb{R}^3$", **Numer. Math., 35** (1980), pp. 315-41.

[Ne] J.C. Nedelec: "A new family of mixed finite elements in $\mathbb{R}^3$", **Numer. Math., 50** (1986), pp. 57-81.

[Ma] W.S. Massey: **Algebraic Topology: An Introduction,** Springer-Verlag (New York), 1967. (Éd. 1991: **A Basic Course in Algebraic Topology**.)

[Mu] J.R. Munkres: **Elements of Algebraic Topology,** Addison-Wesley (Menlo Park), 1984.

[RT] J.E. Roberts, J.M. Thomas: "Mixed and Hybrid Finite Element Methods", in **Handbook of Numerical Analysis** (P.G. Ciarlet & J.L. Lions, Eds.), North-Holland (Amsterdam), 1991, pp. 523-639.

[Sc] B. Schutz: **Geometrical methods of mathematical physics,** Cambridge University Press (Cambridge, U.K.), 1980.

[St] I. Stewart: **Concepts of Modern Mathematics,** Penguin Books (Harmondsworth, U.K.), 1975.

[vW] J.S. Van Welij: "Calculation of Eddy Currents in Terms of H on Hexahedra", **IEEE Trans., MAG-21**, 6 (1985), pp. 2239-41.

[Wh] H. Whitney: **Geometric Integration Theory,** Princeton U.P. (Princeton), 1957.

[WC] S.H. Wong, Z.J. Cendes: "Combined Finite Element-Modal Solution of Three-Dimensional Eddy-Current Problems", **IEEE Trans., MAG-24**, 6 (1988), pp. 2685-7.

4 La limite $\varepsilon = 0$

4.1 Introduction

Dans ce chapitre, on va considérer ε comme un "petit paramètre" et étudier, lorsqu'il tend vers 0, le comportement de la solution du "système de Maxwell avec loi d'Ohm" du Chap. 1. En tant que fonction de ε, et pour j^d donné, la solution $\{e_\varepsilon, h_\varepsilon\}$ a-t-elle une limite lorsque ε tend vers 0, et si oui, peut-on formuler un problème dont cette limite soit la solution ?

Si naturelle qu'elle paraisse, la formulation précédente manque de rigueur, non seulement parce que ε n'est pas *un* paramètre réel (c'est une fonction de la position), mais parce qu'il s'agit d'une donnée physique, qui ne "tend" nullement vers 0 ou quoi que ce soit d'autre dans la vie réelle. Il vaut mieux dire comme suit. Considérons la famille de problèmes

$$(P_\alpha) \qquad -\alpha\varepsilon\,\partial_t e + \operatorname{rot} h = j^d + \sigma e, \qquad \mu\,\partial_t h + \operatorname{rot} e = 0,$$

avec $\alpha > 0$ comme paramètre. Le problème physique réel correspond alors à $\alpha = 1$. Si la solution $\{e_\alpha, h_\alpha\}$ est raisonnablement régulière par rapport à α, disons différentiable, avec une limite $\{e_0, h_0\}$ lorsque α tend vers 0, alors $\|e_\alpha - e_0\| = o(\alpha)$ et $\|h_\alpha - h_0\| = o(\alpha)$, et si les fonctions $o(\alpha)$ tendent vers 0 assez vite, $\{e_0, h_0\}$ constitue une bonne approximation de la solution $\{e, h\}$. Notre objectif consiste donc en particulier à formuler un problème P_0 dont $\{e_0, h_0\}$ soit solution, problème dont on peut espérer qu'il sera plus simple que $P_{\alpha=1}$.

Plus généralement, s'il existe un développement de Taylor en α, soit $e_\alpha = e_0 + \alpha\, e_1 + \alpha^2/2\, e_2 + \ldots$, et de même pour h_α, et si l'on peut poser des problèmes P_0, P_1, etc., dont les termes successifs $\{e_0, h_0\}$, $\{e_1, h_1\}$, etc., soient solution[1], on pourra utiliser le développement limité à l'ordre 0, $\{e_0, h_0\}$, ou celui à l'ordre 1, c'est-à-dire $\{e_0 + e_1, h_0 + h_1\}$, etc., comme approximation de $\{e, h\}$. On y trouvera avantage si d'une part les problèmes P_0, P_1, etc., sont plus simples à résoudre que $P_{\alpha=1}$, et si

[1] On réserve la notation e_1, h_1 aux dérivées premières de e_α, h_α en $\alpha = 0$. Les valeurs de e_α et h_α en $\alpha = 1$ seront désignées simplement par e, h, ou si nécessaire par $e_{\alpha=1}$ et $h_{\alpha=1}$. Même conflit de notation pour P_0, P_1, etc. On conviendra que P_1 est le problème dont $\{e_1, h_1\}$ est solution, et que $P_{\alpha=1}$ désigne le problème P_α lorsque $\alpha = 1$, c'est-à-dire le système de Maxwell.

d'autre part les termes négligés sont petits devant la solution. (C'est seulement dans ce cas que l'on peut qualifier ε de "petit" paramètre.)

Le programme de travail qu'on vient d'esquisser vaut bien entendu pour une vaste catégorie de problèmes à petits paramètres. En fait on peut poser le

Principe heuristique (méthode des perturbations) : *La solution* u_α *du problème*

(P_α) $\quad (A + \alpha B)\, u_\alpha = f_0 + \alpha\, f_1 + \alpha^2/2\, f_2 + \ldots$

converge, si le problème

$(P_0\text{-i})$ $\quad Au = f_0,$

admet des solutions, vers celle de ces solutions, notée u_0, *qui vérifie de plus*

$(P_0\text{-ii})$ $\quad Bu_0 - f_1 \in \operatorname{cod}(A).$

La dérivée $\partial_\alpha u_\alpha$ *de* u_α *converge vers* u_1, *solution de*

(P_1) $\quad Au_1 = f_1 - Bu_0, \quad Bu_1 - f_2 \in \operatorname{cod}(A),$

etc. On a alors $u_\alpha = u_0 + \alpha\, u_1 + \ldots$.

Il va sans dire qu'il ne s'agit pas là d'une *proposition,* vraie ou fausse, puisque le cadre fonctionnel (le type des opérateurs A et B, de l'inconnue u, etc.) n'est même pas précisé. Mais dans chaque cas particulier, on peut essayer de donner au principe ce statut, en trouvant les hypothèses qui en font un *théorème.* Le "mode d'emploi" consiste à appliquer le principe pour *deviner* la forme des problèmes successifs P_0, P_1, etc., puis (ce qui est en général moins simple) à montrer qu'ils sont bien posés et qu'il y a convergence. Si pour quelque raison A est "plus facile" à traiter que $A + \alpha B$, il peut alors y avoir un avantage pratique à résoudre un nombre limité de problèmes P_i, qui portent tous sur A, de manière à obtenir une approximation de $u_{\alpha = 1}$ par un développement limité, plutôt que de résoudre directement $P_{\alpha = 1}$.

Exercice 4.1. Appliquer cette méthode au cas où A et B sont des matrices carrées opérant sur un espace vectoriel V, symétriques, semi-définies positives, et telles que $A + B$ soit régulière. (Indication : prendre le produit scalaire des deux membres de (P_α) par $v \in \ker(A)$, d'où, *si* u_α tend vers u_0, la condition nécessaire $(Bu_0 - f_1, v) = 0 \;\; \forall\, v \in \ker(A)$, d'où $(P_0\text{-ii})$, puisque $V = \ker(A) \oplus \operatorname{cod}(A)$.) ◊

4.2 Du modèle de Maxwell à celui des courants de Foucault

Il sera commode de travailler sur une formulation faible de (P_α), à savoir *trouver* des fonctions du temps $e_\alpha = t \to e_\alpha(t)$ *à valeurs dans* $\mathbb{E}$ *et* $h_\alpha = t \to h_\alpha(t)$ *à valeurs dans* $\mathbb{H}$ *telles que* $e_\alpha(0) = 0$, $h_\alpha(0) = 0$ *et, pour presque tout* $t \in [0,T]$,

(1) $$-(\alpha\, \varepsilon\, \partial_t e_\alpha(t), e') + (h_\alpha(t), \operatorname{rot} e') = (j^d(t) + \sigma\, e_\alpha(t), e') \quad \forall\, e' \in \mathbb{E},$$

(2) $$(\mu\, \partial_t h_\alpha(t), h') + (e_\alpha(t), \operatorname{rot} h') = 0 \quad \forall\, h' \in \mathbb{H},$$

où $\mathbb{E}$ et $\mathbb{H}$ sont deux copies de l'espace $\mathbb{L}^2_{rot}(E_3)$, et où $(\ ,\ )$ dénote le produit scalaire dans $\mathbb{L}^2(E_3)$. On notera M_T la "tranche d'espace-temps" $[0, T] \times E_3$, de sorte que $\mathbb{L}^2(M_T) \equiv L^2([0, T]\,;\, \mathbb{L}^2(E_3))$.

4.2.1 Majorations a priori

Prenons pour point de départ le résultat acquis au Chap. 1 :

Proposition 4.1. *Soit* $t \to j^d(t)$ *donnée, pour* $t \in [0, T]$, *avec* j^d *et* $\partial_t j^d$ *dans* $\mathbb{L}^2(M_T)$ *et* $j^d(0) = 0$. *Soient* ε, μ *et* σ *des fonctions données sur* E_3, *mesurables, avec presque partout* $\varepsilon_1 \geq \varepsilon(x) \geq \varepsilon_0 > 0$ *et* $\mu_1 \geq \mu(x) \geq \mu_0 > 0$ *ainsi que* $\sigma(x) \geq 0$. *Le problème* (1)(2) *a une solution unique* $\{e_\alpha, h_\alpha\}$ *avec* e_α *et* h_α *dans* $\mathbb{L}^2(M_T)$, *ainsi que leurs rotationnels.*

Noter qu'aucune hypothèse sur le support de j^d n'a été nécessaire : il peut ne pas être borné, et rencontrer celui de σ.

Remarque 4.1. Les dérivées $\partial_t e_\alpha$ et $\partial_t h_\alpha$ sont dans $\mathbb{L}^2(M_T)$ puisque e_α, $\operatorname{rot} h_\alpha$ et $\operatorname{rot} e_\alpha$ y sont, donc (1) et (2) ont bien un sens pour presque tout t. Le problème (1)(2) peut être formulé avec plus de précision apparente, mais de façon en fait équivalente (cf. Annexe 3), comme ceci : *trouver* e *et* h *dans* $L^2([0, T]\,;\, \mathbb{L}^2_{rot}(E_3))$ *tels que*

$$\int_0^T dt\, [(\alpha\, \varepsilon\, e_\alpha(t), \partial_t e'(t)) + (h_\alpha(t), \operatorname{rot} e'(t))] = \int_0^T dt\, (j^d(t) + \sigma\, e_\alpha(t), e'(t)) \quad \forall\, e' \in \mathcal{E},$$

$$\int_0^T dt\, [(-\mu\, h_\alpha(t), \partial_t h'(t)) + (e_\alpha(t), \operatorname{rot} h'(t))] = 0 \quad \forall\, h' \in \mathcal{H},$$

où $\mathcal{E}$ est l'espace $\{e \in C^\infty([0, T]\,;\, \mathbb{E}_3) : e(T) = 0\}$ et $\mathcal{H}$ une copie de $\mathcal{E}$. Par ailleurs, la fonction $t \to j^d(t)$ est continue dans $\mathbb{L}^2(E_3)$ (Annexe 3), de sorte que $j^d(0) = 0$ a bien un sens. (On peut toujours prolonger $t \to j^d$ et $t \to \partial_t j^d$ en fonctions de carré sommable sur tout $\mathbb{R}$.) ◊

Nous aurons besoin de majorations a priori. Elles s'obtiennent grâce à un bilan énergétique, comme suit. Faire $e' = -e_\alpha(t)$ et $h' = h_\alpha(t)$, additionner, intégrer de 0 à t. Alors, pour tout $t \in [0, T]$,

(3) $$\alpha \int_{E_3} \varepsilon\, |e_\alpha(t)|^2/2 + \int_{E_3} \mu\, |h_\alpha(t)|^2/2 + \int_0^t d\tau \int_{E_3} \sigma\, |e_\alpha(\tau)|^2 = -\int_0^t d\tau\, (j^d(\tau), e_\alpha(\tau))$$

(autrement dit, <énergie du champ> + <pertes Joule de 0 à t> = <énergie apportée>). Par l'inégalité $|ab| \leq \rho a^2 + b^2/4\rho$ (avec $\rho > 0$), on obtient

$$|- \int_0^t d\tau\ (j^d(\tau), e_\alpha(\tau))| \le \rho \int_0^t d\tau\ \|j^d(\tau)\|^2 + (2\rho\varepsilon_0)^{-1} \int_0^t d\tau \int_{E_3} \varepsilon_0\ |e_\alpha(\tau)|^2/2$$

(où $\|\ \ \|$ est la norme $\mathbb{L}^2$). Posant $w(t) = \varepsilon_0 \int dx\, e_\alpha(t, x)|^2/2$ et $C = \int_0^T d\tau\ \|j^d(\tau)\|^2$, on a donc $\alpha\ w(t) \le \rho\, C + (\int_0^t d\tau\ w(\tau))/2\rho\varepsilon_0$, d'où $\alpha\ w(t) \le \rho\, C \exp(t/2\rho\alpha\varepsilon_0)$ pour $t \le T$, par le lemme de Gronwall. Le "meilleur" ρ dans cette majoration, c'est-à-dire celui qui donne la borne sur tout $[0, T]$ la plus faible, est $T/2\alpha\varepsilon_0$ (dériver le majorant par rapport à ρ), donc

(4) $$\alpha\ \varepsilon_0\ \|e_\alpha(t)\| \le [T \exp(1) \int_0^T d\tau\ \|j^d(\tau)\|^2]^{1/2} \quad \forall\ t \in [0, T].$$

Revenant à (3), on a de la même façon, en appelant cette fois C le second membre de l'inégalité (4),

$$\int_{E_3} \mu\ |h_\alpha(t)|^2/2 \le |\int_0^t d\tau\ (j^d(\tau), e_\alpha(\tau))| \le (\alpha\varepsilon_0)^{-1} C \int_0^t d\tau\ \|j^d(\tau)\|$$
$$\le (\alpha\varepsilon_0)^{-1}\ T \exp(1/2) \int_0^T d\tau\ \|j^d(\tau)\|^2$$

et donc

(5) $$\alpha\ \mu_0\ \|h_\alpha(t)\|^2 \le T\ \varepsilon_0^{-1} \exp(1/2) \int_0^T d\tau\ \|j^d(\tau)\|^2 \quad \forall\ t \in [0, T].$$

Par ailleurs, en dérivant (1) et (2) par rapport à t, on obtient des équations faibles pour les dérivées $\partial_t e$ et $\partial_t h$. Faute de l'hypothèse $\partial_t (\partial_t j^d) \in \mathbb{L}^2(M_T)$, on sait seulement que $\partial_t e$ et $\partial_t h \in \mathbb{L}^2(M_T)$ (et rien sur leurs rotationnels — cf. Chap. 1), mais cela suffit : faisant $e' = -\partial_t e(t)$ et $h' = \partial_t h(t)$ dans ces équations faibles, on obtient, par les techniques ci-dessus,

(6) $$\alpha\ \varepsilon_0\ \|\partial_t e_\alpha(t)\| \le [T \exp(1) \int_0^T d\tau\ \|\partial_\tau j^d(\tau)\|^2]^{1/2} \quad \forall\ t \in [0, T],$$

(7) $$\alpha\ \mu_0\ \|\partial_t h_\alpha(t)\|^2 \le T\ \varepsilon_0^{-1} \exp(1/2) \int_0^T d\tau\ \|\partial_\tau j^d(\tau)\|^2 \quad \forall\ t \in [0, T],$$

ce qui permet de majorer $\operatorname{rot} h_\alpha$ et $\sqrt{\alpha} \operatorname{rot} e_\alpha$ respectivement, en norme $\mathbb{L}^2$, grâce aux équations de (P_α). Ainsi, sur tout $[0, T]$, $\alpha\, e_\alpha$ reste borné quand α tend vers 0, et $\alpha\, h_\alpha$ tend vers 0, au sens de $L^2([0, T]\ ;\ \mathbb{L}^2_{rot}(\mathbb{E}_3))$.

4.2.2 Le problème limite P_0

On va dans un premier temps "deviner" le "problème P_0" concernant la limite éventuelle $\{e_0, h_0\}$, puis montrer qu'il est bien posé.

Soit Ψ l'espace $BL_{grad}(E_3)$ de l'Annexe 4. (On rappelle que $\operatorname{grad} \Psi$ est un sous-espace fermé de $\mathbb{L}^2(E_3)$.) On note

$$\Psi^0 = \{\psi \in \Psi :\ \sigma \operatorname{grad} \psi = 0\}$$

et $C = \operatorname{ad}(\{x :\ \sigma(x) > 0\})$ le support de σ. On suppose $\sigma(x) \ge \sigma_0 > 0$ sur C. Démontrons le résultat préliminaire suivant :

Proposition 4.2. *Lorsque* α *tend vers* 0, $\alpha\, h_\alpha$ *tend vers* 0 *dans l'espace* $L^2([0,T]\,;\, \mathbb{L}^2_{rot}(\mathbb{E}_3))$ *et* $\alpha\, e_\alpha$ *tend vers* $v = \text{grad}\, \psi$, *où* $\psi \in \Psi^0$ *vérifie, pour chaque* $t \in [0, T]$,

(8) $$(\varepsilon \text{ grad } \psi(t), \text{grad } \psi') = \int_{E_3} [\int_0^t j^d(\tau)\, d\tau] \cdot \text{grad } \psi' \quad \forall\, \psi' \in \Psi^0,$$

c'est-à-dire $-\text{div}(\varepsilon \text{ grad } \psi) = q^d$ *hors de* C.

Démonstration. On vient de voir que $\alpha\, h_\alpha$ tend vers 0, d'après (5) et (6). Quant à e_α, puisque $\alpha\, e_\alpha$ reste borné, il existe une sous-suite, encore notée e_α, telle que $\alpha\, e_\alpha$ converge faiblement dans $L^2([0,T]\,;\, \mathbb{L}^2_{rot}(\mathbb{E}_3))$ vers un certain v. On a rot v = 0, d'après l'équation $\mu\, \partial_t h + \text{rot } e = 0$, puisque $\alpha\, h_\alpha$ tend vers 0,[2] d'où $v = \text{grad}\, \psi$. D'autre part, $\sigma\, e_\alpha$ reste borné d'après (3) et (4), donc $\sigma\, v = 0$, donc $\psi \in \Psi^0$. Faisant $e' = \text{grad}\, \psi'$ dans (1), $\psi' \in \Psi^0$, on obtient (8) en passant à la limite $\alpha = 0$ et en intégrant en temps. Donc à tout instant, $\int_{E_3} (\varepsilon\, \partial_t v + j^d) \cdot v = 0$. Maintenant, revenons à (3), en multipliant par α. Par convergence faible de $\alpha\, e_\alpha$ vers v, on a

$$\lim_{\alpha=0} \int_{E_3} \varepsilon\, |\alpha\, e_\alpha(t)|^2/2 = -\int_0^t d\tau\, (j^d(\tau), v(\tau))$$
$$= \int_0^t d\tau\, (\varepsilon\, \partial_\tau v, v(\tau)) = \int_{E_3} \varepsilon\, |v(t)|^2/2,$$

d'où la convergence *forte* de $\alpha\, e_\alpha$ vers v dans $\mathbb{L}^2(E_3)$. On sait déjà que $\text{rot}(\alpha\, e_\alpha)$ tend vers 0 fortement, d'où le résultat. ◊

Cherchons maintenant la forme du "problème P_0". La Prop. 4.2 montre qu'il n'y a *pas* de limite si $v \neq 0$, puisque la différence $e_\alpha - v_\alpha/\alpha$ reste alors bornée, et que la norme de e_α est donc en $1/\alpha$. D'où l'hypothèse (qui correspond à la condition nécessaire "$f_0 \in \text{cod}(A)$" du principe heuristique ci-dessus) :

(9) $$\int_{E_3} j^d(t) \cdot \text{grad } \psi' = 0 \quad \forall\, \psi' \in \Psi^0, \quad 0 \le t \le T.$$

Si l'intégrale $q^d(t) = -\int_0^t \text{div } j^d(\tau)\, d\tau$ a un sens, elle représente la charge associée au courant-source. L'hypothèse (9) signifie (intégrer par parties pour le voir) que cette charge est nulle en dehors des conducteurs et que le flux de j^d à travers chaque composante connexe de la surface de chaque conducteur est nul.

Remarque 4.2. Nous ferons désormais l'hypothèse (9), qui est effectivement satisfaite dans la plupart des situations rencontrées en électrotechnique basse fréquence : les courants donnés sont bien conservatifs. Mais une variante intéressante pour certaines modélisations (par exemple, lorsque le courant-source j^d provient de la décharge d'un condensateur) consisterait à écrire j^d sous la forme $j^d = j^d_0 + \alpha\, j^d_1$, avec $\alpha = 1$ et j^d_0 satisfaisant à (9). Il faut alors résoudre les problèmes P_0 *et* P_1 pour obtenir une bonne approximation de la solution. ◊

---

[2] Les opérateurs grad, rot, div sont "fermés" (Annexe 2), et donc commutent avec le passage à la limite faible.

Donc, si (9) a lieu, la Prop. 4.2 suggère que $\text{rot}\ h_0 = j^d + \sigma\, e_0$ et $\mu\, \partial_t h_0 + \text{rot}\ e_0 = 0$, soit symboliquement $A\{e_0, h_0\} = f_0$, ce qui correspond à la partie P_0-i du principe. L'opérateur B correspond à $\varepsilon\, \partial_t e$, et P_0-ii à $\varepsilon\, \partial_t\, e_0 \in \text{cod}(A)$, c'est-à-dire $\varepsilon\, \partial_t e_0 \perp \ker(A^t)$. Ce noyau, comme celui de A, étant formé des couples $\{\text{grad}\ \psi, 0\}$, avec $\psi \in \Psi^0$, comme on l'a vu, la partie P_0-ii s'écrit $(\varepsilon\, \partial_t e_0, \text{grad}\ \psi') = 0$ pour tout $\psi' \in \Psi^0$, expression que l'on peut intégrer par rapport au temps t (c'est ce qui donnera l'éq. (12) ci-dessous).

D'où l'énoncé suivant du problème P_0 : *trouver* $e_0 = t \to e_0(t)$ *à valeurs dans* $\mathbb{E}$ *et* $h_0 = t \to h_0(t)$ *à valeurs dans* $\mathbb{H}$ *tels que* $e_0(0) = 0$, $h_0(0) = 0$ *et, pour presque tout* $t \in [0,T]$,

(10) $\quad (h_0(t), \text{rot}\ e') = (j^d(t) + \sigma\, e_0(t), e') \quad \forall\, e' \in \mathbb{E},$

(11) $\quad (\mu\, \partial_t h_0(t), h') + (e_0(t), \text{rot}\ h') = 0 \quad \forall\, h' \in \mathbb{H},$

(12) $\quad (\varepsilon\, e_0, \text{grad}\ \psi') = 0 \quad \forall\, \psi' \in \Psi^0,$

qui est l'expression précise[3] de la formulation forte ci-dessous :

(13) $\quad \text{rot}\ h_0 = j^d + \sigma\, e_0, \ \ \mu\, \partial_t h_0 + \text{rot}\ e_0 = 0, \ \ \text{div}(\varepsilon\, e_0) = 0$ dans $E_3 - C$.

C'est le "modèle des courants de Foucault", le plus courant en électrotechnique. La prochaine étape consiste à montrer que ce problème est bien posé, *au prix d'une hypothèse supplémentaire sur le courant-source.*

4.2.3 Le modèle des courants de Foucault

Cette Section est consacrée à la démonstration de la

Proposition 4.3. *Soit* $t \to j^d(t)$ *donnée, à support borné (indépendamment de* t) j^d *et* $\partial_t j^d \in \mathbb{L}^2(M_T)$, *avec* $j^d(0) = 0$ *et la propriété* (9). *Le problème* (10)(11)(12) *a une solution unique dans* $L^2([0, T]\ ;\ \mathbb{L}^2_{\text{rot}}(E_3) \times \mathbb{L}^2_{\text{rot}}(E_3))$, *et cette solution dépend continûment de* j^d.

Le problème, malgré les apparences, est de forme classique : c'est une équation de *diffusion*, tout à fait analogue à l'équation de la chaleur. Posons

$$\mathbb{E}^0 = \{e \in \mathbb{E} :\ (\varepsilon\, e_0, \text{grad}\ \psi') = 0 \quad \forall\, \psi' \in \Psi^0\}.$$

(C'est un sous-espace fermé de $\mathbb{E}$ et aussi de $\mathbb{L}^2(E_3)$.) En dérivant (10) par rapport à t et en éliminant h_0 grâce à (11), on voit que e_0 est solution du problème consistant

---

[3] Comme on l'a déjà souligné au Chap. 2, ce n'est pas seulement pour des questions de régularité que la formulation faible (10)(11)(12) est "plus précise" que (13). En particulier, lorsque C n'est pas connexe, (12) implique $\int_{\partial C_i} \varepsilon\, n \cdot e_0 = 0$ pour chaque composante connexe C_i. Physiquement, cela signifie que la charge électrique totale dans chaque conducteur reste nulle (si elle l'était à $t = 0$). Cette précision *manque* alors dans la formulation (13), si l'on veut que le champ électrique soit unique.

à *trouver* $t \to e_0(t)$ *à valeurs dans* $\mathbb{E}^0$ *telle que*

(15) $$\int_{E_3} \partial_t(\sigma\, e_0(t) + j^d(t)) \cdot e' + \int_{E_3} \mu^{-1} \operatorname{rot} e_0(t) \cdot \operatorname{rot} e' = 0 \quad \forall\, e' \in \mathbb{E}^0.$$

C'est le "modèle en e" des courants de Foucault. Il est équivalent à (10—12), puisque la condition (12) est prise en compte et que h_0 s'obtient simplement par la quadrature $h_0(t) = -\int_0^t \mu^{-1} \operatorname{rot} e_0(\tau)\, d\tau$.

Remarque 4.3. Comme pour la Prop. 4.1, j^d et $\partial_t j^d$ sont toutes deux L^2 en temps (on peut les prolonger pour $t \geq T$). L'hypothèse sur le support de j^d (que l'on peut remplacer par $\text{vol}(\text{supp}(j^d)) < \infty$) est *en plus*. On pourrait l'affaiblir encore (c'est en fait le comportement à l'infini de j^d qui est en cause), mais la simple appartenance de j^d à $\mathbb{L}^2(E_3)$ ne suffit pas. ◊

On constate la ressemblance formelle entre (15) et la formulation faible de l'équation de la chaleur. La principale différence[4] est le caractère *vectoriel* de e et la présence de rot au lieu de grad. Le fait que $\sigma = 0$ dans une partie de l'espace est aussi une différence, mineure, mais qui cause de sérieuses difficultés techniques : Faute de majorations a priori, on a beaucoup de mal, comme on va le voir, à montrer que $e_0(t)$ est dans $\mathbb{L}^2$. (Le lecteur peu soucieux de ces subtilités peut sans inconvénient sauter la fin de cette Section en admettant la Prop. 4.3.)

La *démonstration* de la Prop. 4.3 est en trois temps.

D'abord, par transformation de Laplace, on est ramenés à la famille de problèmes paramétrés par $p = \xi + i\omega \in \mathbb{C}$, *trouver* $\mathrm{E}(p) \in \mathbb{E}^0$ *tel que*

(16) $$p\,(\sigma\, \mathrm{E}(p), \mathrm{E}') + (\mu^{-1} \operatorname{rot} \mathrm{E}(p), \operatorname{rot} \mathrm{E}') = -\, p\, (\mathrm{J}^d(p), \mathrm{E}') \quad \forall\, \mathrm{E}' \in \mathbb{E}^0$$

(où $\mathbb{E}^0$ est cette fois complexe, en fait le complexifié de ce qu'on a appelé $\mathbb{E}^0$ jusqu'ici). Le premier membre de (16), soit $a(\mathrm{E}, \mathrm{E}')$, est une forme bilinéaire qui n'est pas coercive sur $\mathbb{L}^2_{\text{rot}}$, mais qui l'est par contre sur $\mathbb{BL}_{\text{rot}}(E_3)$ (cf. Annexe 4), car on a $a(\mathrm{E}, \mathrm{E}^*) \geq \mu_1^{-1} \int_{E_3} |\operatorname{rot} \mathrm{E}|^2$, si $\operatorname{Re}[p] \geq 0$. Le second membre est linéaire continu sur $\mathbb{BL}_{\text{rot}}$, car les champs de $\mathbb{BL}_{\text{rot}}$ sont localement $\mathbb{L}^2$. D'après le lemme de Lax-Milgram, il y a donc une solution unique à une version "affaiblie" de (16), *où l'on substitue à* $\mathbb{E}^0$ *son complété* par rapport à la norme de $\mathbb{BL}_{\text{rot}}(E_3)$.

Montrons ensuite que cette solution E (p sous-entendu) est en fait dans $\mathbb{L}^2(E_3)$, et donc bien dans $\mathbb{E}^0$ (et pas seulement dans son complété). Soit $\mathrm{H} = -\operatorname{rot} \mathrm{E}/p\mu$. Notant $A = E_3 - C$, posons

$$U = \{\mathrm{U} \in \mathbb{BL}_{\text{rot}}(A) : \int_A \mathrm{U} \cdot \operatorname{grad} \psi' = 0 \quad \forall\, \psi' \in \Psi^0 \cap C_0^\infty(E_3)\},$$

[4] Nous verrons plus loin (Chap. 9) comment s'expliquent à la fois la ressemblance et la différence : les inconnues sont des formes différentielles dans les deux cas, mais e, géométriquement, est une 1-forme, alors que le champ de température est une 0-forme, et les opérateurs grad et rot sont la traduction en langage classique de l'opérateur de dérivation extérieure selon que l'on a affaire à une 0-forme ou une 1-forme.

ainsi que $U^E = \{u \in U : n \times u = n \times E(p)$ sur $\partial C\}$, et soit U^0 le sous-espace parallèle $\{u \in U : n \times u = 0$ sur $\partial C\}$. Alors le problème *trouver* $u \in U^E$ *tel que*

$$(17) \qquad \int_A \varepsilon^{-1} \operatorname{rot} u \cdot \operatorname{rot} u' = - p \mu \int_A H \cdot u' \quad \forall u' \in U^0$$

admet une solution unique. En effet, puisque $J = \operatorname{rot} H$ est à support borné, on peut trouver $\tilde{H}$ *à support borné* également tel que $\operatorname{rot} \tilde{H} = \operatorname{rot} H$. Alors $H = \tilde{H} + \operatorname{grad} \tilde{\Phi}$, donc

$$\int_A H \cdot u' = \int_A \tilde{H} \cdot u' + \int_A \operatorname{grad} \tilde{\Phi} \cdot u' = \int_A \tilde{H} \cdot u' - \int_{\partial C} \tilde{\Phi}\, n \cdot u',$$

et cette fonctionnelle est bien continue sur $\mathbb{BL}_{rot}(A)$, car prendre la restriction de u' au borné $\operatorname{supp}(\tilde{H})$ est une opération continue de $\mathbb{BL}_{rot}(A)$ dans $\mathbb{L}^2(\operatorname{supp}(\tilde{H}))$. Or E n'est autre que $\varepsilon^{-1} \operatorname{rot} u$ (même trace tangentielle sur ∂C, même rotationnel d'après (17), et $\operatorname{div}(\varepsilon E) = 0$). Donc $E(p) \in \mathbb{L}^2(E_3)$. De plus, $\|E(p)\| \leq \text{Cte}\, \|H\|$, et on a donc $\|E(p)\| \leq \text{Cte}\, \|\operatorname{rot} E\|$.

Il reste à revenir à la solution de (15), par inversion de la transformation de Laplace :

$$e_0(t) = {}^1\!/_{2\pi} \int_{\mathbb{R}} d\omega\, \exp((\xi + i\omega)t)\, E(\xi + i\omega).$$

Cela suppose que la fonction $\omega \to E(\xi + i\omega)$ soit bien dans $L^2(\mathbb{R}\ ;\ \mathbb{E})$. Or si l'on fait $E' = E^*$ dans (16), on obtient $\|\operatorname{rot} E(p)\| \leq \text{Cte}\, |p|\, \|J^d(p)\|$, donc aussi, d'après le paragraphe précédent, $\|E(p)\| \leq \text{Cte}\, |p|\, \|J^d(p)\|$. On a donc une majoration de la norme $\mathbb{E}$ de $E(p)$ par une fonction qui est L^2, d'après l'hypothèse faite sur j^d. On termine en montrant, grâce au théorème de Plancherel, que l'application $j^d \to e_0$ est continue de $H^1([0, T]\ ;\ \mathbb{L}^2(E_3))$ dans $L^2([0, T]\ ;\ \mathbb{E})$, ce qui achève la démonstration. ◊

4.2.4 Passage à la limite, développement en α

Maintenant, posons $\tilde{e}_\alpha = e_\alpha - e_0$ et $\tilde{h}_\alpha = h_\alpha - h_0$. Ils satisfont aux équations

$$- \alpha \varepsilon\, \partial_t\, \tilde{e}_\alpha + \operatorname{rot}\, \tilde{h}_\alpha = \sigma\, \tilde{e}_\alpha + \alpha\, \varepsilon\, \partial_t e_0, \qquad \mu\, \partial_t\, \tilde{h}_\alpha + \operatorname{rot}\, \tilde{e}_\alpha = 0.$$

La Prop. 4.2 s'applique à ces équations, après division par α, pourvu que $\varepsilon\, \partial_t e_0$ réponde aux conditions fixées plus haut pour j^d (ce qui suppose plus de régularité en temps pour ce dernier, mais *pas* qu'il soit à support borné), d'où $\lim_{\alpha = 0} \alpha\, \tilde{e}_\alpha/\alpha = 0$, c'est-à-dire $\lim_{\alpha = 0} e_\alpha = e_0$, et de même pour h. Donc,

Proposition 4.5. *On suppose* $t \to j^d(t)$ *dans* $H^3(\mathbb{R}\ ;\ \mathbb{L}^2(E_3))$. *Lorsque* α *tend vers* 0, e_α *tend vers* e_0 *et* h_α *tend vers* h_0, *où* $\{e_0, h_0\}$ *est la solution de* (10)(11)(12), *au sens de* $L^2([0, T]\ ;\ \mathbb{L}^2_{rot}(\mathbb{E}_3))$.

À ce stade, nous avons donc identifié le problème P_0, ici (13), montré qu'il est bien posé, et prouvé la convergence de $\{e_\alpha, h_\alpha\}$ vers la solution $\{e_0, h_0\}$ de P_0. Le problème P_0, auquel on va se consacrer plus loin, est plus simple que $P_{\alpha = 1}$, du point de vue du calcul numérique, non seulement parce qu'il comporte un terme de moins (le "courant de déplacement" $\varepsilon\ \partial_t e$), mais parce que, précisément grâce à l'absence de ce terme, il constitue un problème d'évolution *parabolique*, alors que P_α était *hyperbolique*. Comme on l'a dit, ce modèle des courants de Foucault constitue l'approximation favorite en électrotechnique, et on la tient en général pour valide lorsque la fréquence est suffisamment basse pour que la longueur d'onde correspondante soit grande devant les dimensions du système.

4.3 Discussion et applications

En fait, cette argumentation est des plus douteuses. La seule façon sérieuse de justifier la substitution de (13) à $P_{\alpha=1}$ consisterait à estimer en fonction de α la norme de l'écart $\{e_\alpha - e_0, h_\alpha - h_0\}$ et à montrer qu'elle est "suffisamment faible" pour $\alpha = 1$, c'est-à-dire inférieure en ordre de grandeur aux erreurs dues à d'autres causes (discrétisation, incertitude quant aux données, etc.). C'est rarement possible en toute rigueur, mais on peut s'approcher de cet idéal en estimant le terme du premier ordre[5] $\{e_1, h_1\}$ dans le développement en α de $\{e_\alpha, h_\alpha\}$. En effet, par la même technique que ci-dessus[6], les quotients $(e_\alpha - e_0)/\alpha$ et $(h_\alpha - h_0)/\alpha$ convergent vers $\{e_1, h_1\}$, solution de

(18) $$\text{rot}\ h_1 = \sigma\, e_1 + \varepsilon\, \partial_t\, e_0,\quad \mu\, \partial_t\, h_1 + \text{rot}\ e_1 = 0,\quad \text{div}(\varepsilon\, e_1) = 0\ \text{ dans } E_3 - C,$$

c'est-à-dire, sous forme faible

$$(h_1(t), \text{rot}\ e') = (\varepsilon\, \partial_t\, e_0(t) + \sigma\, e_1(t), e') \quad \forall\, e' \in \mathbb{E},$$

$$(\mu\, \partial_t h_1(t), h') + (e_1(t), \text{rot}\ h') = 0 \quad \forall\, h' \in \mathbb{H},$$

$$\int_{E_3} \varepsilon\, e_1 \cdot \text{grad}\ \psi' = 0 \quad \forall\, \psi' \in \Psi^0.$$

Puisque $\{e_1, h_1\}$ est donc approximativement le terme négligé lorsqu'on substitue P_0 à $P_{\alpha=1}$, cette substitution est légitime lorsque le rapport (en norme) de $\{e_1, h_1\}$ à $\{e_0, h_0\}$ est assez petit, ce qui revient à dire, lorsque le rapport des termes de source respectifs, soit $\varepsilon\, \partial_t\, e_0$ et j^d, est assez petit.

Or supposons que la conductivité σ soit du même ordre de grandeur dans toutes les parties conductrices, que les courants induits $j = \sigma\, e$ soient du même ordre de grandeur que le courant inducteur j^d, ce qui est fréquent, et que e soit essentiellement dû aux courants induits, donc $e \sim \sigma^{-1} j$. Dans ce cas, le rapport de $\partial_t\, e_0$ à j^d est de

[5] Cf. note 1 pour l'interprétation des notations telles que e_1, e_α, etc.

[6] À condition que la donnée, qui est cette fois $\partial_t\, e_0$, soit assez régulière en espace et en temps, ce qui suppose encore plus de régularité du j^d initial. C'est une caractéristique de la méthode des perturbations que plus on veut pousser loin le développement en puissances de α, plus il faut de régularité sur les données. L'expression précise de ces conditions de régularité, dans le cas présent, est un problème ouvert.

l'ordre de $\varepsilon\omega/\sigma$, où ω est la pulsation du courant source (ou plus généralement l'inverse d'une "constante de temps" caractéristique de la source). *L'ordre de grandeur du rapport $\varepsilon\omega/\sigma$ est donc souvent un bon indicateur de la validité de l'approximation de l'électrotechnique.* Dans le cas du chauffage par induction à fréquence industrielle, par exemple, on a $\omega = 100\,\pi$, σ de l'ordre de $5\ 10^6$ et $\varepsilon = \varepsilon_0 \cong 1/(36\,\pi\,10^9)$, d'où $\varepsilon\omega/\sigma \sim 5\ 10^{-16}$, et on ne peut guère objecter dans ce cas à l'abandon du terme $\varepsilon\,\partial_t e$. Même pour des applications telles que le calcul des champs dans certaines pratiques médicales comme l'hyperthermie, où les fréquences sont de l'ordre de 10 MHz et la conductivité des tissus de l'ordre de 0,1, on obtient, même dans l'hypothèse extrême où $\varepsilon \sim 50\,\varepsilon_0$, un rapport $\varepsilon\omega/\sigma$ inférieur à 0,3, et l'approximation de l'électrotechnique est encore acceptable.

Mais cela ne règle pas toutes les questions, car il y a des circonstances où le champ électrique hors des conducteurs est très supérieur à ce qu'il est à l'intérieur, et ce sont autant de cas d'espèce. Prenons le cas de la Fig. 4.1, par exemple, où L est la longueur de la boucle et d l'épaisseur de la fente. Un calcul simple montre que le rapport de $\varepsilon\omega\,e_0$ *dans la fente* à la densité de courant dans le conducteur est de l'ordre de $\varepsilon\omega L/d\sigma$, et peut donc cesser d'être négligeable lorsque le rapport L/d est grand. Cela revient tout simplement à dire que la *capacité* de cette fente, qui est en ε/d, ne peut plus être négligée dans le calcul lorsque son produit par la résistance R, qui est en L/σ, devient de l'ordre de ω^{-1}. (On rappelle que RC, qui a la dimension d'un temps, est précisément la constante de temps d'un circuit de résistance R et de capacité C.) On peut dire en règle générale que supprimer $\varepsilon\,\partial_t e$ dans les équations revient à négliger les *effets capacitifs*, et que le calcul du terme correctif $\{e_1, h_1\}$ solution de (18) est un moyen de prendre en compte ces effets sans pour autant résoudre les équations de Maxwell complètes.

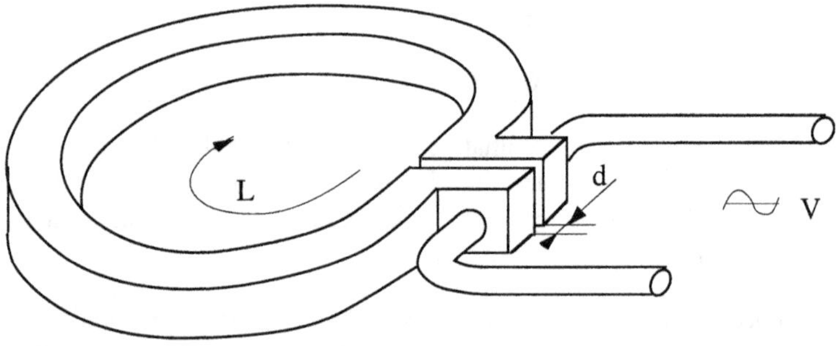

Figure 4.1. Un cas où les effets capacitifs peuvent ne pas être négligeables : lorsque $d << L$, le champ électrique e_0 dans la fente d'épaisseur d est grand et le terme $\varepsilon\,\partial_t e_0$ se comporte comme une source de courant supplémentaire.

Résoudre (18), en effet, revient à calculer le champ engendré par la densité de courant $\varepsilon\,\partial_t\,e_0$, c'est-à-dire le courant de déplacement correspondant à la solution du problème P_0. D'un point de vue "plus physique", ce courant peut être considéré comme un courant-source secondaire qui, n'étant pas conservatif, engendre dans le conducteur de nouveaux courants (le terme rot $h_1 \equiv \sigma e_1$), de manière à assurer la conservation de la charge (ou comme on dit, à permettre aux courants de déplacement de "se refermer").

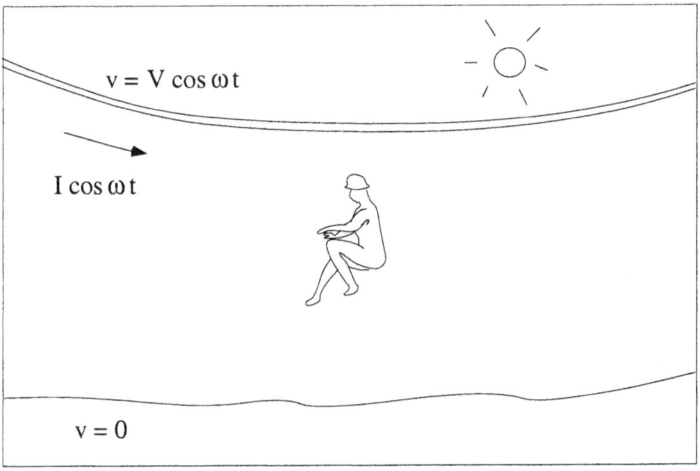

Figure 4.2. L'ouvrier est assis sur une nacelle isolante, non représentée. Son corps est parcouru par des micro-courants, dûs à deux sources : l'induction (effet proportionnel à I) et la concentration des courants de déplacement (effet proportionnel à V).

Prenons par exemple le cas de la Fig. 4.2, où la question est de calculer les micro-courants dans le corps d'un ouvrier travaillant à proximité d'un câble sous tension. En résolvant le problème (13), avec pour donnée j^d le courant dans le câble, on peut trouver le champ e_0, d'où le courant σe_0 dû à l'effet d'induction. Mais ce n'est pas tout : Le terme e_1 ici n'est pas négligeable, car e_0 est très grand dans l'air, de l'ordre de 10^6 fois plus grand que dans le corps.

Du fait de ce rapport élevé, et de la continuité tangentielle de e, les lignes de champ de e_0 arrivent orthogonalement à la surface du corps (Fig. 4.3). Tout se passe comme si celui-ci, du seul fait qu'il est conducteur, concentrait les courants de déplacement, qui doivent passer à travers lui pour assurer la conservation de la charge. Ce courant supplémentaire σe_1, ou *courant capacitif*, s'obtient en résolvant le problème (18). (Il est du même ordre de grandeur, dans ce cas précis, que le *courant inductif* σe_0 [Ca].)

La plupart des problèmes où interviennent des effets capacitifs se résolvent ainsi en traitant successivement deux problèmes de courants de Foucault, correspondant à (13) et (18). Souvent, une résolution *locale* de (18) pourra suffire, et si la question est simplement de s'assurer que les effets capacitifs peuvent être négligés, on pourra même se contenter d'un ordre de grandeur.

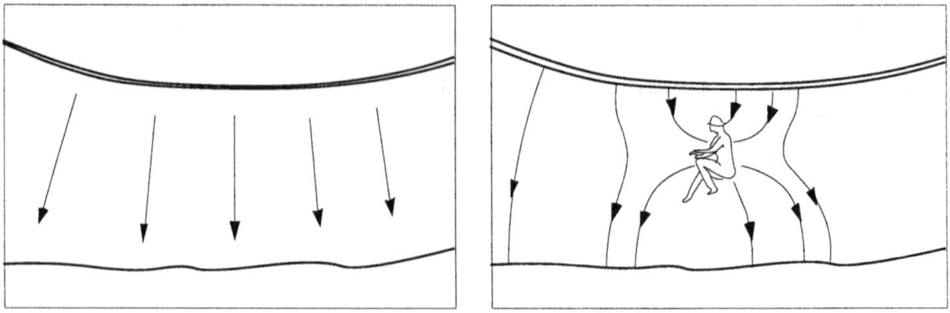

Figure 4.3. Lignes de champ électrique dans l'air entre un câble électrique et le sol, et la façon dont elles sont déplacées par la présence d'un corps conducteur.

Références

Pour la méthode des perturbations, voir

[Li] J.L. Lions: **Perturbations Singulières dans les Problèmes aux Limites et en Contrôle Optimal,** Springer-Verlag (Berlin), 1973.

Pour l'étude du modèle des courants de Foucault, on a coupé au plus court en recourant à la transformation de Laplace. On obtient des résultats plus précis à l'aide du théorème de Hille-Yosida. Pour cet outil, voir

[Br] H. Brezis: **Analyse fonctionnelle,** Masson (Paris), 1983.

Il existe en physique des plasmas un "modèle de Darwin" qui consiste à négliger la partie à divergence nulle du champ e dans les équations de Maxwell. Ce n'est pas du tout le même "modèle limite" que celui à $\alpha = 0$ examiné ci-dessus, mais il relève de techniques mathématiques analogues. Voir

[DR] P. Degond, P.-A. Raviart: "An analysis of the Darwin model of approximation to Maxwell's equations", **Forum Mathematicum, 4** (1992), pp. 13-44.

Sur la question des micro-courants, on trouvera des détails dans

[Bo] A. Bossavit: "A Theoretical Approach to The Question of Biological Effects of Low Frequency Fields", **IEEE Trans., MAG-29**, 2 (1993), pp. 1399-1402.

[Ca] J. Cahouet: "Modélisations simplifiées des champs électromagnétiques basses et moyennes fréquences en présence d'un être humain", note HI-72/7705, EdF, E&R, oct. 1991.

On y verra en particulier que les problèmes (13) et (18), qui sont en principe du type "courants de Foucault", se simplifient encore dans ce cas particulier, car la profondeur de pénétration (cf. Chap. 8) est grande devant les dimensions du corps. De ce fait, e_0 s'obtient en résolvant un problème d'électrostatique standard, et e_1 en résolvant un problème de *conduction* (cf. Chap. 7), de nature elliptique, limité au corps de l'individu.

5 Courants de Foucault : le modèle en h

5.1 Introduction

On s'intéresse ici au problème P_0 du chapitre précédent, c'est-à-dire au *problème des courants de Foucault :*

$$\text{rot } h = j^d + \sigma \, e, \quad \mu \, \partial_t h + \text{rot } e = 0, \quad \text{div}(\varepsilon \, e) = 0 \text{ dans } E_3 - C,$$

où $C = \text{supp}(\sigma)$. Sous forme faible (et plus correcte), c'est *trouver* $e = t \to e(t) \in \mathbb{E}$ *et* $h = t \to h(t) \in \mathbb{H}$ *tels que* $e(0) = 0$, $h(0) = 0$ *et, pour presque tout* $t \in [0,T]$,

(1) $$(h(t), \text{rot } e') = (j^d(t) + \sigma \, e(t), e') \quad \forall \, e' \in \mathbb{E},$$

(2) $$(\mu \, \partial_t h(t), h') + (e(t), \text{rot } h') = 0 \quad \forall \, h' \in \mathbb{H},$$

(3) $$(\varepsilon \, e, \text{grad } \psi') = 0 \quad \forall \, \psi' \in \Psi^0,$$

où Ψ^0 est l'espace des fonctions ψ telles que $\text{grad } \psi \in \mathbb{L}^2(E_3)$ et $\sigma \text{ grad } \psi = 0$. Il s'agit d'obtenir une méthode *pratique* et *générale*, susceptible d'être programmée une fois pour toutes, et on va la chercher du côté de la méthode de Galerkine, avec des éléments d'arêtes.

On rappelle le résultat d'existence : *Soit* $t \to j^d(t)$ *donnée, à support de volume fini (indépendamment de* t), j^d *et* $\partial_t j^d \in L^2([0, T] ; \mathbb{L}^2(E_3))$, *avec* $j^d(0) = 0$ *et la propriété*

(4) $$\int_{E_3} j^d(t) \cdot \text{grad } \psi' = 0 \quad \forall \, \psi' \in \Psi^0, \quad 0 \le t \le T.$$

Le problème (1)(2)(3) *a une solution unique* $\{e, h\}$, *chacun de ces champs étant dans* $L^2([0, T] ; \mathbb{L}^2_{rot}(E_3))$. Noter que le support de j^d peut rencontrer C, et que (4) n'implique rien quant à $\text{div } j^d$ dans C (hormis $\int_{\partial C_i} n \cdot j = 0$ pour chaque composante connexe C_i de C).

La démonstration du Chap. 4 consistait à éliminer h dans les équations ci-dessus, d'où une équation de diffusion en e. On pourrait chercher une solution approchée de celle-ci sous forme d'une combinaison linéaire finie d'éléments d'arêtes sur un maillage approprié. La "méthode en e" qui en résulte a bien été programmée [Be, RB]. Mais on va plutôt envisager ici la variante duale consistant à éliminer e, ou "méthode en h", bien plus connue, dont les premières réalisations remontent à 1980 (le "code Trifou" de J.C. Vérité [BV, Tr]), et qui a eu beaucoup d'applications. De plus, sa théorie est plus simple, dans la mesure où la reconstitution du champ électrique hors du conducteur (qui était la partie difficile de l'analyse du problème P_0 au Chap. 4), n'est pas obligatoire.

5.2 Le "problème continu"

5.2.1 Élimination de e et formulation en h

Pour procéder à l'élimination, montrons d'abord que si (4) a lieu, il existe un "champ-source" $t \to h^d(t)$ tel que $\text{rot}\, h^d = j^d$ hors de C. Pour cela, soit $\psi^d(t) \in L^2_{\text{grad}}(C)$ tel que, pour chaque t,

$$\int_C (j^d(t) + \text{grad}\, \psi^d(t)) \cdot \text{grad}\, \psi' = \int_{\partial C} n \cdot j^d(t)\ \psi' \quad \forall\, \psi' \in L^2_{\text{grad}}(C),$$

où n est la normale sortante par rapport à C. De cette façon, la "densité de courant corrigée" $\tilde{j}^d$ (t sous-entendu), définie par $\tilde{j}^d = j^d + \text{grad}\, \psi^d$ dans C et $\tilde{j}^d = j^d$ hors de C, est à divergence nulle (au sens des distributions) dans tout l'espace. Soit alors h^d tel que $\text{rot}\, h^d = \tilde{j}^d$. D'après l'Annexe 4, $h^d(t) \in \mathbb{L}^2_{\text{rot}}(E_3)$. On a bien ainsi $\text{rot}\, h^d = j^d$ hors de C. Posons donc

$$\mathbb{H}^d(t) = \{h \in \mathbb{H} :\ \text{rot}\, h = j^d(t) \ \text{dans}\ E_3 - C\}.$$

C'est un sous-espace affine fermé de $\mathbb{H}$, et il n'est pas vide, puisqu'il contient le h^d qu'on vient de construire. Le sous-espace vectoriel parallèle correspondant est

$$\mathbb{H}^0 = \{h \in \mathbb{H} :\ \text{rot}\, h = 0 \ \text{dans}\ E_3 - C\},$$

et les éléments de $\mathbb{H}^d(t)$ sont de la forme $h^d(t) + h$, où h parcourt $\mathbb{H}^0$.

Puisque le champ h vérifie (2), il vérifie aussi la condition plus faible

$$\int_{E_3} \mu\, \partial_t h(t) \cdot h' + \int_C e(t) \cdot \text{rot}\, h' = 0 \quad \forall\, h' \in \mathbb{H}^0.$$

Or $\sigma > 0$ sur C, de sorte que e s'écrit $e = \sigma^{-1} (\text{rot}\, h - j^d)$ sur C et peut donc être éliminé dans l'équation ci-dessus. On voit que h répond au problème : *trouver* $t \to h(t) \in \mathbb{H}^d(t)$ *tel que*

(5) $$\int_{E_3} \mu\, \partial_t h(t) \cdot h' + \int_C \sigma^{-1}\, \text{rot}\, h(t) \cdot \text{rot}\, h' = \int_C \sigma^{-1}\, j^d(t) \cdot \text{rot}\, h' \quad \forall\, h' \in \mathbb{H}^0.$$

C'est le "modèle en h" des courants de Foucault. Il est "plus faible" que (1—3), puisqu'il ne détermine pas le champ électrique hors des conducteurs, mais constitue tout de même en soi un problème bien posé, comme (1—3) dont il dérive.

On peut en principe trouver le champ e extérieur à C, et donc connaître le champ complètement, en résolvant le problème (bien posé, comme on l'a vu, Chap. 4)

(6) $$\text{rot } e = -\mu\partial_t h, \quad \text{div}(\varepsilon\, e) = 0 \text{ dans } E_3 - C, \quad e_{\partial C} = \sigma^{-1}\,(\text{rot } h)_{\partial C}$$

à l'extérieur de C, mais on le fait rarement. En fait, ne pas déterminer complètement le champ, loin d'être une faiblesse du modèle (5), est paradoxalement un avantage en matière de modélisation, et la raison de sa popularité. Un exemple simple va montrer pourquoi.

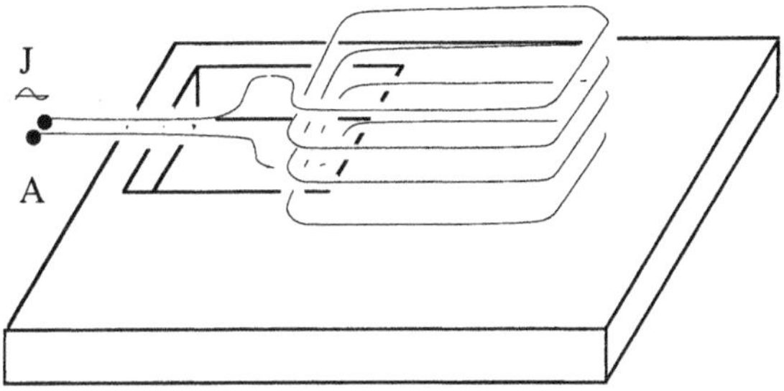

Figure 5.1. La situation réelle (la bobine comporte beaucoup plus de spires qu'on n'en représente).

Considérons la situation de la Fig. 5.1 ([Na], pp. 209-47), où une bobine d'induction, alimentée en courant alternatif, induit des courants de Foucault dans une plaque d'aluminium ajourée. C'est à ces courants que l'on s'intéresse, et il n'est ni nécessaire ni pratiquement possible de calculer le champ à l'intérieur de la bobine en tenant compte de sa structure fine.

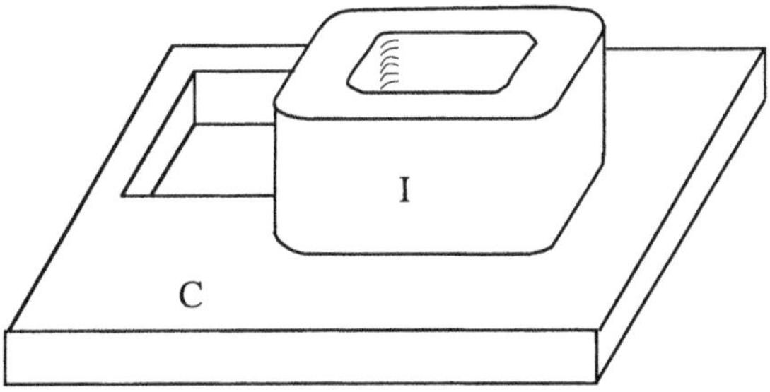

Figure 5.2. La situation imaginaire modélisée : I (pour "inducteur") est le support d'un courant alternatif connu, surmontant une plaque conductrice C.

On substitue donc au problème un autre, imaginaire (Fig. 5.2), où le courant inducteur est censé être donné dans une région I, de même forme que la bobine. Il est facile de calculer d'avance la répartition du courant dans I, d'où le courant-source j^d de

(1), avec I pour support. (On prend en fait pour donnée une densité de courant *moyenne*, filtrée des variations à petite échelle spatiale.) Le champ solution de (5) est alors une très bonne approximation du champ réel (y compris dans I), car ce sont les mêmes courants qui sont en jeu (aux petites variations près dans I) dans les deux situations. Par contre, le champ électrique que l'on pourrait éventuellement calculer en résolvant (6) n'a pas grand chose à voir avec le champ électrique réel, puisqu'en particulier la façon dont la bobine est raccordée au réseau d'alimentation n'est pas prise en compte. (Il y a, par exemple, un champ électrique élevé entre les bornes, au voisinage immédiat du point A de la Fig. 5.1, champ que l'on ne trouve évidemment pas en résolvant le problème de la Fig. 5.2.)

L'avantage du modèle en h "restreint" (5), par rapport au modèle "complet" (5)(6), ou par rapport au modèle en e, est donc de donner correctement les courants et le champ magnétique sans que l'on ait besoin de connaître la structure de l'inducteur, ni la manière dont il est raccordé, tout en évitant le calcul inutile d'un champ électrique qui serait, faute de ces mêmes informations, largement erroné.

On aura remarqué que $\mathrm{supp}(j^d)$ ne rencontre pas C dans le cas de la Fig. 5.2 et que le second membre de (5) est donc nul. Cette circonstance, qui se produit très souvent, simplifie aussi le calcul de h^d, qui est alors $\mathrm{rot}\, a^d$, avec $a^d = \chi * j^d$ et $\chi = x \to 1/(4\pi\, |x|)$. On a en effet la "formule de Biot et Savart" :

$$h^d(x) = {}^1\!/_{4\pi} \int_I dy\, (|x-y|)^{-3}\, (x-y) \times j^d(y),$$

obtenue en dérivant sous le signe somme dans l'expression de a^d (cf. Chap. 1 et Annexe 2).

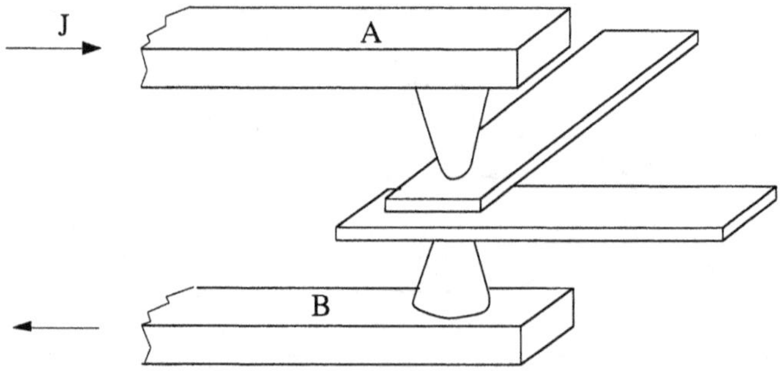

Figure 5.3. Soudage par contact. Le courant total est connu, mais pas sa répartition dans les porte-électrodes A et B, du moins pas près de la région active. On est disposé à négliger l'effet inductif de la partie gauche, non représentée, du circuit, d'où une marge de manœuvre, qu'on va exploiter, pour modéliser cette partie.

Mais ceci n'a pas toujours lieu. Considérons le problème du soudage électrique de la Fig. 5.3 : Un fort courant alternatif J passant à travers les deux électrodes tronconiques, traverse les deux pièces à souder, et les chauffe par effet Joule jusqu'à la fusion, d'où le soudage. Il s'agit de calculer l'impédance du système, vue du réseau. Même si l'on admet (ce qui est raisonnable) que les courants sont connus dans les barres d'alimentation en puissance, qui servent en même temps de supports d'électrodes, et que l'on substitue au système, selon la même démarche que plus haut, celui de la Fig. 5.4, on n'a pas ici de séparation nette entre un inducteur I, où j^d serait connu, et un "conducteur passif" C. Il faut définir dans l'ensemble conducteur une "région génératrice" G où l'on puisse tenir l'effet perturbateur des pièces à souder pour négligeable et appliquer la loi d'Ohm dans son complémentaire C par rapport à la partie conductrice. On construit alors, par programme[1], un courant-source j^d à support dans $G \cup C$, tel que (4) ait lieu, égal au courant connu dans G, et ad libitum dans C. Il peut arriver que le j^d le plus commode à construire ne soit pas nul dans C, et dans ce cas le second membre de (5) n'est pas nul.

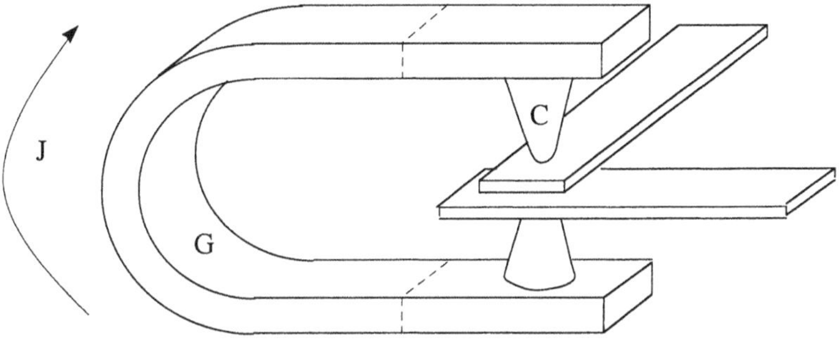

Figure 5.4. Modélisation du problème de la Fig. 5.3. À gauche, région G (pour "générateur") où les courants sont censés être connus. À droite (séparée de G par les tirets), région C où la loi d'Ohm s'applique. On définit un courant j^d à support dans $G \cup C$, conservatif, égal au courant connu dans G et arbitraire dans C.

5.2.2 Le problème en h, en régime harmonique

Comme les exemples précédents n'auront pas manqué de le suggérer, on a très souvent affaire à des sources de courant alternatives. Dans ce cas, $j^d(t) = \mathrm{Re}[\mathrm{J}^d e^{i\omega t}]$ et le modèle (5) prend la forme : *trouver* $\mathrm{H} \in \mathbb{IH}^d$ *tel que*

$$(7) \qquad \int_{E_3} i\,\omega\,\mu\,\mathrm{H}\cdot\mathrm{H}' + \int_C \sigma^{-1}\,\mathrm{rot}\,\mathrm{H}\cdot\mathrm{rot}\,\mathrm{H}' = \int_C \sigma^{-1}\,\mathrm{J}^d\cdot\mathrm{rot}\,\mathrm{H}' \quad \forall\, \mathrm{H}' \in \mathbb{IH}^0,$$

[1] En pratique, on écrit une série de sous-programmes correspondant à des formes d'inducteur simples (tores, cylindres, barres, etc.), et des distributions de courants simples, définies à un paramètre près (en général l'intensité). L'utilisateur les assemble à loisir en précisant les intensités. Dans 'Trifou', cette "bibliothèque d'inducteurs" permet(tait) d'assembler des modules où le courant donné n'est pas conservatif, à la condition que le courant total, dû aux contributions de tous les modules, le soit [AV].

où $\mathbb{H}^d = \{\mathrm{H} \in \mathbb{L}^2_{rot}(E_3) : \mathrm{rot}\ \mathrm{H} = \mathrm{J}^d$ hors de $C\}$, tous ces espaces étant complexes. On a alors $h(t) = \mathrm{Re}[\mathrm{H}\, e^{i\omega t}]$.

Il est bon d'avoir une démonstration *directe* du fait que (7) est un problème bien posé.

Proposition 5.1. *S'il existe un champ-source* $\mathrm{H}^d \in \mathbb{L}^2_{rot}(E_3)$ *tel que* $\mathrm{J}^d = \mathrm{rot}\ \mathrm{H}^d$ *hors de* C, *le problème* (7) *admet une solution* H *unique, et l'application* $\mathrm{H}^d \to \mathrm{H}$ *est continue de* $\mathbb{L}^2(E_3)$ *dans* $\mathbb{H}$.

Démonstration. Cherchons H sous la forme $\tilde{\mathrm{H}} + \mathrm{H}^d$. Par multiplication des deux membres par $1 - i$, le problème (7) prend la forme $a(\tilde{\mathrm{H}}, \mathrm{H}') = L(\mathrm{H}')$, où L est continue sur $\mathbb{H}$, et

$$a(\tilde{\mathrm{H}}, \mathrm{H}') = \int_{E_3} \omega\,\mu\,\tilde{\mathrm{H}} \cdot \mathrm{H}' + \int_C \sigma^{-1}\,\mathrm{rot}\,\tilde{\mathrm{H}} \cdot \mathrm{rot}\,\mathrm{H}'$$
$$+\, i\,(\int_{E_3} \omega\,\mu\,\tilde{\mathrm{H}} \cdot \mathrm{H}' - \int_C \sigma^{-1}\,\mathrm{rot}\,\tilde{\mathrm{H}} \cdot \mathrm{rot}\,\mathrm{H}')$$

donc a est coercive sur $\mathbb{H}^0$, d'où le résultat d'après le lemme de Lax-Milgram. ◊

Si $\mathrm{J}^d \in \mathbb{L}^2(E_3)$ est à support borné (ou même de volume fini), indépendamment de t, et vérifie à tout instant

$$\int_{E_3} \mathrm{J}^d \cdot \mathrm{grad}\,\psi' = 0 \quad \forall\,\psi' \in \Psi^0,$$

où $\Psi^0 = \{\psi : \mathrm{grad}\,\psi \in \mathbb{L}^2(E_3),\ \sigma\,\mathrm{grad}\,\psi = 0\}$ est le complexifié du Ψ^0 du début de ce Chapitre, il existe un champ source $\mathrm{H}^d \in \mathbb{L}^2_{rot}(E_3)$, comme on l'a vu. Il dépend continûment de J^d, donc l'application $\mathrm{J}^d \to \mathrm{H}^d$ est continue de $\mathbb{L}^2$ dans $\mathbb{H}$, de sorte qu'on peut améliorer le résulat de la Prop. 5.1 : *l'application* $\mathrm{J}^d \to \mathrm{H}$ *est continue de* $\mathbb{L}^2(E_3)$ *dans* $\mathbb{H}$. Mais le champ H^d peut exister sans que J^d soit à support borné. L'hypothèse de la Prop. 5.1 constitue donc une économie (petite, mais appréciable dans certains cas).

On peut aller plus loin dans cette voie. Un cas particulier important, qui pourrait a priori sembler échapper à la Prop. 5.1, est celui du conducteur passif plongé dans un champ alternatif *uniforme* (c'est-à-dire, qui *serait* uniforme en l'absence de ce conducteur). Dans ce cas, H^d est indépendant de x, $\mathrm{J}^d = 0$, et le problème se pose sous la forme suivante : *trouver* $\tilde{\mathrm{H}} \in \mathbb{H}^d$ *tel que*

$$\text{(8)} \qquad \int_{E_3} i\,\omega\,\mu\,(\tilde{\mathrm{H}} + \mathrm{H}^d) \cdot \mathrm{H}' + \int_C \sigma^{-1}\,\mathrm{rot}\,\tilde{\mathrm{H}} \cdot \mathrm{rot}\,\mathrm{H}' = 0 \quad \forall\,\mathrm{H}' \in \mathbb{H}^0.$$

Naturellement, ce modèle est une fiction[2], puisqu'il faut bien des courants pour créer le champ, mais il convient lorsque ces courants sont à distance suffisamment grande pour que le champ magnétique qu'ils créent soit approximativement uniforme, en l'absence du conducteur passif, dans une région couvrant largement celui-ci. On est alors intéressé au *champ de réaction* $\tilde{\mathrm{H}}$, c'est-à-dire à la perturbation apportée par C au champ-source.

---

[2] Comme, ne l'oublions pas, *tout* modèle ...

Proposition 5.2. *Le problème* (8) *est bien posé.*

Démonstration. Soit D un domaine[3] borné, régulier, *simplement connexe*, de frontière S, contenant C ainsi que les régions de l'espace où $\mu \neq \mu_0$. Grâce à ces hypothèses, tout $\text{H}' \in \mathbb{H}^0$ s'écrit $\text{H}' = \text{grad}\,\Phi'$ hors de D, avec $\Phi' \in BL_{grad}(E_3 - D)$. (On a toujours $\text{H}' = \text{grad}\,\Phi'$ *localement* en dehors de C, puisque $\text{rot}\,\text{H}' = 0$, mais Φ' pourrait être "multivoque" si $E_3 - D$ n'était pas simplement connexe.) Alors, (8) se réécrit, en notant que $\text{div}\,\text{H}^d = 0$,

$$\int_{E_3} i\,\omega\,\mu\,\tilde{\text{H}} \cdot \text{H}' + \int_C \sigma^{-1}\,\text{rot}\,\tilde{\text{H}} \cdot \text{rot}\,\text{H}' =$$

$$= - \int_D i\,\omega\,\mu\,\text{H}^d \cdot \text{H}' - \int_{E_3 - D} i\,\omega\,\mu_0\,\text{H}^d \cdot \text{grad}\,\Phi'$$

$$= - \int_D i\,\omega\,\mu\,\text{H}^d \cdot \text{H}' + \int_S i\,\omega\,\mu_0\ \text{n} \cdot \text{H}^d\,\Phi'$$

pour tout couple $\{\text{H}', \Phi'\}$ tel que $\text{H}' = \text{grad}\,\Phi'$ hors de D. Or l'application $\text{H}' \to \int_S i\,\omega\,\mu_0\ \text{n} \cdot \text{H}^d\,\Phi'$, est continue sur $\mathbb{H}^0$, d'après les théorèmes de trace, d'où le résultat, à nouveau, par Lax-Milgram. ◊

5.3 Discrétisation

5.3.1 Approximation par éléments d'arêtes : la méthode h–φ

Pour simplifier, et mieux dégager les idées fondamentales de la méthode h–φ, nous n'envisageons d'abord que le cas où C est simplement connexe. C'est une sérieuse restriction (elle exclut même le cas de la Fig. 5.2) et il nous faudra la lever par la suite.

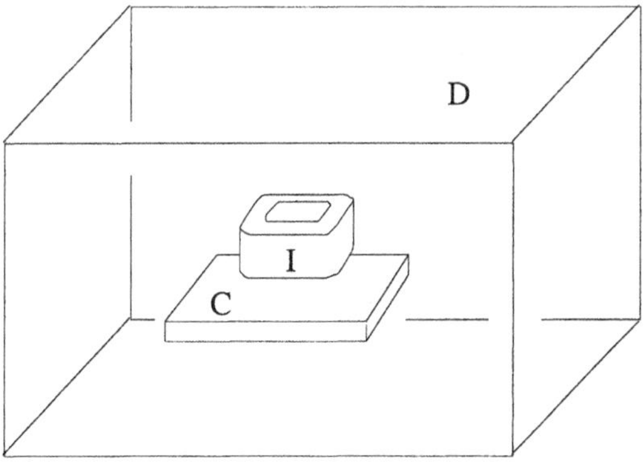

Figure 5.5. "Domaine de calcul" D, englobant la région intéressante.

[3] "Ouvert borné régulier" suffit, pourvu que ses composantes connexes soient *simplement* connexes (pas de "boucles" — cf. Chap. 3).

Soit D, comme ci-dessus, un domaine simplement connexe contenant, outre C, la région intéressante (Fig. 5.5), y compris les régions I et G ci-dessus et celles où $\mu \neq \mu_0$, *et s'étendant assez loin pour que le champ soit négligeable au delà*. (C'est là aussi une hypothèse exigeante et on verra au prochain Chapitre comment on peut s'en affranchir.) Soit m un maillage simplicial de D, avec des éléments de plus en plus volumineux quand on s'éloigne de C.

Ceci est facile à réaliser en pratique : on construit un maillage régulier uniforme, grossier, d'une région de forme polyédrique simple (parallélépipède, etc.), et on l'applique sur D par l'intermédiaire d'une injection u appropriée (cf. Chap. 9, p. 122, concept de "placement"), en général affine par morceaux, construite (par programme) de manière à ce que les facettes du maillage grossier maillent bien les interfaces matérielles. On procède alors à quelques subdivisions de manière à obtenir un m ayant la finesse désirée.

À nouveau, soient $\mathcal{N}$, $\mathcal{A}$, $\mathcal{F}$, $\mathcal{T}$ les ensembles de simplexes de ce maillage. Appelons (comparer avec le Chap. 2) W^1_m l'espace des champs de combinaisons linéaires (à coefficients complexes) d'éléments de Whitney w_a lorsque a parcourt l'ensemble $\mathcal{A}$, *à l'exclusion* des arêtes contenues dans le bord de D. Grâce à cette dernière restriction, tout champ de W^1_m, prolongé par 0 hors de D, est dans $\mathbb{L}^2_{rot}(E_3)$, et on peut donc identifier W^1_m à un sous-espace de $\mathbb{L}^2_{rot}(E_3)$. Introduisons (on va voir à quelles fins) le sous-ensemble $\mathcal{A}^0$ des arêtes *intérieures* à C, c'est-à-dire entièrement contenues, aux extrémités près, dans l'intérieur int(C), et le sous-ensemble $\mathcal{N}^0$ des sommets n'appartenant ni à int(C), ni à ∂D. Soit A^0 le nombre d'arêtes de $\mathcal{A}^0$ et N^0 celui des sommets de $\mathcal{N}^0$. Enfin, appelons $\mathbb{H}^0_m$ (isomorphe à $\mathbb{C}^{A^0+N^0}$) l'espace des vecteurs complexes $\{\text{H}, \Phi\} = \{\text{H}_a : a \in \mathcal{A}^0, \Phi_n : n \in \mathcal{N}^0\}$, et $\mathbb{H}^0_m$ celui des champs de vecteurs de la forme

$$\text{(9)} \qquad \text{H} = \sum_{a \in \mathcal{A}^0} \text{H}_a\, w_a + \sum_{n \in \mathcal{N}^0} \Phi_n \operatorname{grad} w_n,$$

où les degrés de liberté H_a et Φ_n sont des nombres complexes quelconques.

Proposition 5.3. *$\mathbb{H}^0_m$ est isomorphe à $\mathbb{H}^0_m$.*

Démonstration. Cela revient à dire que les degrés de liberté sont bien indépendants, c'est-à-dire que si $\text{H} = 0$ dans (9), tous les H_a et Φ_n sont nuls. C'est bien le cas, car aucun des "champs de base" w_a ou $\operatorname{grad} w_n$ n'est combinaison linéaire des autres, grâce au choix fait pour $\mathcal{A}^0$ et $\mathcal{N}^0$. ◊

Proposition 5.4. $\mathbb{H}^0_m = \{\text{H} \in W^1_m : \operatorname{rot} \text{H} = 0 \text{ hors de } C\}$.

Démonstration. D'après (9), on a $\operatorname{rot} \text{H} = \sum_{a \in \mathcal{A}^0} \text{H}_a \operatorname{rot} w_a$, et $\operatorname{supp}(\operatorname{rot} w_a)$ est contenu dans la fermeture de C. Réciproquement, si $\text{H} \in W^1_m$ et si $\operatorname{rot} \text{H} = 0$ dans D − C, qui est simplement connexe, il existe une combinaison linéaire Φ des w_n, pour $n \in \mathcal{N}^0$, telle que $\text{H} = \operatorname{grad} \Phi$, comme on l'a vu au Chap. 3. ◊

Soit maintenant $\text{H}^{\text{d}}_m \in W^1_m$ une *approximation* du champ source, dont nous attendrons la Section suivante pour montrer comment elle peut être construite en pratique, posons $\mathbb{H}^{\text{d}}_m = \text{H}^{\text{d}}_m + \mathbb{H}^0_m$, c'est-à-dire

$$\mathbb{H}^{\text{d}}_m = \{\text{H}^{\text{d}}_m + \text{H} : \text{H} \in \mathbb{H}^0_m\},$$

espace affine parallèle à $\mathbb{H}^0_m$, et soit $\mathbf{H}^{\text{d}}_m$ l'espace affine de degrés de liberté correspondant. Nous sommes maintenant en mesure de "tout suffixer par m", comme au Chap. 2, d'où l'approximation de Galerkine cherchée pour le problème (7) :

trouver $\text{H} \in \mathbb{H}^{\text{d}}_m$ *tel que*

$$\text{(10)} \qquad \int_{E_3} i\,\omega\,\mu\,\text{H}\cdot\text{H}' + \int_C \sigma^{-1}\,\text{rot}\,\text{H}\cdot\text{rot}\,\text{H}' = \int_C \sigma^{-1}\,\text{J}^{\text{d}}\cdot\text{rot}\,\text{H}' \quad \forall\,\text{H}' \in \mathbb{H}^0_m.$$

Il lui correspond manifestement un système linéaire par rapport aux inconnues H_{a} et Φ_{n}, dont on pourrait étudier la structure comme on l'a fait au Chap. 2. Remarquons seulement que la matrice de ce système linéaire est de la forme $i\omega\,\mathbf{M} + \mathbf{K}$, où $\mathbf{M}$ et $\mathbf{K}$ sont symétriques, semi-définies positives, avec $\mathbf{M} + \mathbf{K}$ régulière.[4] Cette matrice n'est pas hermitienne, ce qui pose des problèmes algorithmiques particuliers. Ici commence donc le travail *numérique* (sans parler de la programmation, qui n'a rien de trivial), mais nous nous en tiendrons là, le travail de *modélisation* étant terminé, aux réserves près concernant H^{d}_m et la connexité.

5.3.2 Construction du champ source

Pour H^{d}_m, il y a deux techniques principales. La première consiste à calculer d'abord H^{d} par la formule de Biot et Savart, puis à évaluer les circulations de H^{d}, soit $\text{H}_{\text{a}}^{\text{d}}$, sur toutes les arêtes intérieures à D. (Pour les arêtes du bord de D, on pose $\text{H}_{\text{a}}^{\text{d}} = 0$, ce qui ne doit pas introduire d'erreur incompatible avec le degré d'approximation souhaité, si le maillage a été bien conçu.) On pose alors $\text{H}^{\text{d}}_m = \sum_{\text{a} \in \mathcal{A}} \text{H}_{\text{a}}^{\text{d}}\, w_{\text{a}}$.

Le défaut de cette méthode (utilisée au début dans le code "Trifou", [Tr]) est qu'elle ne garantit pas $\text{rot}\,\text{H}^{\text{d}}_m = 0$ là où $\text{J}^{\text{d}} = 0$, comme cela devrait être. En effet, l'intégrale de Biot et Savart est calculée de façon approchée, sauf exception, et (voir la Fig. 3.3, Chap. 3) la somme des circulations sur les trois arêtes du périmètre d'une facette où ne passe aucun courant-source ne sera qu'approximativement nulle.

D'où l'idée de recourir à un procédé qui assure automatiquement ces relations. On considère un sous-maillage, aussi petit que possible pour des raisons pratiques, contenant le support[5] de J^{d}. L'ensemble $\mathcal{N}^{\text{d}}$ des sommets de ce sous-maillage et l'ensemble

---

[4] Noter que $\mathbf{K}$ est de la forme $\mathbf{R}^t\mathbf{M}_2(\sigma^{-1})\mathbf{R}$, comme au Chap. 2. La forme algébrique de la matrice du système, $i\omega\mathbf{M}_1(\mu) + \mathbf{R}^t\mathbf{M}_2(\sigma^{-1})\mathbf{R}$, se retrouve dans d'autres méthodes que celle des éléments d'arêtes, avec des matrices $\mathbf{M}_1$ et $\mathbf{M}_2$ différentes. Cf. [CW], [To]. [Note de 2003.]

[5] Ceci, dans le cas où $\text{supp}(\text{J}^{\text{d}})$ ne rencontre pas C. Sinon, comme dans le cas de la Fig. 4, la prescription est un peu plus compliquée : il faut que ce sous-maillage contienne en tant que facettes *internes* toutes celles où passe un courant-source non nul.

$\mathcal{A}^d$ de ses arêtes forment à eux deux un *graphe* $\{\mathcal{N}^d, \mathcal{A}^d\}$. On extrait de ce graphe un *arbre couvrant* $\{\mathcal{N}^d, \mathcal{A}^t\}$, c'est-à-dire un sous-graphe ayant tout $\mathcal{N}^d$ pour ensemble de sommets, mais une partie seulement des arêtes initiales, sélectionnées de manière à ce qu'il soit un arbre, c'est-à-dire un graphe connexe sans circuits, ou *acyclique*. Les arêtes de l'ensemble $\mathcal{A}^c = \mathcal{A}^d - \mathcal{A}^t$, exclues dans ce processus (qui est facile à programmer), s'appellent *co-arêtes*. À chaque co-arête a correspond un circuit d'arêtes toutes issues de $\mathcal{A}^t$, sauf a elle-même, par construction, et ce circuit est le bord d'une surface polyédrique orientée[6] Σ_a, formée de facettes du maillage (Fig. 5.6). On calcule alors le flux de J^d à travers Σ_a (les erreurs d'arrondi éventuelles à ce stade ne sont pas graves), et on attribue au degré de liberté H_a^d la valeur de ce flux. Le champ source cherché est

$$H^d_m = \sum_{a \in \mathcal{A}^c} H_a^d \, w_a \, .$$

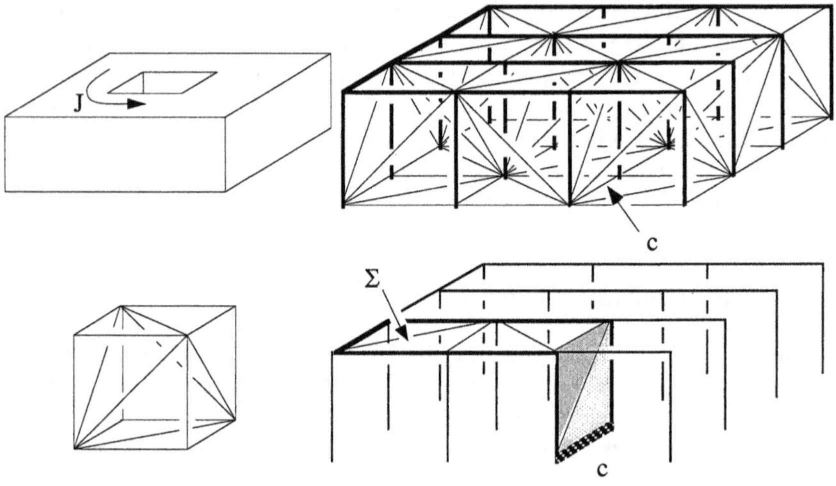

Figure 5.6. Inducteur et un sous-maillage, formé de cubes divisés en 5, contenant son support. En sur-impression, les arêtes d'un arbre couvrant. En bas à droite, outre ces mêmes arêtes, une co-arête c, le circuit que ferme celle-ci, et les six facettes formant la surface polyédrique Σ bordée par ce circuit. Seules les deux facettes ombrées contribuent à l'intensité à travers Σ.

Exercice 5.1. Le circuit basé sur une co-arête pouvant être un nœud de complexité arbitraire, il n'est nullement évident qu'il borde une surface *orientable*. Mais c'est un théorème : Une telle surface, que l'on appelle *surface de Seifert* (cf. p. ex. [Ro]), existe toujours [Se, ST], si compliqué que soit le nœud. La Fig. 5.7 explique comment construire une surface de Seifert associée à un nœud relativement simple. Imiter cette construction pour quelques nœuds plus compliqués. Montrer (à l'aide d'une suite de dessins) que la surface de Seifert de la Fig. 5.7 est homéomorphe à un tore amputé d'un disque. ◊

---

[6] Ce point n'est pas censé être évident. Voir l'Exercice qui suit.

Exercice 5.2. Montrer qu'on peut extraire du sous-maillage de la Fig. 5.6 des arbres couvrants beaucoup plus "économiques", en ce sens que le nombre de co-arêtes $a \in \mathcal{A}^c$ telles que $H_a{}^d \neq 0$ est plus réduit. Peut-on réduire ce nombre à *un* seulement ? (Suggestion : laisser dans $\mathcal{A}^c$ toutes les arêtes de la surface du sous-maillage.)

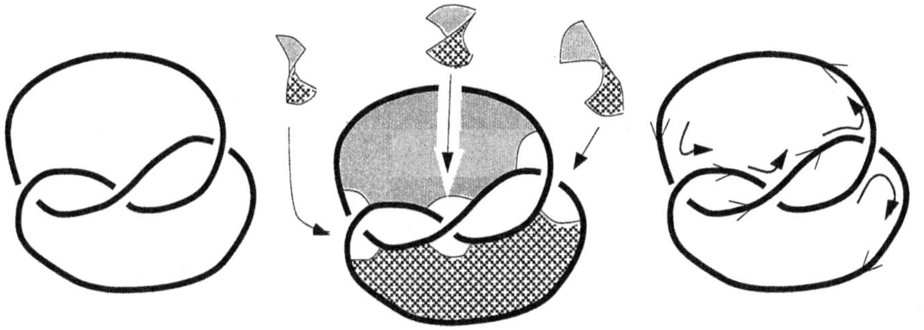

Figure 5.7. Un nœud, sa surface de Seifert (qui a bien deux faces distinctes, et est donc orientable), et la règle de construction employée.

L'idée de l'arbre couvrant permet de résoudre aussi le "problème des boucles", c'est-à-dire le cas où C n'est pas simplement connexe. Supposons pour fixer les idées qu'il y ait une seule "boucle" dans C, comme c'est le cas sur la Fig. 5.2. On construit un arbre couvrant du sous-maillage de D – C et on distingue parmi ses co-arêtes celles fermant un circuit qui "embrasse" cette boucle. (Noter que les circuits fermés par ces "co-arêtes de boucles" ne bordent *pas* de surface polyédrique du type décrit ci-dessus, et c'est précisément ce qui les caractérise.) On agrandit alors l'ensemble $\mathcal{A}^0$ de (9) en lui adjoignant les co-arêtes de boucle, et on attribue à chacune d'elles la circulation + J ou – J, où J est l'intensité totale qui circule dans la boucle de courant correspondante, le signe étant l'orientation de la co-arête par rapport à la boucle. L'intensité J (inconnue, et à trouver) apparaît ainsi comme un degré de liberté supplémentaire. Il y a un degré de liberté de cette nature pour chaque boucle de courant. (Le nombre de boucles est le nombre de Betti b_1 du Chap. 3.)

Remarque 5.1. Tout cela, ici très rapidement dit, exige des notions de topologie algébrique, allant au-delà des quelques indications données au Chap. 3, pour être fait avec rigueur. (Des recherches en cours vont dans ce sens. Voir p. ex. [MN, Ko].) ◊

Références

[Tr] J.Y. Bidan, A. Bossavit, J. Cahouet, C. Chavant, P. Chaussecourte, J.F. Lamaudière, N. Richard, J.C. Vérité: **Manuel Trifou,** Note EdF 603-07 (EdF, Dpt MMN, 1 Av. du Gal de Gaulle, 92141 Clamart), Nov. 1990.

[AV] E.H.C. Andriamanana, J.C. Vérité: **Code Trifou de calcul 3D des courants de Foucault: Module Champ Inducteur,** Note HI 4811-07 (EdF, 1 Av. Gal. de Gaulle, 92141 Clamart), Juin 1984.

[BV] A. Bossavit, J.C. Vérité: "A mixed FEM-BIEM Method to Solve Eddy-Current Problems", **IEEE Trans., MAG-18**, 2 (1982), pp. 431-35.

[Be] A. Bossavit: "Le calcul des courants de Foucault en dimension 3, avec le champ électrique comme inconnue. I: Principes", **Revue Phys. Appl., 25**, 2 (1990), pp. 189-97.

[CW] M. Clemens, T. Weiland: "Transient Eddy-Current Calculation with the FI-Method", **IEEE Trans., MAG-35,** 3 (1999), pp. 1163-6.

[Ko] P.R. Kotiuga: "An Algorithm to make cuts for magnetic scalar potentials in tetrahedral meshes based on the finite element method", **IEEE Trans., MAG-25**, 5 (1989), pp. 4129-31.

[MN] A. Milani, A. Negro: "On the Quasi-stationary Maxwell Equations with Monotone Characteristics in a Multiply Connected Domain", **J. Math. Anal. & Appl., 8 8** (1982), pp. 216-30.

[Na] T. Nakata (ed.): **3-D Electromagnetic Field Analysis** (Proc. Int. Symp. & TEAM Workshop, Okayama, Sept. 1989), James and James (London), 1990 (**COMPEL, 9,** Supplement A).

[RB] Z. Ren, F. Bouillaut, A. Razek, A. Bossavit, J.C Vérité: "A New Hybrid Model Using Electric Field Formulation for 3-D Eddy Current Problems", **IEEE Trans., MAG-26,** 2 (1990), pp. 470-73.

[Ro] D. Rolfsen: **Knots and Links,** Publish or Perish, Inc. (Wilmington, DE 19801, USA), 1976.

[Se] H. Seifert: "Über das Geschlecht von Knoten", **Math. Ann., 110** (1934), pp. 571-92.

[To] E. Tonti: "A Direct Formulation of Field Laws: The Cell Method", **CMES, 2,** 2 (2001), pp. 237-58.

[ST] H. Seifert, W. Threlfall: **A Textbook of Topology** (J. Birman, J. Eisner, eds., trad. M.A. Goodman), Academic Press (Orlando), 1980. (Première édition allemande : **Lehrbuch der Topologie,** 1934.)

6 Courants de Foucault : "Trifou"

6.1 Introduction

Nous continuons l'étude du problème des courants de Foucault, avec dans ce chapitre l'introduction d'une nouvelle idée, qui est de coupler une *méthode intégrale*, à l'extérieur des conducteurs, avec les méthodes d'éléments finis vues jusqu'ici. Cette approche a l'avantage de ramener la recherche du champ extérieur aux conducteurs à la résolution d'une équation intégrale sur la surface de ceux-ci, et donc de contourner le problème de la discrétisation d'un domaine infini[1]: seule la région conductrice, bornée, sera maillée (d'où la notation D, au lieu de C, pour le conducteur, qui est aussi le domaine de calcul). Reste à *coupler* l'équation intégrale avec la méthode d'éléments finis utilisée pour le calcul du champ intérieur. Pour nous concentrer sur les problèmes propres à ce couplage, et sur la méthode intégrale elle-même, nous nous cantonnons à la situation la plus simple qui soit : *un* conducteur borné, *simplement* connexe, courant donné *harmonique,* à support *borné*, d'intersection *vide* avec le conducteur.

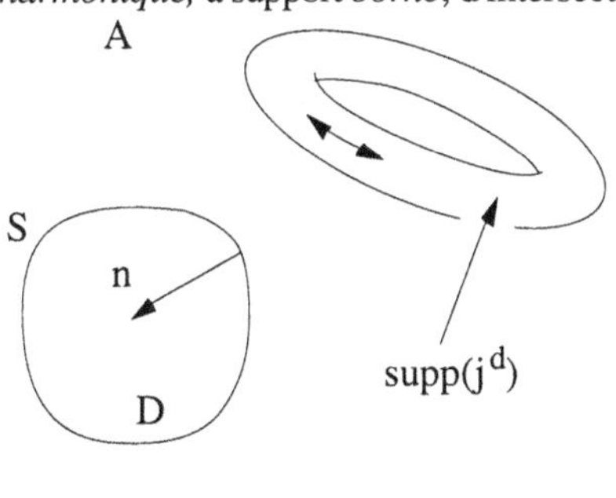

Figure 6.1. La situation. Noter la convention concernant le champ des normales unitaires sur S, ici pris sortant par rapport au "domaine extérieur" $A = E_3 - D$.

Soit donc D un domaine borné régulier, de surface S (Fig. 6.1), et j^d un champ à valeurs complexes donné, tel que $\mathrm{supp}(j^d) \cap D = \varnothing$ et $\mathrm{div}\, j^d = 0$. On notera A le domaine complémentaire de $D \cup S$, c'est-à-dire l'intérieur de $E_3 - D$ (A pour

[1] À cet égard, l'association d'éléments finis et d'"éléments de frontière" proposée ici n'est qu'une idée parmi bien d'autres. Voir [Em], Chap. 3, pour une revue.

"air", étant bien entendu que supp(j^d) fait partie de A). Les domaines D et A ont S pour frontière commune et le champ des normales à S est pris sortant par rapport à A. Conductivité σ et perméabilité μ étant données, avec supp(σ) = D, $\sigma(x) \geq \sigma_0 > 0$ et $\mu(x) \geq \mu_0$ sur D, $\mu(x) = \mu_0$ dans A, on cherche $h \in \mathbb{L}^2_{rot}(E_3)$, à valeurs complexes, tel que

$$i\omega\mu\, h + \mathrm{rot}\, e = 0, \quad j = j^d + \sigma e, \quad \mathrm{rot}\, h = j.$$

(Pour les raisons vues au Chap. 5, nous ne nous intéressons pas à e, qui va tout de suite être éliminé.)

Posons comme on l'a fait jusqu'ici[2] $\mathbb{H} = \mathbb{L}^2_{rot}(E_3\,;\ \mathbb{C})$, et

$$\mathbb{H}^d = \{h \in \mathbb{H} : \mathrm{rot}\, h = j^d \text{ dans } A\}, \quad \mathbb{H}^0 = \{h \in \mathbb{H} : \mathrm{rot}\, h = 0 \text{ dans } A\}.$$

On a $\mathbb{H}^d = h^d + \mathbb{H}^0$, avec, comme au Chapitre précédent, $h^d = \mathrm{rot}\, a^d$, où

$$a^d(x) = \frac{1}{4\pi} \int_{E_3} \frac{j^d(y)}{|x-y|}\, dy.$$

(Pour le calcul direct de ce "champ-source" h^d, voir la "formule de Biot et Savart" de l'Annexe 2.) Le problème (bien posé, comme on l'a vu) consiste à *trouver* $h \in \mathbb{H}^d$ *tel que*

(1) $$i\omega \int_{E_3} \mu\, h \cdot h' + \int_D \sigma^{-1}\, \mathrm{rot}\, h \cdot \mathrm{rot}\, h' = 0 \quad \forall\, h' \in \mathbb{H}^0.$$

On a alors $j = \mathrm{rot}\, h$, et $e = \sigma^{-1} j$ dans D.

Remarque 6.1. Le problème (1) équivaut à la recherche du point de stationnarité de la quantité complexe[3]

(2) $$\mathcal{Z}(h) = i\omega \int_{E_3} \mu\, h^2 + \int_D \sigma^{-1}\, (\mathrm{rot}\, h)^2,$$

lorsque h parcourt $\mathbb{H}^d$. (Il y a un rapport étroit entre $\mathcal{Z}$ et ce qu'on appelle l'*impédance* du système[4].) ◊

La méthode qu'on va présenter a été programmée, sous le nom de code "Trifou", par J.C. Vérité à partir de 1980 [B1, BV1, BV2], et a permis de résoudre pour la première fois le problème des courants de Foucault en trois dimensions avec une généralité suffisante. Le code a beaucoup évolué depuis, avec en particulier la levée des restrictions évoquées ci-dessus[5]. Voir [Tr].

---

[2] Tous les champs considérés étant complexes (sauf tout à la fin, où on revient au problème d'évolution), on renonce à l'emploi des petites capitales dans tout ce Chapitre.

[3] Attention, comme au Chap. 2, les carrés tels que h^2 sont de "vrais carrés", à valeurs complexes : si $h = h_r + i\, h_i$, avec h_r et h_i réels, alors $h^2 = |h_r|^2 - |h_i|^2 + 2\, i\, h_r \cdot h_i$.

[4] Plus précisément, la valeur de (2) au point de stationnarité est une fonction quadratique du courant-source j^d, et l'impédance est par définition l'opérateur linéaire (complexe) associé. Très souvent, j^d est de la forme $j^d = \Sigma_k J^d_k\, j^k$, où les j^k sont des densités de courant particulières, en nombre fini. La matrice associée à $\mathcal{Z}$ *dans la base des* j^k est alors ce que l'on appelle classiquement (matrice des) impédance(s).

6.2 Réduction à un problème posé sur D

La difficulté avec la formulation ci-dessus étant que le champ inconnu h est supporté par l'espace entier, l'idée initiale est de représenter h à partir de sa restriction à D et à sa frontière S, de manière en particulier à pouvoir exprimer la première intégrale de (1) en termes de quantités définies seulement sur D et S.

Cela devrait être possible, car si l'on connaît h sur D et sa frontière S, donc en particulier si l'on connaît sur S sa partie tangentielle h_S, la détermination de h à l'extérieur de D est un problème aux limites elliptique bien posé : il consiste à trouver un couple $\{h, b\}$ de champs de carré sommable tels que

$$(3)\quad \left| \begin{array}{l} \text{rot}\, h = j^d, \quad b = \mu_0 h, \quad \text{div}\, b = 0 \quad \text{dans } A, \\ n \times h = n \times h_S \quad \text{sur } S, \quad \int_S n \cdot b = 0. \end{array} \right.$$

Donc "le champ tangentiel détermine le champ extérieur". De plus, comme le coefficient μ_0 est constant dans A, ce "problème extérieur" équivaut à la résolution d'une équation intégrale sur S, équation dont on peut espérer expliciter les termes.

Exercice 6.1. Montrer que (3) est effectivement un problème bien posé. Montrer que la condition $\int_S n \cdot b = 0$ est nécessaire[6]. Que deviendrait cette condition si S n'était pas connexe ?

Ceci suggère un programme de travail. Nous allons d'abord "réduire" l'espace $\mathbb{H}^d$ de (1), c'est-à-dire lui substituer un sous-espace strict dont on sait par avance qu'il contient la solution. Puis nous introduirons un outil technique très important (l'opérateur de Poincaré-Steklov ci-dessous), propre en particulier à établir un isomorphisme entre ce sous-espace et un espace fonctionnel "porté par D et S" (espace nommé $H\Phi$ ci-dessous). Enfin, grâce à l'isomorphisme, le problème sera reformulé dans $H\Phi$.

6.2.1 De $\mathbb{H}^d$ à $\mathbb{K}^d$

Introduisons quelques notations. Soit Φ l'espace[7] $BL_{grad}(E_3)$ de l'Annexe 4 et Φ^{00} le sous-espace $\{\varphi \in \Phi : \varphi = 0 \text{ sur } D\}$[8]. Soit Φ_A l'espace formé par les restrictions des éléments de Φ à $ad(A) \equiv E_3 - D$, muni de la norme hilbertienne $\varphi \rightarrow (\int_A |\text{grad}\, \varphi|^2)^{1/2}$. (C'est bien une norme, car A est connexe.) Nous noterons $\Phi_A(\varphi_S)$ les sous-espaces affines de Φ_A de la forme $\{\varphi \in \Phi_A : \varphi|_S = \varphi_S\}$, où φ_S est une fonction donnée de $H^{1/2}(S)$. Par définition même de $H^{1/2}(S)$ (Annexe 4), un

[5] Le code est mort ensuite, victime d'un excès de sollicitude managériale, après une période d'"industrialisation" onéreuse suivie de l'inévitable retour de bâton.

[6] Indication : le flux d'un rotationnel est toujours nul à travers une surface *fermée* (i.e., sans bord), comme l'est S, ou toute composante connexe de S.

[7] C'est le complété de $C_0^\infty(E_3)$ par rapport à la norme $\varphi \rightarrow (\int |\text{grad}\, \varphi|^2)^{1/2}$.

[8] Comparer avec le Ψ^0 du Chap. 2, § 2.2.1. La condition imposée à φ est ici plus stricte.

$\Phi_A(\varphi_S)$ n'est pas vide (il existe une fonction de Φ_A dont la trace est φ_S), et il est fermé, par continuité de l'application trace.

Posons maintenant

$$\mathbb{K}^d = \{h \in \mathbb{H}^d : \int_A h \cdot \text{grad}\, \varphi' = 0 \quad \forall\, \varphi' \in \Phi^{00}\},$$

ainsi que

$$\mathbb{K}^0 = \{h \in \mathbb{H}^0 : \int_A h \cdot \text{grad}\, \varphi' = 0 \quad \forall\, \varphi' \in \Phi^{00}\}.$$

On note que

$$\mathbb{H}^0 = \mathbb{K}^0 \oplus \text{grad}\, \Phi^{00},$$

par construction, et que $\mathbb{K}^d = h^d + \mathbb{K}^0$, car h^d est orthogonal à grad Φ^{00}, du fait que div $h^d = 0$. (Dessin en insert.)

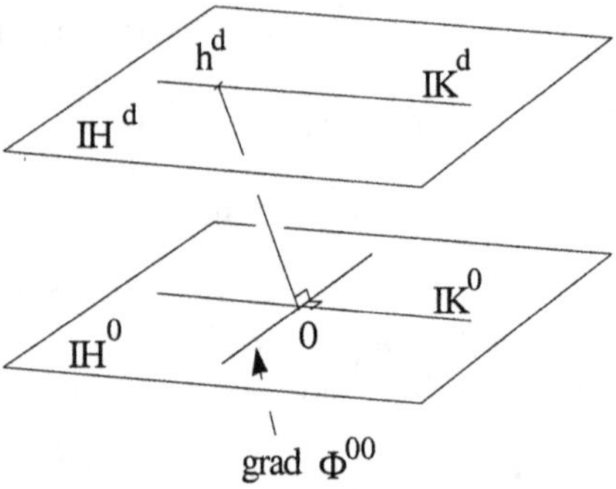

D'après leur définition, les éléments de $\mathbb{K}^d$ et du sous-espace parallèle $\mathbb{K}^0$ vérifient div h = 0 dans A. Or la solution cherchée a cette propriété, car div $h = \mu_0^{-1}$ div b = 0 dans A. On peut donc espérer trouver la solution dans $\mathbb{K}^d$. Effectivement,

Proposition 6.1. *La solution* h *du problème* (1) *est dans* $\mathbb{K}^d$.

Démonstration. Faisant h' = grad φ' dans (1), où φ' parcourt Φ^{00}, on obtient

$$i\omega \int_{E_3} \mu\, h \cdot h' + \int_D \sigma^{-1} \text{rot}\, h \cdot \text{rot}\, h' = 0 \quad \forall\, h' \in \text{grad}\, \Phi^{00},$$

c'est-à-dire

$$i\omega \mu_0 \int_A h \cdot \text{grad}\, \varphi' = 0 \quad \forall\, \varphi' \in \Phi^{00},$$

d'où $h \in \mathbb{K}^d$. ◊

Pour trouver le point stationnaire de $Z(h)$ dans $\mathbb{H}^d$, il suffit donc de le chercher dans $\mathbb{K}^d$. Par conséquent,

Corollaire de la Prop. 6.1. *Le problème* (1) *équivaut à* trouver $h \in \mathbb{K}^d$ tel que

(4) $$i\omega \int_{E_3} \mu\, h \cdot h' + \int_D \sigma^{-1} \text{rot}\, h \cdot \text{rot}\, h' = 0 \quad \forall\, h' \in \mathbb{K}^0.$$

puisque ceci est l'équation d'Euler du problème consistant à stationnariser $Z(h)$ dans le sous-espace affine $\mathbb{K}^d$.

Remarque 6.2. Soit $\Phi^0 = \{\varphi \in \Phi : \text{grad}\, \varphi = 0 \text{ sur } D\}$, défini donc comme l'était Ψ^0 au § 2.2.1. En définissant comme ci-dessus les orthogonaux $\mathbb{K}^{d0}$ et $\mathbb{K}^{00}$, on aurait $\mathbb{H}^0 = \mathbb{K}^{00} \oplus \text{grad}\,\Phi^0$, et on pourrait procéder au même type de réduction que ci-dessus, avec K^{d0} strictement inclus dans K^d. Cet avantage apparent n'en est pas un en pratique. ◊

Exercice 6.2. Montrer que $\int_S n \cdot h = 0$, et prouver l'analogue de la Prop. 6.2 dans le contexte suggéré par la Remarque 6.2.

6.2.2 L'opérateur P

Passons à l'opérateur "de Poincaré-Steklov", comme le nomment certains[9], aussi appelé "opérateur Dirichlet-Neumann", car il fait correspondre la dérivée normale d'une fonction harmonique (nulle à l'infini) à sa trace, ou encore "capacité" [DL], à cause de son interprétation en électrostatique[10].

Proposition 6.2. *Soit* $\varphi_S \in H^{1/2}(S)$ *donné. Il existe* $\varphi \in \Phi_A(\varphi_S)$, *unique, telle que*

(5) $$\int_A |\text{grad}\,\varphi|^2 \le \int_A |\text{grad}\,\varphi'|^2 \quad \forall\, \varphi' \in \Phi_A(\varphi_S).$$

Démonstration. D'après (5), φ est la projection de l'origine sur le sous-espace affine $\Phi_A(\varphi_S)$. Or celui-ci n'est pas vide et il est fermé, comme on l'a vu, d'où l'existence et l'unicité de la projection φ. ◊

On note que l'équation d'Euler du problème variationnel (5) est

$$\int_A \text{grad}\,\varphi \cdot \text{grad}\,\varphi' = 0 \quad \forall\, \varphi' \in \Phi_A(0),$$

d'où $\Delta\varphi = 0$ dans $E_3 - D$, en intégrant par parties. La fonction φ est donc le *prolongement harmonique* de φ_S à $E_3 - D$, solution du "problème de Dirichlet extérieur" :

$$\Delta\varphi = 0 \text{ dans } E_3 - D, \quad \varphi|_S = \varphi_S.$$

Considérons maintenant la dérivée normale $\partial_n\varphi$ de φ sur S, et soit $P = \varphi \to \partial_n\varphi$, opérateur linéaire de type $H^{1/2}(S) \to H^{-1/2}(S)$:

Définition 6.1. *On appelle* P opérateur de Poincaré-Steklov *de* S *par rapport au domaine extérieur* A.

L'opérateur P est un isomorphisme de $H^{1/2}(S)$ sur $H^{-1/2}(S)$ (une isométrie, en fait) et si l'on note $<\ ,\ >$ la dualité entre $H^{-1/2}(S)$ et $H^{1/2}(S)$, on a

$$<P\varphi_S, \varphi_S> = \int_A |\text{grad}\,\varphi|^2 = \inf\{\int_A |\text{grad}\,\varphi'|^2 : \varphi' \in \Phi_A(\varphi_S)\}.$$

---

[9] À vrai dire, ce que ces auteurs désignent ainsi, p. ex. dans [AL], est plutôt l'inverse de P, mais ce n'est qu'une affaire de convention.

[10] Si D est porté au potentiel 1, sa charge électrique est $\varepsilon_0 \int_S P\, 1_S$. La capacité de D, au sens de l'électrostatique classique, est donc $\varepsilon_0 <P\, 1_S, 1_S>$.

Enfin, lorsque φ est assez régulière pour que $\partial_n\varphi$ appartienne à $L^2(S)$, on a

$$<P\varphi_S, \varphi'_S> = \int_S \partial_n\varphi\, \varphi'_S = \int_A \operatorname{grad}\varphi \cdot \operatorname{grad}\varphi',$$

où φ' est le prolongement harmonique de φ'_S. On voit que P est *symétrique* (on aura reconnu une "situation V–H–V' " ; cf. Annexe 8), et que se justifie l'abus de notation naturel, $\int_S P\varphi_S\, \varphi'_S$ pour $<P\varphi_S, \varphi'_S>$.

6.2.3 L'espace HΦ, isomorphe à $\mathbb{K}^d$

Soit maintenant HΦ l'espace vectoriel formé des couples $\{h, \varphi_S\}$, où h est un champ de support D et φ_S un "potentiel surfacique associé" à h, au sens précis suivant :

(6) $$H\Phi = \{\{h, \varphi_S\} \in \mathbb{L}^2_{rot}(D) \times H^{1/2}(S) : h_S = \operatorname{grad}_S \varphi_S\}.$$

Noter que la première projection de HΦ n'est pas tout $\mathbb{L}^2_{rot}(D)$, car h vérifie en particulier $n \cdot \operatorname{rot} h = 0$ sur S. En revanche, φ_S peut être n'importe quelle fonction de $H^{1/2}$. On munit HΦ de la norme hilbertienne naturelle, induite par celle du produit cartésien $\mathbb{L}^2_{rot}(D) \times H^{1/2}(S)$.

Proposition 6.3. HΦ *est isomorphe à* $\mathbb{K}^d$ *et* $\mathbb{K}^0$.

Démonstration. Puisque D est simplement connexe, et que $\operatorname{rot} h^d = 0$ dans D, il existe $\varphi^d \in L^2_{grad}(D)$ telle que $h^d = \operatorname{grad}\varphi^d$ dans D. Appelons encore φ^d le prolongement harmonique de cette fonction hors de D. Soit maintenant $h \in \mathbb{K}^d$. On a $\operatorname{rot} h = j^d = \operatorname{rot}(h^d - \operatorname{grad}\varphi^d)$ dans A. Comme A est simplement connexe, il existe $\varphi \in BL(A)$, unique, tel que $h = h^d + \operatorname{grad}(\varphi - \varphi^d)$ dans A. Par restriction de h et φ à D et S, on passe de h au couple $\{h, \varphi_S\}$ de HΦ. Réciproquement, un tel couple $\{h(D), \varphi_S\}$ étant donné, soit φ le prolongement harmonique de φ_S. Soit alors $h = h(D)$ dans D et $h^d + \operatorname{grad}(\varphi - \varphi^d)$ en dehors de D. On a bien $h \in \mathbb{L}^2_{rot}$, car les deux traces tangentielles $h^d_S + \operatorname{grad}_S(\varphi_S - \varphi^d_S) = \operatorname{grad}_S \varphi_S$ et $h(D)_S$ coïncident, d'après (6). On a $\operatorname{rot} h = j^d$ et $\operatorname{div} h = 0$ dans A, par construction, d'où $h \in \mathbb{K}^d$. La correspondance biunivoque que l'on vient d'établir (d'une manière qui s'applique aussi bien à $\mathbb{K}^0$, il suffit de considérer le cas particulier $j^d = 0$) est de plus une isométrie (d'où les isomorphismes annoncés). En effet, si h est la différence entre deux éléments de $\mathbb{K}^d$, on a $h = \operatorname{grad}\varphi$ hors de D, et

$$\int_{E_3} |h|^2 + \int_D |\operatorname{rot} h|^2 = \int_D |h|^2 + \int_D |\operatorname{rot} h|^2 + \int_A |\operatorname{grad}\varphi|^2$$
$$= \int_D |h|^2 + \int_D |\operatorname{rot} h|^2 + \int_A P\varphi_S\, \varphi_S,$$

qui est bien le carré de la norme du couple $\{h, \varphi_S\}$ dans $\mathbb{L}^2_{rot}(D) \times H^{1/2}(S)$. ◊

Remarque 6.3. L'isomorphisme dépend naturellement de φ^d, qui elle-même dépend de j^d à une constante additive près. ◊

6.2.4 Reformulation du problème dans HΦ

Soit donc $\varphi^d{}_S$ la fonction sur S associée à j^d qui détermine l'isomorphisme ci-dessus. On a

$$\mathcal{Z}(h) = i\omega \int_{E_3} \mu\, h^2 + \int_D \sigma^{-1} (\text{rot}\, h)^2$$
$$= i\omega \int_D \mu\, h^2 + \int_D \sigma^{-1} (\text{rot}\, h)^2 + \mu_0 \int_A (h^d + \text{grad}(\varphi - \varphi^d))^2,$$

fonction dont il s'agit maintenant de trouver le point de stationnarité dans HΦ. Or

$$\int_A (h^d + \text{grad}(\varphi - \varphi^d))^2 = \int_A (h^d - \text{grad}\, \varphi^d)^2 + 2 \int_S n \cdot h^d\ \varphi_S$$
$$+ \int_S P\varphi_S\, \varphi_S - 2 \int_S P\varphi^d{}_S\, \varphi_S,$$

grâce aux propriétés de P, donc le problème (4), lui-même équivalent au problème (1) initial, équivaut à stationnariser la quantité (égale à $\mathcal{Z}(h)$ à une constante près)

$$\mathcal{Z}'(h) = i\omega\ [\int_D \mu\, h^2 + \mu_0 \int_S P\varphi_S\, \varphi_S] + \int_D \sigma^{-1} (\text{rot}\, h)^2$$
$$+ 2\, i\omega\, \mu_0 \int_S (n \cdot h^d - P\varphi^d{}_S)\, \varphi_S,$$

d'où, passant à l'équation d'Euler, le résultat suivant (on omet l'indice S) :

Proposition 6.4. *Le problème* (1) *équivaut à* trouver $\{h, \varphi\}$ dans HΦ tel que

(7) $$i\omega\ [\int_D \mu\, h \cdot h' + \mu_0 \int_S P\varphi\, \varphi'] + \int_D \sigma^{-1}\, \text{rot}\, h \cdot \text{rot}\, h'$$
$$= i\omega\, \mu_0 \int_S (P\varphi^d - n \cdot h^d)\, \varphi' \qquad \forall\ \{h', \varphi'\} \in H\Phi.$$

Telle est la formulation faible finale, base du code "Trifou". Il nous reste à la discrétiser. Il est clair que l'on va représenter h et h' dans (7) par des éléments d'arêtes, et φ et φ' par des éléments nodaux surfaciques (on s'attend à ce qu'ils se "marient" sans problème, du fait des propriétés structurelles du complexe de Whitney). Mais la discrétisation des termes $\int_S P\varphi\, \varphi'$ et $\int_S P\varphi^d\, \varphi'$ par la méthode de Galerkine ne va pas de soi, faute d'une représentation explicite de l'opérateur P. On va toutefois réussir à exprimer celui-ci à l'aide de deux autres opérateurs de frontière qui ont, eux, des représentations analytiques explicites, ce qui permettra ensuite d'associer à P une matrice de façon naturelle.

6.3 Représentation de l'opérateur P

Introduisons quelques notations, locales à cette Section : ξ désignera un point de l'espace et x(ξ), ou simplement x, sa projection sur S (Fig. 6.2). Si S est régulière, ce que nous admettons depuis le début, l'application $\xi \to x$ est bien définie dans un voisinage de S. Soit $d = |\xi - x|$ et $S_R(\xi) = \{y \in S : |y - x(\xi)| < R\}$. On a (trivialement, mais c'est important) :

$$(8) \qquad \int_{\{y \in S \,:\, |y - x(\xi)| < R\}} |\xi - y|^{-1} \, dS(y) \le C\, R,$$

où C est une constante dépendant de S mais indépendante de ξ. Enfin, on notera $n(\xi)$ le translaté en ξ du vecteur $n(x)$. On obtient ainsi au voisinage de S un champ de vecteurs, que l'on continuera de noter n, qui prolonge le champ des normales. Noter que les lignes de champ de n sont orthogonales à S.

Remarque 6.4. Si S n'est pas régulière, les propriétés que l'on va établir ci-dessous valent encore lorsque x est un point de régularité[11] de la surface. ◊

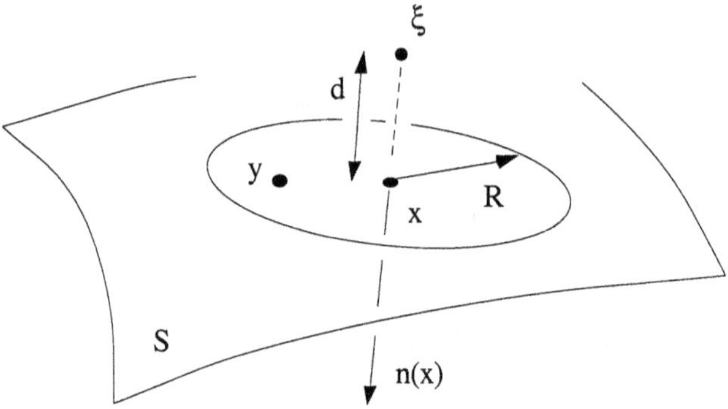

Figure 6.2. Notations. $S_R(x)$, ou $S_R(\xi)$, est le petit disque de rayon R tracé sur S.

6.3.1 Potentiel de simple couche, et saut de son gradient

Soit q une fonction définie sur S, suffisamment régulière dans un premier temps (continue suffit), et considérons son potentiel φ (Annexe 2) :

$$(9) \qquad \varphi(x) = \frac{1}{4\pi} \int_S \frac{q(y)}{|x - y|} \, dS(y),$$

où dS est la mesure des aires sur S. On peut interpréter q comme une *densité de charge* (magnétique) *auxiliaire* et φ comme un potentiel magnétique (dit "potentiel de simple couche"), d'où dérive un champ magnétique $h = \operatorname{grad} \varphi$. Si $x \notin S$, l'intégrale converge évidemment. Mais de plus, q étant bornée, elle converge aussi pour $x \in S$ (étudier la contribution à l'intégrale d'un petit disque centré sur x et invoquer (8)). Enfin, la fonction φ est continue (grâce à la majoration uniforme (8), à nouveau), nulle à l'infini, et harmonique en dehors de S. Appelons K l'opérateur[12] $q \to \varphi_S$.

---

[11] au voisinage duquel S admet un plan tangent, et des courbures principales bornées.

[12] de type $\mathcal{F}(S) \to \mathcal{F}(S)$, où $\mathcal{F}(S)$ désigne l'espace vectoriel de toutes les fonctions de support S à valeurs réelles, et avec pour domaine, pour le moment, le sous-espace des fonctions continues. (Attention, en tant qu'opérateur de type $L^2(S) \to L^2(S)$, K n'est pas de Hilbert-Schmidt, à la différence de l'opérateur K de l'Annexe 2, Prop. A2.2.)

Étudions maintenant le champ $h = \text{grad}\,\varphi$. En dérivant sous le signe somme, on trouve (cf. Annexe 1) :

$$\text{grad}\,\varphi = x \to \frac{1}{4\pi}\int_S q(y)\,\frac{y-x}{|x-y|^3}\,dS(y),$$

et cette fois la convergence de l'intégrale lorsque $x \in S$ n'est nullement assurée. En revanche, l'intégrale à valeurs réelles suivante :

$$(Hq)(x) = \frac{1}{4\pi}\int_S q(y)\, n(x)\cdot\frac{y-x}{|x-y|^3}\,dS(y),$$

converge bien lorsque $x \in S$ (cf. le dessin en insert), car si x est un point de régularité de S, R un réel positif, et $|q|_R$ un majorant de $q(y)$ sur l'ensemble $S_R(x)$, la contribution de $S_R(x)$ à l'intégrale est majorée par

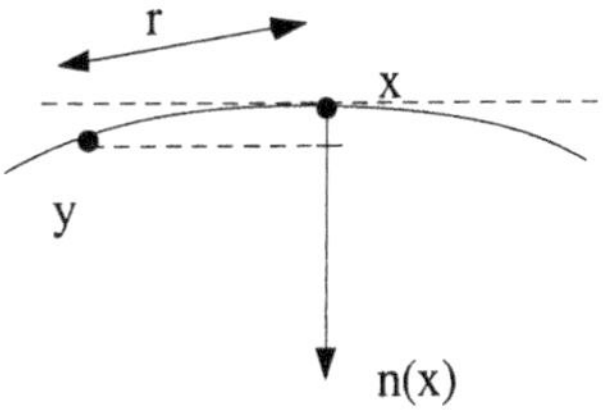

$$\frac{|q|_R}{4\pi}\int_{S_R(x)} n(x)\cdot\frac{y-x}{|x-y|^3}\,dS(y),$$

quantité qui tend vers 0 lorsque R tend vers 0 (passer en polaires d'origine x, remarquer que $|x-y| \sim r$, et que $n(x)\cdot(y-x) \sim r^2$). D'où un nouvel opérateur intégral H, de même type que K.

Mais quel est le rapport entre Hq et la dérivée normale $n \cdot \text{grad}\,\varphi$? À première vue, Hq semble être la restriction à S de la fonction $n \cdot \text{grad}\,\varphi$, c'est-à-dire $\xi \to n(\xi)\cdot(\text{grad}\,\varphi)(\xi)$. Mais c'est une illusion, car $n \cdot \text{grad}\,\varphi$, contrairement à φ, n'est *pas* continue à travers S : elle présente un "saut", égal à q, comme on va le voir. Définissons d'abord formellement cette notion :

Définition 6.2. *Soit* $x \in S$. *Le* saut en x *d'une fonction* u *est la limite, si elle existe (notée alors* $[u(x)]_S$*) de la quantité* $u(x - \lambda n(x)) - u(x + \lambda n(x))$ *lorsque* $\lambda > 0$ *tend vers* 0. *Le* saut *de* u *est la fonction* $[u]_S = x \to [u(x)]_S$.

Remarquer qu'avec cette définition du saut, celui de $n \cdot \text{grad}\,\varphi$ est la somme des dérivées normales de part et d'autre de S, lorsqu'elles existent, *chacune prise selon la convention de la normale sortante* (insert). On a donc, avec des notations évidentes,

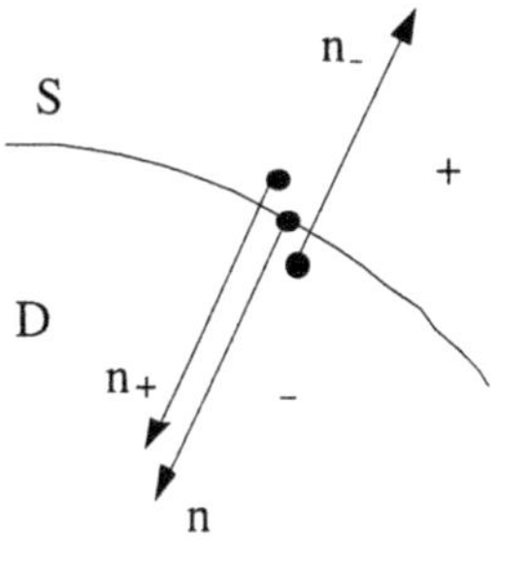

$$[n\cdot\text{grad}\,\varphi]_S = n_+\cdot(\text{grad}\,\varphi)_+ + n_-\cdot(\text{grad}\,\varphi)_-.$$

(On peut noter ceci $[\partial\varphi/\partial n]_S$, ou mieux $[\partial_n\varphi]_S$. Cette quantité, comme on le voit, est indépendante du choix du champ des normales, parmi les deux possibles.)

Passons au calcul du saut.

Proposition 6.5. *Soit* φ *la fonction définie en* (9). *On a*

$$[n \cdot \text{grad}\,\varphi]_S \equiv n_+ \cdot (\text{grad}\,\varphi)_+ + n_- \cdot (\text{grad}\,\varphi)_- = q,$$

$$n_+ \cdot (\text{grad}\,\varphi)_+ - n_- \cdot (\text{grad}\,\varphi)_- = Hq.$$

Démonstration. Toutes ces fonctions sont bien définies, car φ est C^∞ hors de S. Soient d et R fixés. Plaçons-nous au point $\xi = x + \alpha\, d\, n(x)$, avec α destiné à tendre vers 0, et soit $\beta = |\alpha|^{1/2}$. La contribution de l'ensemble $S - S_{\beta R}(x)$ à l'intégrale

$$n(\xi) \cdot (\text{grad}\,\varphi)(\xi) = (4\pi)^{-1} \int_S dS(y)\, q(y)\, |x - y|^{-3}\, n(\xi) \cdot (y - \xi)$$

a une limite bien définie (à savoir, $(Hq)(x)$) lorsque ξ tend vers x. Donc regardons, selon la technique standard à propos des intégrales singulières, la contribution de $S_{\beta R}(x)$, dont la limite va dépendre du signe de α. À des termes en $o(\alpha)$ près, c'est

$$(4\pi)^{-1}\, q(x)\, n(x) \cdot \int_{S_{\beta R}} dS(y)\, q(y)\, |\xi - y|^{-3}\, (y - \xi) \approx$$

$$(4\pi)^{-1}\, q(x)\, \alpha\, d \int_{[0,\, \beta R]} 2\pi\, r\, dr\, (r^2 + \alpha^2 d^2)^{-3/2}.$$

L'étude de cette intégrale est un exercice classique[13]. Sa limite est $\pm\, q(x)/2$ selon que α tend vers 0 par valeurs supérieures ou inférieures. La limite de $n(\xi)$, dans les mêmes circonstances, est n_+ ou n_-. On a donc $n_\pm \cdot (\text{grad}\,\varphi)_\pm = q/2 \pm Hq$, d'où, par addition et soustraction, les égalités annoncées. ◊

6.3.2 Conséquences de la Prop. 6.5

Voici une première conséquence de la Prop. 6.5. Soit q' une autre densité de charge et φ' son potentiel. D'après la formule de Green (cf. (6) de l'Annexe 4, avec u = grad φ'), on a

$$(10) \qquad \int_{E_3} \text{grad}\,\varphi \cdot \text{grad}\,\varphi' = \int_D \text{grad}\,\varphi \cdot \text{grad}\,\varphi' + \int_A \text{grad}\,\varphi \cdot \text{grad}\,\varphi'$$

$$= \int_S \varphi\, [\partial_n \varphi']_\Sigma = \int_S \varphi\, q' = \int_S Kq\, q',$$

et en particulier, $\int_{E_3} |\text{grad}\,\varphi|^2 = \int_S Kq\, q$. L'opérateur K est donc symétrique et défini positif (strictement) sur son domaine, que nous avons restreint jusqu'ici aux fonctions régulières.

Ceci suggère l'extension suivante de la définition de K. Soit $q \in H^{-1/2}(S)$ donné. Le problème[14] *trouver* $\varphi \in BL(E_3)$ *tel que*

$$\int_{E_3} \text{grad}\,\varphi \cdot \text{grad}\,\varphi' = \int_S q\, \varphi' \quad \forall\, \varphi' \in BL(E_3)$$

---

[13] C'est le même calcul que l'on fait en Électrostatique lorsqu'on étudie le champ créé par un plan uniformément chargé.

[14] Voir l'Annexe 4 pour l'espace BL et les propriétés de trace utilisées ici.

est bien posé, puisque $\varphi' \in H^{1/2}(S)$, avec continuité de l'application trace, et l'application $q \to \varphi_S$ est donc continue de $H^{-1/2}(S)$ dans $H^{1/2}(S)$. Comme elle constitue un prolongement de K, il est naturel de la noter K aussi. (Ce nouveau K est un isomorphisme de $H^{-1/2}(S)$ sur $H^{1/2}(S)$.) On a alors, d'après (10),

$$\int_{E_3} \text{grad}\, \varphi \cdot \text{grad}\, \varphi' = \langle q, Kq' \rangle$$

(dualité entre $H^{-1/2}$ et $H^{1/2}$), et donc $\int_{E_3} \text{grad}\, \varphi \cdot \text{grad}\, \varphi' = \int_S q\, Kq'$ lorsque $q \in L^2(S)$, de sorte que K, vu comme opérateur de $L^2(S)$ dans lui-même, est auto-adjoint et défini positif.

La deuxième conséquence est la formule ci-dessous, qui donne explicitement la dérivée normale de φ en fonction de la charge q :

$$\partial_n \varphi(x) \equiv (n \cdot \text{grad}\, \varphi)(x) = \frac{1}{2}\, q(x) + \frac{1}{4\pi} \int_S q(y)\, n(x) \cdot \frac{y - x}{|x - y|^3}\, dS(y),$$

c'est-à-dire

(11) $\qquad \partial_n \varphi = (1/2 + H)q.$

Puisque l'application $q \to \partial_n \varphi$ est linéaire continue de $H^{-1/2}(S)$ dans lui-même, et que $Hq = \partial_n \varphi - q/2$ lorsque q est régulier, d'après (11), nous pouvons là aussi prolonger l'opérateur H à $H^{-1/2}(S)$.

Nous sommes maintenant (enfin !) en mesure d'expliciter l'opérateur P. Puisque $\partial_n \varphi = P\varphi_S$, par définition, et que $\varphi_S = Kq$, on a $PK = 1/2 + H$, d'après (11), d'où le résultat utile pour ce que nous avons en vue :

(12) $\qquad P = (1/2 + H)\, K^{-1}.$

Avant d'exploiter ce résultat, toutefois, voyons une troisième conséquence de la Prop. 6.5, que nous n'utiliserons pas ici, mais importante pour les méthodes intégrales [Br, Ne]. Transposons (12), ce qui donne[15], P et K étant symétriques, $(1/2 + H^t) = KP$, et donc

(13) $\qquad (1/2 + H^t)\varphi_S = KP\varphi_S.$

Or H^t, comme H, est un opérateur intégral, que l'on trouve explicitement comme suit (φ_S est noté simplement φ) :

$$\langle Hq', \varphi \rangle \equiv \langle q', H^t \varphi \rangle = (4\pi)^{-1} \int dS(x)\, \varphi(x) \int dS(y)\, q'(y)\, |x - y|^{-3}\, n(x) \cdot (y - x),$$

d'où, en permutant les intégrations,

$$\langle q', H^t \varphi \rangle = (4\pi)^{-1} \int_S dS(y)\, q'(y) \int_S dS(x)\, \varphi(x)\, |x - y|^{-3}\, n(x) \cdot (y - x),$$

et donc, permutant les symboles x et y,

[15] Si $A \in \mathcal{L}(V, V')$, et si $\langle\ ,\ \rangle$ dénote la dualité, l'égalité $\langle Av, v' \rangle = \langle v, A^t v' \rangle$, pour tous v, v' de V, définit le *transposé* A^t (ou *dual*) de l'opérateur A, élément de $\mathcal{L}(V', V)$.

$$H^t\varphi(x) = \frac{1}{4\pi}\int_S \varphi(y)\, n(y)\cdot \frac{x-y}{|x-y|^3}\, dS(y).$$

Revenant à (13), on constate que cette relation se développe ainsi :

$$\frac{1}{2}\,\varphi_S(x) + \frac{1}{4\pi}\int_S \varphi_S(y)\; n(y)\cdot \frac{x-y}{|x-y|^3}\, dS(y) = \frac{1}{4\pi}\int_S \frac{\partial_n\varphi(y)}{|x-y|}\, dS(y),$$

formule où l'on peut voir une équation de Fredholm de deuxième espèce par rapport à φ_S, si $\partial_n\varphi$ est donnée. Cette formule (dite "troisième formule de Green") a beaucoup d'applications.

6.4 Discrétisation

6.4.1 Approximation de P

Notons Φ et Q les espaces $H^{1/2}$ et $H^{-1/2}$ où vivent φ et q. D'après (9) et (12), écrits sous forme faible, l'opérateur P est tel que l'on ait

(14) $\langle P\varphi, \varphi'\rangle = \langle q, \varphi'\rangle/2 + \langle Hq, \varphi'\rangle \quad \forall\, \varphi' \in \Phi$

pour tout couple $\{\varphi, q\}$ lié par la relation

(15) $\langle \varphi, q'\rangle = \langle Kq, q'\rangle \quad \forall\, q' \in Q.$

Notons Φ_m et Q_m les espaces d'approximation relatifs au maillage m. Le premier nous est connu (c'est la trace sur S de $W^0{}_m(D)$), mais Q_m reste à préciser. Au vu de (14) et (15), le principe de discrétisation est évident : nous cherchons P_m, opérateur de type $W^0{}_m(S) \to W^0{}_m(S)$, et symétrique comme l'est P lui-même, tel que

(16) $\langle P_m\varphi, \varphi'\rangle = \langle q, \varphi'\rangle/2 + \langle Hq, \varphi'\rangle \quad \forall\, \varphi' \in \Phi_m$

pour tout couple $\{\varphi, q\} \in \Phi_m \times Q_m$ lié par la relation

(17) $\langle \varphi, q'\rangle = \langle Kq, q'\rangle \quad \forall\, q' \in Q_m.$

Les représentations $\varphi = \sum_{n \in \mathcal{N}(S)} \boldsymbol{\varphi}_n w_n$ et $q = \sum_{i \in \mathcal{J}} \mathbf{q}_i\, \zeta_i$, où l'ensemble $\mathcal{J}$ et les fonctions de base ζ_i restent à préciser, définissent des isomorphismes entre les espaces Φ_m et Q_m et les espaces de vecteurs de DL correspondants $\boldsymbol{\Phi}$ et $\mathbf{Q}$. Notons **B**, **H**, **K** (en gras, ainsi que les vecteurs de degrés de liberté, selon les mêmes conventions qu'au Chap. 2), les matrices ainsi définies, correspondant aux divers crochets dans (16) et (17) :

(18) $\mathbf{B}_{n\,i} = \int_S dS(x)\, w_n(x)\, \zeta_i(x),$

(19) $\mathbf{K}_{i\,j} = (4\pi)^{-1} \iint_S dS(x)\, dS(y)\, (|y-x|)^{-1}\, \zeta_i(x)\, \zeta_j(y),$

(20) $\mathbf{H}_{n\,i} = (4\pi)^{-1} \iint_S dS(x)\, dS(y)\ (|y - x|)^{-3}\, n(x) \cdot (y - x)\ \zeta_i(y)\, w_n(x).$

Exercice 6.3. Montrer que $\mathbf{K}$ est régulière.

Selon le principe de discrétisation ci-dessus, nous cherchons donc une matrice symétrique $\mathbf{P}$ (d'ordre N_S, le nombre de sommets de maillage sur S), telle que

(21) $(\mathbf{P}\,\varphi, \varphi') = (\mathbf{B}\,\mathbf{q}, \varphi')/2 + (\mathbf{H}\,\mathbf{q}, \varphi') \qquad \forall\ \varphi' \in \boldsymbol{\Phi},$

pour tous les couples $\{\varphi, \mathbf{q}\} \in \boldsymbol{\Phi} \times \mathbf{Q}$ liés par

(22) $(\mathbf{B}^t\,\varphi, \mathbf{q}') = (\mathbf{K}\,\mathbf{q}, \mathbf{q}') \qquad \forall\ \mathbf{q}' \in \mathbf{Q}$

(les parenthèses dénotent les produits scalaires en dimension finie, comme au Chap. 2 ; cf. p. ex. (15)). Comme (22) équivaut à $\mathbf{q} = \mathbf{K}^{-1}\mathbf{B}^t\,\varphi$, on a

(23) $\mathbf{P} = \mathrm{sym}((\mathbf{B}/2 + \mathbf{H})\ \mathbf{K}^{-1}\ \mathbf{B}^t)$

d'après (21), avec t pour "transposé" et sym pour "partie symétrique".

Reste à choisir les "distributions de charge de base" ζ_i. Un critère est évidemment de rendre aussi simple que possible le calcul des intégrales doubles dans (18)(19)(20), et de ce point de vue il est naturel de prendre ζ_i constant par triangle : $\mathcal{J}$ sera l'ensemble des triangles surfaciques et on définira ζ_i pour $i \in \mathcal{J}$ par $\zeta_i =$ ***si*** $x \in i$ ***alors*** 1 ***sinon*** 0. C'est la solution choisie dans Trifou [Tr], et bien qu'elle ne soit pas totalement satisfaisante[16] (cf. Exer. 6.4), elle a l'avantage de simplifier le calcul des intégrales doubles dans (19)(20).

Ce calcul n'est pas trivial pour autant et demande des précautions, surtout pour les termes $\mathbf{K}_{i\,j}$. (L'intégrale interne se calcule analytiquement, et la seconde doit s'approcher par une formule de quadrature d'autant plus sophistiquée que les triangles i et j sont proches. Cf. [Tr].)

Remarque 6.5. La discrétisation "naïve" de (12) donnerait $\mathbf{P} = (1/2 + \mathbf{H})\mathbf{K}^{-1}$, ce qui est loin du compte. La symétrisation dans (23), à laquelle nous sommes parvenus de façon très naturelle, est nécessaire, car $(\mathbf{B}/2 + \mathbf{H})\mathbf{K}^{-1}\mathbf{B}^t$ n'est pas symétrique. ◊

Exercice 6.4. Montrer, à l'aide d'un contre-exemple, que la matrice $\mathbf{P}$ peut être singulière avec le choix ci-dessus des ζ_i.

---

[16] Le choix des ζ_i peut être guidé, sinon dicté, par des considérations de géométrie différentielle (Annexe 9) : q est une 2-forme sur S, et à ce titre, sa discrétisation naturelle est par un élément de $W^2(S)$, d'où les ζ_i ci-dessus, constantes par triangles. Mais il s'agit d'une forme *tordue*, et celles-ci (selon une remarque de E. Tonti) doivent plutôt se discrétiser par des éléments d'un complexe de Whitney construit sur le réseau *dual* associé à la triangulation de S. Cette notion n'ayant pu être développée au Chap. 3, contentons-nous du résultat : les ζ_i, selon cette heuristique, devraient être les fonctions caractéristiques des polygones du réseau dual associés aux sommets de S. (Ces polygones, un pour chaque sommet de S, s'obtiennent en joignant les centres des simplexes inclus dans S qui entourent ce sommet.)

Remarque 6.6. Il y aurait bien d'autres façons de discrétiser P. Par exemple, toujours selon le principe des charges magnétiques auxiliaires (qui est classique, cf. [Tz]) on pourrait placer celles-ci non pas sur la surface S, mais à l'intérieur du conducteur [MW]. On peut par exemple [Ma] introduire une charge ponctuelle sous chaque nœud de S. (La mise en correspondance de $\mathbf{q}$ et de $\boldsymbol{\varphi}$ se fait alors par *collocation*, c'est-à-dire en assurant l'égalité de $\boldsymbol{\varphi}$ et du potentiel de $\mathbf{q}$ aux nœuds[17].) Une autre approche [B2] consiste à remarquer que la somme des *deux* opérateurs de Poincaré-Steklov, celui vers l'extérieur P_{ext}, ici appelé P, et celui vers l'intérieur P_{int}, est particulièrement simple à obtenir : on a $(P_{int} + P_{ext})\varphi = q = K^{-1}\varphi$. Or la présence d'une discrétisation par éléments finis de la région D fournit une discrétisation naturelle de P_{int} : c'est la matrice $\mathbf{P}_{int}$ obtenue en minimisant par rapport aux φ_n *internes* la quantité $\int_C |\text{grad}(\sum_{n \in \mathcal{N}(C)} \varphi_n w_n)|^2$, ce qui donne[18] une forme quadratique par rapport au vecteur $\boldsymbol{\varphi}$ (des valeurs nodales surfaciques), avec $\mathbf{P}_{int}$ pour matrice associée. Un raisonnement analogue à celui fait plus haut autour de (21)(22) montre alors que la discrétisation naturelle de K^{-1} est $\mathbf{BK}^{-1}\mathbf{B}^t$, d'où finalement[19] $\mathbf{P} \equiv \mathbf{P}_{ext} = \mathbf{BK}^{-1}\mathbf{B}^t - \mathbf{P}_{int}$. Signalons enfin que l'on peut fort bien employer simultanément la méthode h–φ du Chap. 4 et l'opérateur P : cela permet de prendre pour surface S non pas obligatoirement le bord du conducteur, mais une surface contenant celui-ci, plus un certain volume d'air. On peut alors donner à S une forme simple, et pour certaines de ces formes, la sphère par exemple, l'opérateur P est connu explicitement (sous forme d'une série). ◊

6.4.2 Formulation discrète finale

Soit $\mathbf{k} = \{\mathbf{h}_a : a \in \mathcal{A}^0(D),\ \boldsymbol{\varphi}_n : n \in \mathcal{N}(S)\}$ le vecteur des degrés de liberté (complexes) : un DL $\mathbf{h}_a$ pour chaque arête *interne* à D (i.e., non dans S) et un DL $\boldsymbol{\varphi}_n$ pour chaque nœud surfacique. L'expression de h dans D est

$$h = \sum_{a \in \mathcal{A}^0(D)} \mathbf{h}_a\, w_a + \sum_{n \in \mathcal{N}(S)} \boldsymbol{\varphi}_n \,\text{grad}\, w_n.$$

Alors (7) devient

$$(24) \qquad i\omega\, (\mathbf{L}(\mu) + \mu_0\, \mathbf{P})\, \mathbf{k} + \mathbf{A}(\sigma)\, \mathbf{k} = i\omega\, \mu_0\, \mathbf{P}\boldsymbol{\varphi}^d - \mathbf{g}^d,$$

avec des notations évidentes, sauf $\mathbf{g}^d$, qui est défini par $\mathbf{g}^d_\nu = \int_S n \cdot h^d\, w_\nu$, $\nu \in \mathcal{N}(S)$. Bien que la matrice $\mathbf{P}$ soit pleine, le système linéaire (24) est raisonnablement creux, car $\mathbf{P}$ ne porte que sur la "partie $\boldsymbol{\varphi}$" du vecteur $\mathbf{k}$. Noter que malgré la symétrie de $\mathbf{L}$, $\mathbf{P}$ et $\mathbf{A}$, la matrice du système n'est pas hermitienne. En dépit de ce fait, la méthode du gradient conjugué (convenablement préconditionné), dont la convergence

[17] Voir par exemple [KP, ZK]. La méthode suivie par ces auteurs produit une matrice $\mathbf{P}$ symétrique, mais a d'autres inconvénients. Cf. [B3] pour une discussion de ce point.

[18] Ce procédé, tout à fait standard, s'appelle "condensation (statique)". Il revient, comme on le voit, à éliminer les DL internes en fonction des DL surfaciques pris pour paramètres.

[19] Noter que ceci assure la symétrie de $\mathbf{P}$, mais n'écarte pas la difficulté qui fait l'objet de l'Exer. 6.4.

n'est assurée que dans le cas hermitien, donne quand même de bons résultats en pratique.

Le calcul du second membre de (24) est sans difficulté : h^d est connu par la formule de Biot et Savart et les valeurs nodales $\boldsymbol{\varphi}^d$ s'obtiennent en calculant les circulations de h^d sur les arêtes de S, de proche en proche.

Exercice 6.5. Montrer que (nonobstant l'Exer. 6.4) la matrice du système (24) est régulière.

Enfin, revenant au problème d'évolution (et, bien qu'on ne change pas de notation, à des vecteurs de DL *réels)*, le schéma d'évolution discrétisé en espace est

$$\partial_t[(\mathbf{L}(\mu) + \mu_0\,\mathbf{P})\,\mathbf{k}] + \mathbf{A}(\sigma)\,\mathbf{k} = \mu_0\,\partial_t(\mathbf{P}\boldsymbol{\varphi}^d) - \mathbf{g}^d$$

($\mathbf{k}(0)$ donné par les conditions initiales), et l'introduction d'un pas de temps conduit au schéma de Crank-Nicolson : $\mathbf{k}^0 = \mathbf{k}(0)$, puis, pour chaque entier m de 0 à $T/\delta t - 1$,

$$(\mathbf{L}(\mu) + \mu_0\,\mathbf{P})\,(\mathbf{k}^{m+1} - \mathbf{k}^m)/\delta t + \mathbf{A}(\sigma)\,(\mathbf{k}^{m+1} + \mathbf{k}^m)/2$$
$$= \mu_0\,\mathbf{P}[\boldsymbol{\varphi}^d((m+1)\delta t) - \boldsymbol{\varphi}^d(m\delta t)]/\delta t - \mathbf{g}^d((m+1/2)\delta t).$$

6.5 Généralisation : Vers les hautes fréquences

Signalons enfin très brièvement que l'idée mise en œuvre au § 6.2, à savoir ramener à distance finie (grâce une surface auxiliaire) le calcul d'une partie de la forme bilinéaire intervenant dans une formulation faible, dépasse largement le contexte du calcul des courants de Foucault. Reprenons par exemple le "problème en E" du Chap. 2 (eq. (15)), soit, J^d étant donné, *trouver* $E \in \mathbb{L}^2_{rot}(E_3)$ *tel que*

$$(25)\qquad \int_{E_3} [(p\,\varepsilon + \sigma)E \cdot E' + (p\,\mu)^{-1}\,\mathrm{rot}\,E \cdot \mathrm{rot}\,E'] = -\int_{E_3} J^d \cdot E' \qquad \forall\, E' \in \mathbb{L}^2_{rot}(E_3).$$

Introduisant D et S (avec, mais juste pour simplifier, $D \supset \mathrm{supp}(J^d)$), on a donc

$$\int_D [(p\,\varepsilon + \sigma)E \cdot E' + (p\,\mu)^{-1}\,\mathrm{rot}\,E \cdot \mathrm{rot}\,E'] + \mathcal{Z}(E_S, E'_S) = -\int_D J^d \cdot E'$$

pour tout $E' \in \mathbb{L}^2_{rot}(D)$, où $\mathcal{Z}(E_S, E'_S)$ est la restriction de l'intégrale

$$\int_{E_3 - D} p\,\varepsilon_0\,E \cdot E' + \int_{E_3 - D} (p\,\mu_0)^{-1}\,\mathrm{rot}\,E \cdot \mathrm{rot}\,E'$$

au sous-espace des E qui vérifient hors de D l'équation de Helmholtz $p\,\varepsilon_0\,E + \mathrm{rot}((p\,\mu_0)^{-1}\,\mathrm{rot}\,E) = 0$. Comme les solutions de celle-ci se représentent sous forme intégrale à partir de S (le noyau est alors, au lieu de $1/(4\pi r)$, celui de Helmholtz), il est facile, en procédant comme on l'a fait plus haut, de montrer que cette restriction ne dépend que des traces tangentielles de E et E' sur S, de sorte que (25) équivaut à

$$(26)\qquad \int_D [(p\,\varepsilon + \sigma)E \cdot E' + (p\,\mu)^{-1}\,\mathrm{rot}\,E \cdot \mathrm{rot}\,E'] + \int_S Z(p)\,E_S \cdot E'_S = -\int_D J^d \cdot E'$$

pour tout $\text{E}' \in \mathbb{L}^2_{rot}(D)$, où $Z(p)$ est l'opérateur correspondant à $\mathcal{Z}$. On peut maintenant travailler par éléments finis dans D et sur S (en général, avec $p = i\omega$), à condition de disposer d'une *discrétisation* de $Z(p)$. Mais ce dernier problème est difficile. Disons seulement que — à tant faire que de discrétiser — l'on peut remplacer Z par une approximation, et que pour p grand, c'est-à-dire quand la longueur d'onde est faible devant les dimensions de S, il existe de telles approximations qui sont des opérateurs (pseudo)-*différentiels* (d'ordre plus ou moins élevé, selon la précision cherchée), alors que Z lui-même est, bien entendu, intégral. L'approximation correspondante de la condition au bord impliquée par (16), soit $n \times (p\,\mu)^{-1} \text{ rot E} = Z(p)\, \text{E}_S$ (intégrer par parties), s'appelle alors *condition* à la limite *absorbante*.

Références

[AL] B.I. Agoshkov, B.I. Lebedev: "Operatory Puancare-Steklova i metody razdeleniya oblasti v variatsionnyx zadachax, in **Vychislitel'nye Protsessy i Sistemy,** Nauka (Moscou), 1985, pp. 173-227.

[Tr] J.Y. Bidan, A. Bossavit, J. Cahouet, C. Chavant, P. Chaussecourte, J.F. Lamaudière, N. Richard, J.C. Vérité: **Manuel Trifou,** Note EdF 603-07 (EdF, Dpt MMN, 1 Av. du Gal de Gaulle, 92141 Clamart), Nov. 1990.

[B1] A. Bossavit: "On Finite Elements for the Electricity Equation", in **The Mathematics of Finite Elements** (J.R. Whiteman, ed.), Academic Press (London), 1982, pp. 85-92.

[B2] A. Bossavit: "Parallel Eddy-Currents: Relevance of the Boundary-Operator Approach", in **Integral equations and Operator Theory, Vol. 5**, Birkhäuser Verlag (Basel), 1982, pp. 447-57.

[B3] A. Bossavit: "Mixed Methods and the Marriage Between 'Mixed' Finite Elements and Boundary Elements", **Numer. Meth. for PDEs, 7** (1991), pp. 347-62.

[BV1] A. Bossavit, J.C. Vérité: "A Mixed FEM-BIEM Method to Solve Eddy-Current Problems", **IEEE Trans., MAG-18**, 2 (1982), pp. 431-35.

[BV2] A. Bossavit, J.C. Vérité: "The TRIFOU Code: Solving the 3-D Eddy-Currents Problem by Using H as State Variable", **IEEE Trans., MAG-19**, 6 (1983), pp. 2465-70.

[Br] C.A. Brebbia, J.C.F. Telles, L.C. Wrobel: **Boundary Element Techniques,** Springer-Verlag (Berlin), 1984.

[DL] R. Dautray, J.L. Lions (r.c.): **Analyse mathématique et calcul numérique pour les sciences et les techniques,** t. 2, Masson (Paris), 1985.

[Em] C. Emson: "Finite element methods applied to electromagnetic field problems", in **Méthodes numériques en électromagnétisme** (A. Bossavit, C. E., I. Mayergoyz), Eyrolles (Paris), 1991, pp. 148-274.

[KP] A. Kanarachos, C. Provatidis: "On the symmetrization of the BEM formulation", **Comp. Meth. Appl. Mech. Engng., 71** (1988), pp. 151-65.

[Ma] I. Mayergoyz: "Boundary Galerkin's approach to the calculation of eddy currents in homogeneous conductors", **J. Appl. Phys., 55,** 6 (1984), pp. 2192-94.

[MW] B.H. McDonald, A. Wexler: "Finite element solution of unbounded field problems", **IEEE Trans., MTT-20,** 12 (1972), pp. 841-7.

[Ne] J.C. Nedelec, M. Artola, M. Cessenat: **Méthodes intégrales,** Ch. 13 de [DL].

[Tz] E. Trefftz: "Ein gegenstück zum Ritzschen Verfahren", in **Proc. 2nd Int. Congr. Appl. Mech.** (Zürich), 1926, pp. 131-37.

[ZK] O.C. Zienkiewicz, D.W. Kelly, P. Bettess: "The Coupling of Finite Element and Boundary Solution Procedures", **Int. J. Numer. Meth. Engng., 11** (1977), pp. 355-76.

7 Le problème de la conduction : Formulations "complémentaires"

Le dernier modèle tridimensionnel que nous étudierons, le modèle de la *conduction*, est aussi le plus simple de tous ceux dérivés des équations de Maxwell avec loi d'Ohm. Il s'obtient lorsqu'on suppose tous les champs stationnaires et qu'on s'intéresse seulement aux courants : alors $\text{rot}\ e = 0$, $j = \sigma\ e$, et $\text{div}\ j = 0$, les termes de source étant dans les conditions aux limites. (Les modèles de l'*électrostatique*, $\text{rot}\ e = 0$, $d = \varepsilon\ e$, $\text{div}\ d = q$, et de la *magnétostatique*, $\text{rot}\ h = j$, $b = \mu\ h$, $\text{div}\ b = 0$, sont tout à fait similaires, mais l'avantage du problème de la conduction est de se poser de façon naturelle dans un domaine *borné* de l'espace.) La simplicité même du problème va nous permettre de discuter plus à fond des aspects de l'approximation par éléments d'arêtes non encore soulignés.

7.1 Formulations variationnelles

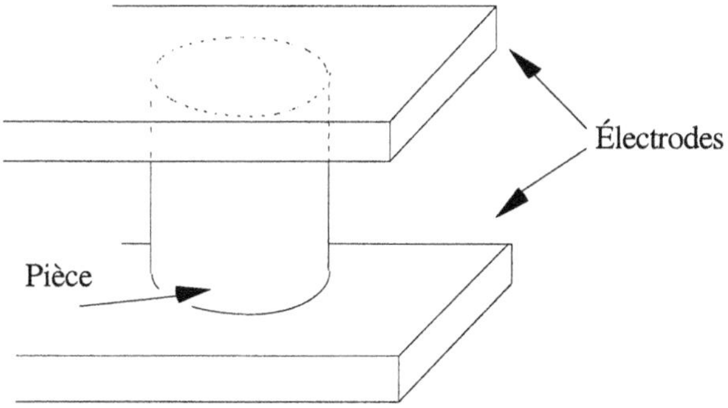

Figure 7.1. Un problème modèle simple : Calculer la résistance d'une pièce conductrice, située entre deux électrodes parfaitement conductrices.

Le problème se présente ainsi (Figs. 7.1 et 7.2). Soit D un domaine borné de E_3, représentant une pièce modérément conductrice dont on souhaite calculer, par exemple, la résistance. Soit S sa surface, partagée en deux sous-régions S^e et S^j :

la première est la surface en contact avec les électrodes (elle est en deux morceaux : S^e_0 et S^e_1), et la seconde est la surface latérale, isolée.

Il s'agit de trouver deux champs de vecteurs j et e dans D, satisfaisant

(1) $\text{rot}\ e = 0$, (2) $n \times e = 0$ sur S^e,

(3) $\text{div}\ j = 0$, (4) $n \cdot j = 0$ sur S^j,

ainsi que la loi d'Ohm

(5) $j = \sigma\, e$,

où σ est la conductivité (positive dans D et éventuellement fonction de la position). L'éq. (2) est caractéristique des surfaces parfaitement conductrices (cf. Chap. 1, § 1.3). L'éq. (4) traduit le fait que le flux de courant est nul à la surface libre de la pièce.

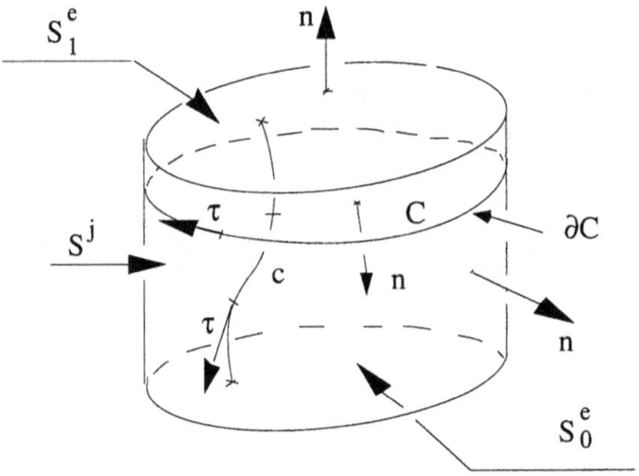

Figure 7.2. Notations. Le chemin c va de S^e_0 à S^e_1, avec τ pour vecteur tangent unitaire. La surface C s'appuie sur S^j, avec n pour champ normal unitaire (orienté dans le sens opposé à celui de σ). Le vecteur tangent unitaire τ au bord ∂C, est tel que $n \times \tau$ soit dirigé vers l'intérieur de C ("règle d'Ampère"), ce qui oriente donc ∂C une fois donnée n sur C.

La modélisation qu'on vient de faire n'est manifestement pas complète, puisqu'il manque l'information concernant les *causes* du passage d'un courant dans la pièce. Cette information peut être donnée de deux façons distinctes, au choix. La première consiste à demander à la circulation de e d'être égale à 1 (une unité, disons un volt) entre S^e_0 et S^e_1, par exemple le long du chemin c. Dans ces conditions, la résistance cherchée est $R = 1/J$, où J est l'intensité totale. On obtient cette intensité en prenant le flux du champ j à travers une "surface de coupure" telle que C, donc $J = \int_C n \cdot j$. Mais on peut tout aussi bien, le problème étant linéaire, demander à cette intensité d'être égale à 1. Alors la résistance est $R = V$, où V est la différence de potentiel entre le haut et le bas de la pièce, c'est-à-dire la circulation du champ e le long de c : $V = \int_c \tau \cdot e$.

Remarque 7.1. Du fait de (2) [resp. (4)], V [resp. J] est le même pour tous les chemins qui vont comme c de S^e_0 à S^e_1 [resp. pour toutes les surfaces qui s'appuient comme C sur S^j, et sont orientées de la même façon par leur champ normal], c'est-à-dire tous ceux [resp. toutes celles] *homologues* à c [resp. à C]. ◊

On a donc maintenant deux formulations distinctes (et complémentaires, au même sens qu'au Chap. 2) du problème : *trouver* e *et* j *satisfaisant, outre* (1)(2)(3)(4)(5), *l'une ou l'autre des deux relations*

(6) $\int_c \tau \cdot e = V,$ (7) $\int_C n \cdot j = J,$

avec V = 1 *ou* J = 1 selon le cas. La résistance cherchée est R = V/J, où J et V sont fournis par la relation non imposée.

À ces deux formulations correspondent deux façons différentes de traiter le problème. La première consiste à commencer par poser $e = -\operatorname{grad}\psi$, ce qui satisfait (1), avec $\psi = 0$ sur S^e_0 et $\psi = 1$ sur S^e_1, ce qui satisfait (2) et (6) lorsque V = 1. Naturellement, ψ doit être dans l'espace $L^2_{grad}(D)$. L'espace des ψ possibles, ou *potentiels* (électriques) *admissibles* est donc

$$\Psi^1 = \{\psi \in L^2_{grad}(D) :\ \psi = 0 \text{ sur } S^e_0,\ 1 \text{ sur } S^e_1\}.$$

Ensuite, on assure (3) et (4) au sens faible en imposant à j de vérifier

(8) $\int_D j \cdot \operatorname{grad}\psi' = 0 \quad \forall\, \psi' \in \Psi^0,$

où Ψ^0 est le sous-espace vectoriel suivant de $L^2_{grad}(D)$:

(9) $\Psi^0 = \{\psi \in L^2_{grad}(D) :\ \psi = 0 \text{ sur } S^e\}.$

Comme il reste à imposer la loi d'Ohm (5), nous faisons enfin $j = -\sigma \operatorname{grad}\psi$ dans (8), d'où la formulation finale : *trouver* $\psi \in \Psi^1$ *telle que*

(10) $\int_D \sigma \operatorname{grad}\psi \cdot \operatorname{grad}\psi' = 0 \quad \forall\, \psi' \in \Psi^0.$

C'est la *formulation faible, en potentiel électrique*, du problème de la conduction. Posons maintenant, pour $\psi \in L^2_{grad}(D)$, mais à cela près quelconque,

$$P(\psi) = \int_D \sigma\, |\operatorname{grad}\psi|^2.$$

Si ψ est solution de (10), cette quantité est la puissance dissipée par effet Joule. Or on vérifie sans peine (dériver P par rapport à ψ) que le problème (10) est équivalent à

(11) *trouver* $\psi \in \Psi^1$ *telle que* $P(\psi) \leq P(\psi') \ \forall\, \psi' \in \Psi^1,$

qui est la formulation *variationnelle,* en potentiel électrique, du problème de la conduction. (On appelle souvent (10) elle-même "formulation variationnelle", par abus de langage.) Le potentiel électrique qui s'établit effectivement est donc celui qui, parmi tous les potentiels admissibles, minimise les pertes Joule.

On obtient l'intensité en remarquant que

$$P(\psi) = \int_D \sigma\, |\mathrm{grad}\, \psi|^2 = -\int_D \mathrm{div}(\sigma\, \mathrm{grad}\, \psi)\, \psi + \int_S n \cdot (\sigma\, \mathrm{grad}\, \psi)\, \psi$$

$$= -\int_{S^e} n \cdot j\, \psi = -\int_{S^e_1} n \cdot j = \int_C n \cdot j = J,$$

d'après (2), (4) et la définition de Ψ^1. On a donc $R^{-1} = P(\psi)$, où ψ est la solution de (11), d'où la caractérisation variationnelle suivante de la résistance :

(12) $$R^{-1} = \inf\{P(\psi) : \psi \in \Psi^1\}.$$

La deuxième façon de traiter le problème consiste à poser $j = \mathrm{rot}\, u$, ce qui satisfait $\mathrm{div}\, j = 0$, avec $u \in \mathbb{L}^2_{\mathrm{rot}}(D)$. Pour satisfaire la condition (4), on demande à ce *potentiel vecteur* u de vérifier $n \cdot \mathrm{rot}\, u = 0$ sur S^j, ce qui donne bien $n \cdot j = 0$. D'après le Th. de Stokes,

$$\int_C n \cdot \mathrm{rot}\, u = \int_{\partial C} \tau \cdot u$$

(cf. Fig. 7.2), la condition (7) concernant l'intensité demande que la circulation de u sur ∂C soit égale à 1. L'ensemble des *potentiels vecteurs admissibles* est donc

(13) $$U^1 = \{u \in \mathbb{L}^2_{\mathrm{rot}}(D) : n \cdot \mathrm{rot}\, u = 0 \text{ sur } S^j, \int_{\partial C} \tau \cdot u = 1\}.$$

Ensuite, grâce à la formulation faible

(14) $$\int_D e \cdot \mathrm{rot}\, u' = 0 \quad \forall\, u' \in U^0,$$

où U^0 est le sous-espace parallèle à U^1 dans $\mathbb{L}^2_{\mathrm{rot}}(D)$,

(15) $$U^0 = \{u \in \mathbb{L}^2_{\mathrm{rot}}(D) : n \cdot \mathrm{rot}\, u = 0 \text{ sur } S^j, \int_{\partial C} \tau \cdot u = 0\},$$

on assure (1) et (2), c'est-à-dire $\mathrm{rot}\, e = 0$ et $n \times e = 0$ sur S^e. En effet (14) implique, en intégrant par parties,

$$0 = \int_D e \cdot \mathrm{rot}\, u' = \int_D \mathrm{rot}\, e \cdot u' - \int_S (n, e, u') \quad \forall\, u' \in U^0.$$

Enfin, $e = \sigma^{-1}\, \mathrm{rot}\, u$ dans (14) fournit la *formulation faible, en potentiel vecteur,* du problème de la conduction : *trouver* $u \in U^1$ *tel que*

(16) $$\int_D \sigma^{-1}\, \mathrm{rot}\, u \cdot \mathrm{rot}\, u' = 0 \quad \forall\, u' \in U^0.$$

Exprimée en fonction de u, la puissance dissipée par effet Joule est

$$Q(u) = \int_D \sigma^{-1}\, |\mathrm{rot}\, u|^2,$$

donc le problème (16) est équivalent à

(17) *trouver* $u \in U^1$ *tel que* $Q(u) \le Q(u')\ \forall\, u' \in U^1$,

une formulation variationnelle à nouveau, mais en potentiel vecteur cette fois.

Il n'y a pas unicité de u dans (16) ou (17). (C'est la raison pour laquelle nous avons noté le potentiel vecteur u et non pas h : le champ magnétique h, qui vérifie rot h = j, n'est que l'*un* des potentiels vecteurs possibles pour j.) Mais peu importe, car toutes les solutions donnent le même j = rot u.

Par analogie avec ce qu'on a vu plus haut, on s'attend ici à ce que Q(u) = V = R, si u est solution de (16) ou (17). Il en est bien ainsi. Remarquons d'abord que, puisque rot e = 0, $-\,e = -\,\sigma^{-1}$ rot u est égal au gradient d'une fonction ψ, dont on peut toujours supposer qu'elle vaut 0 sur $S^e{}_0$, mais dont la valeur sur $S^e{}_1$ est précisément le V que l'on cherche. On a donc

$$Q(u) = \int_D \sigma^{-1}\,|\mathrm{rot}\ u|^2 = -\int_D \mathrm{grad}\ \psi \cdot \mathrm{rot}\ u = -\int_S \psi\ n \cdot \mathrm{rot}\ u$$

$$= -\int_{S^e{}_1} \psi\ n \cdot \mathrm{rot}\ u = -\,V \int_{S^e{}_1} n \cdot \mathrm{rot}\ u = V \int_C n \cdot \mathrm{rot}\ u = V \int_{\partial C} \tau \cdot u = V,$$

d'après la définition même de U^1. (Le changement de signe est dû à l'orientation opposée des normales sur $S^e{}_1$ et sur C.) On a donc bien Q(u) = R, pour tout u qui est solution de (16).

Comme $P(\psi)$ et Q(u) ont été obtenus comme minima sur les ensembles Ψ^1 et U^1 respectivement, on a les *encadrements* suivants de la résistance R:

$$1/P(\psi') \leq 1/P(\psi) = R = Q(u) \leq Q(u') \quad \forall \ \psi' \in \Psi^1, u' \in U^1.$$

On en voit immédiatement l'intérêt : il suffira de trouver *une* fonction ψ' dans Ψ^1 et *un* vecteur $u' \in U^1$ pour disposer d'un encadrement de la quantité cherchée. C'est ce que la résolution approchée de (10) et (16) par la méthode de Galerkine va permettre de réaliser.

7.2 Discrétisations complémentaires

Une fois de plus, on va utiliser les espaces de Whitney W^0 et W^1 sur un maillage m en tant qu'espaces d'approximation pour L^2_{grad} et $\mathbb{L}^2_{rot}$. Pour discrétiser (11) et (17), on va donc remplacer Ψ^1 et U^1, dans la formulation de ces problèmes, par des sous-espaces adéquats de W^0 et W^1, définis de manière à bien approcher les conditions aux limites. Nous allons employer des notations telles que $\mathcal{N}(S^e)$, $\mathcal{A}(S^j)$, etc., pour désigner l'ensemble des nœuds de m inclus dans la surface S^e (y compris le bord de S^e), des arêtes contenues dans la surface S^j, etc. Les nombres de nœuds, arêtes, etc., sont toujours notés N, A, etc.

Définissons

$$\Psi^0{}_m = \{\psi = \Sigma_{n \in \mathcal{N}} \psi_n w_n \in W^0 : \ \psi_n = 0 \ \ \forall\ n \in \mathcal{N}(S^e)\} \equiv \Psi^0 \cap W^0,$$

$$\Psi^1_m = \{\psi = \sum_{n \in \mathcal{N}} \boldsymbol{\psi}_n w_n \in W^0 :$$
$$\boldsymbol{\psi}_n = 0 \ \ \forall\, n \in \mathcal{N}(S^e_0),\ \ \boldsymbol{\psi}_n = 1 \ \ \forall\, n \in \mathcal{N}(S^e_1)\} \equiv \Psi^1 \cap W^0,$$

et considérons le problème consistant à *trouver* $\psi \in \Psi^1_m$ *telle que*

(18) $\int_D \sigma \text{ grad } \psi \cdot \text{grad } \psi' = 0 \qquad \forall\, \psi' \in \Psi^0_m.$

Ce système d'équations linéaires par rapport aux inconnues nodales $\boldsymbol{\psi}_n$, n parcourant l'ensemble des nœuds de $\mathcal{N} - \mathcal{N}(S^e)$, équivaut à

(19) *trouver* $\psi \in \Psi^1_m$ *telle que* $P(\psi) \le P(\psi') \ \ \forall\, \psi' \in \Psi^1_m$,

qui est un problème d'optimisation quadratique par rapport à ces mêmes variables nodales. Il n'est pas nécessaire de s'appesantir sur les propriétés de ce système (matrice formée des termes $\int \sigma \text{ grad } w_n \cdot \text{grad } w_m$, symétrique définie positive, etc.), car elles sont familières à quiconque connaît la méthode des éléments finis pour le laplacien : seules les notations sont différentes ici.

La situation est moins familière pour ce qui est des approximations de (16) et (17), qui semblent devoir être, par analogie, *trouver* $u \in U^1_m$ *tel que*

(20) $\int_D \sigma^{-1} \text{ rot } u \cdot \text{rot } u' = 0 \qquad \forall\, u' \in U^0_m,$

et

(21) *trouver* $u \in U^1_m$ *tel que* $Q(u) \le Q(u') \ \ \forall\, u' \in U^1_m$,

où $U^0_m = U^0 \cap W^1$ et $U^1_m = U^1 \cap W^1$. Il est clair que (20) est encore un système linéaire, avec des coefficients de la forme $\int_D \sigma^{-1} \text{ rot } w_a \cdot \text{rot } w_\alpha$, et pour inconnues les circulations $\mathbf{u}_a$ de u le long de *certaines* arêtes, mais lesquelles ? Et s'agit-il d'inconnues linéairement indépendantes ou non ? A priori non, car la condition sur S^j, par exemple, soit $n \cdot \text{rot } u = 0$, se traduit par une relation linéaire entre les DL d'arêtes pour chaque facette contenue dans S^j, et il resterait à sélectionner un jeu de DL linéairement indépendants, en éliminant les autres grâce à ces relations. Nous allons profiter de la non-unicité de u dans (20), déjà remarquée, pour modifier le problème dans un sens tel que ces difficultés vont disparaître.

Pour cela, posons

$$V^0_m = \{u = \sum_{a \in \mathcal{A}} \mathbf{u}_a w_a \in W^1 :\ \mathbf{u}_a = 0 \ \ \forall\ a \in \mathcal{A}(S^j)\}$$

(noter que $V^0_m \subset U^0_m$), et construisons une fonction particulière u^1, appartenant à U^1_m, de la façon qui va être décrite. Nous poserons ensuite $V^1_m = u^1 + V^0_m$.

Commençons par introduire une "coupure" dans le maillage de la surface S^j, c'est-à-dire un chemin homologue au c de la Fig. 7.2, mais tracé sur S^j (Fig. 7.3), et formé d'arêtes du maillage. Cela permet de construire une fonction φ, définie sur $S^j - c$, continue, linéaire par morceaux sur la triangulation de S^j induite par le maillage m, égale à 0 du côté gauche de la coupure et à 1 du côté droit : il suffit d'attribuer un DL arbitraire aux nœuds de $\mathcal{N}(S^j - c)$ et *deux* DL à chaque nœud de c, 0 à gauche et 1 à droite (Fig. 7.3). Soient φ_n ces DL. Maintenant, à chaque arête a de $\mathcal{A}(S^j - c)$, d'extrémités m et n, attribuons le DL $\mathbf{u}_a = \varphi_n - \varphi_m$, et à chaque arête de c le DL 0. Attribuons enfin aux autres arêtes de l'ensemble $\mathcal{A}$ des degrés de liberté $\mathbf{u}_a$ arbitraires et formons $u^1 = \sum_{a \in \mathcal{A}} \mathbf{u}_a w_a$. C'est le champ de vecteurs de U^1_m que l'on voulait.

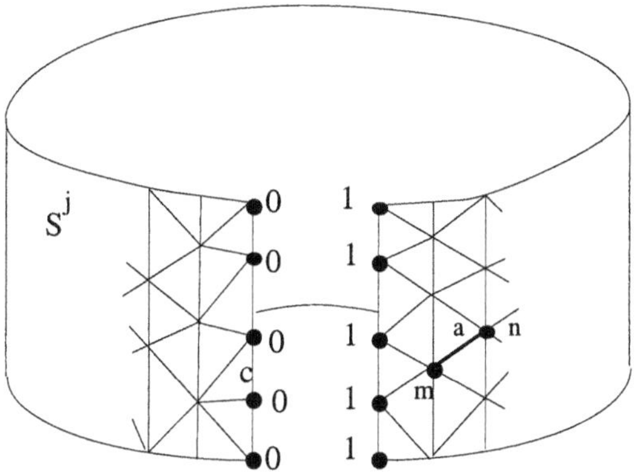

Figure 7.3. Construction d'un champ appartenant à $W^1 \cap U^1$ à partir du maillage induit sur la surface S^j et d'une "coupure" de cette surface.

En effet, d'une part il est bien dans W^1. D'autre part, sa partie tangentielle u^1_S est égale à $\text{grad}_S\, \varphi$, *par construction,* sur S^j (vérifier ! ceci n'est pas censé être évident). Donc $\text{rot}_S\, u^1_S = 0$ sur S^j, ce qui est l'une des conditions imposées aux éléments de U^1 (cf. (13)). Quant à l'autre condition, que la circulation de u^1 sur ∂C soit égale à 1, elle est satisfaite par le fait que le saut de la fonction φ à travers c est 1, par construction à nouveau. C'est la raison du dédoublement des degrés de liberté que l'on vient d'effectuer.

Soit donc $V^1_m = \{u^1 + u' : u' \in V^0_m\}$, c'est-à-dire l'ensemble formé des champs $u^1 + u'$ lorsque u' parcourt V^0_m. On vérifiera sans peine que $\text{rot}\, V^1_m = \text{rot}\, U^1_m$. Comme Q dans (20) ne dépend de u que par l'intermédiaire de son rotationnel, le problème (20) équivaut à

(22) *trouver* $u \in V^1_m$ *tel que* $Q(u) \le Q(u') \;\; \forall\, u' \in V^1_m$,

problème d'optimisation quadratique équivalent au système linéaire qui consiste à *trouver* $u \in V^1_m$ *tel que*

(23) $\int_D \sigma^{-1}\, \text{rot}\, u \cdot \text{rot}\, u' = 0 \quad \forall\, u' \in V^0_m$.

Cette fois, la nature des inconnues dans (23) est claire : ce sont les DL d'arêtes pour toutes les arêtes n'appartenant pas à la surface latérale S^j, et elles sont bien indépendantes.

Remarque 7.2. Le degré d'arbitraire dans la construction de u^1 est juste ce qu'il faut pour que deux champs u^1 construits selon cette recette soient égaux à un gradient près, celui d'une fonction de $W^0 \cap \Psi^0$. C'est pour cela que $\text{rot } V^1_m = \text{rot } U^1_m$. Ce "juste ce qu'il faut" traduit quelque chose de plus profond, que nous n'examinerons pas en toute généralité : la façon dont les propriétés d'exactitude de la suite de Whitney se transmettent aux espaces de *traces* de ces éléments sur la frontière. ◊

Ainsi nous avons obtenu deux approximations par éléments finis du problème de la conduction, complémentaires en ce sens qu'elles donnent un encadrement de la résistance. Au fur et à mesure, nous avons observé à nouveau l'importance des propriétés d'exactitude de la suite de Whitney, en particulier au moment du calcul de u^1, et donc l'intérêt des éléments d'arête pour la représentation de u, mais cela ne suffit pas encore à imposer l'emploi de ces éléments. Ne pourrait-on pas obtenir cette complémentarité en résolvant en u avec des éléments moins exotiques ?

7.3 Pourquoi pas des éléments lagrangiens classiques ?

A première vue en effet, l'emploi d'éléments d'arête pour u ne semble pas s'imposer : d'après le principe variationnel (17), toute méthode d'approximation consistant à chercher $u \in U^1_m$ tel que $Q(u) \leq Q(u') \ \forall \ u' \in U^1_m$, quel que soit l'espace d'approximation U^1_m, pourvu qu'il soit inclus dans U^1, donnera une estimation par excès de la résistance.

Or l'idée la plus naturelle de ce point de vue est de représenter chaque composante cartésienne de u à l'aide d'éléments finis classiques[1] P^1, ce qui revient à écrire

(24) $$u = \sum_{v \in \mathcal{N}} \underline{\mathbf{u}}_v \, w_v,$$

où chaque $\underline{\mathbf{u}}_v$ est un degré de liberté *vectoriel* localisé au nœud v, c'est-à-dire en fait trois DL scalaires. Soit $\mathbb{P}^1(D)$, ou simplement $\mathbb{P}^1$, l'espace vectoriel des u de cette forme. On prend alors pour U^1_m un sous-espace affine convenable de $\mathbb{P}^1$, où on cherche le minimum de la fonction $u \to Q(u)$.

On va trouver successivement trois défauts plus ou moins graves à cette approche.

7.3.1 Les conditions aux limites sont difficiles à prendre en compte

D'abord il y a lieu de soumettre les DL dans (24) à certaines restrictions, de manière à assurer que $n \cdot \text{rot } u = 0$ sur S^j et que $\int_C n \cdot \text{rot } u = 1$. Or, sur S, par exemple,

---

[1] P^k est l'espace des fonctions continues dont les restrictions aux simplexes du maillage sont des polynômes de degré k au plus.

$$n \cdot \text{rot } u = \sum_{v \in \mathcal{N}} n \cdot \text{rot}(\underline{\mathbf{u}}_v \, w_v) = \sum_{v \in \mathcal{N}} n \cdot \nabla w_v \times \underline{\mathbf{u}}_v$$

$$\equiv \sum_{v \in \mathcal{N}} n \times \nabla w_v \cdot \underline{\mathbf{u}}_v = \sum_{v \in \mathcal{N}(S)} n \times \nabla w_v \cdot \underline{\mathbf{u}}_v,$$

puisque $n \times \nabla w_v$ est nul pour tout nœud v extérieur à S (Fig. 7.4). La condition à vérifier est donc

(25) $$\sum_{v \in \mathcal{N}(S)} n \times \nabla w_v \cdot \underline{\mathbf{u}}_v = 0 \quad \text{sur } S^j,$$

soit une relation linéaire entre les composantes des $\underline{\mathbf{u}}_v$ pour chaque facette triangulaire dans S^j. De même, la condition de flux sur C fournit une relation de même nature. Peut-on se ramener à des relations simples portant sur *un* DL scalaire à la fois, comme c'était le cas plus haut, où l'on posait simplement $u_a = \ldots$ (une valeur déterminée) pour chaque arête a de S^j, ce qui nous laissait avec autant d'inconnues linéairement indépendantes que d'arêtes contenues dans $\mathcal{A} - \mathcal{A}(S^j)$?

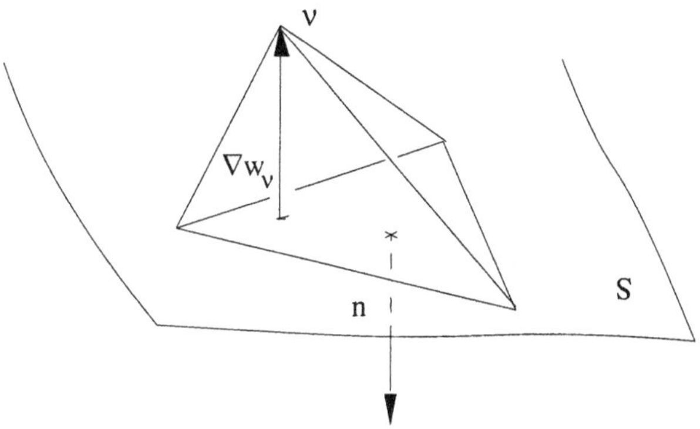

Figure 7.4. Tous les champs $n \times \nabla w_v$ sont nuls, sauf si le nœud v appartient à la surface portant n.

La méthode employée plus haut consistait à introduire un espace de champs à trace tangentielle nulle (celui noté $V^0{}_m$) et à construire un champ u^1 dont la trace sur S soit un gradient. Cherchons-en l'équivalent.

D'abord, pour ce qui est de $V^0{}_m$, un champ de cet espace devrait vérifier (25), mais en dehors du cas où S est parallèle à un plan de coordonnées, cela ne se traduit pas aisément en relations linéaires sur les DL. Que faire en effet de (25) ? Nous pouvons l'entendre ainsi : $\sum_{v \in \mathcal{N}(S)} n(x) \times \underline{\mathbf{u}}_v \cdot \nabla w_v(x) = 0$ pour tout x de S^j intérieur à une facette, et prendre l'intégrale du premier membre sur chaque facette, d'où une relation linéaire par facette[2]. Nous pouvons aussi nous contenter d'une version approchée de (25), sous la forme $n \times \underline{\mathbf{u}}_v = 0$ pour tout v de S^j, mais qu'est-ce que la normale *en un nœud* dans le cas d'un maillage à facettes planes ? (La définir comme moyenne des

---

[2] Cette méthode a l'avantage de se généraliser au cas de tétraèdres "courbes" (cf. Annexe A9, notion de "cellule simpliciale").

normales aux facettes voisines est au mieux équivalent à la méthode précédente, au pire du bricolage.) Avec les deux méthodes, de toute façon, les relations obtenues ne consisteront pas simplement à annuler certains DL et seront donc du type qu'on cherchait à éviter.

Pire, c'est en vain qu'on se donnerait tout ce mal, car le champ u^1 appartenant à $\mathbb{P}^1$ dont la trace tangentielle serait un gradient ne peut pas être construit : *les éléments de* $\mathbb{P}^1(S)$ (ou de $\mathbb{P}^1(D)$) *qui sont des gradients sont très rares* (à moins de construire des maillages très particuliers précisément dans ce but, comme on le fait dans [WC], en dimension 2). Voyons ce point en détail, moins pour les besoins de la présente discussion que pour celle sur les modes parasites entamée au Chap. 2.

Soit donc $u \in \mathbb{P}^1$ tel que $\text{rot } u = 0$, ce que nous noterons $u \in \ker(\text{rot} ; \mathbb{P}^1)$. Alors il existe, au moins localement, une fonction continue φ telle que $u = \text{grad } \varphi$. Comme u est linéaire par morceaux sur le maillage m *et* continue (pour ses trois composantes scalaires), φ est quadratique par morceaux *et* différentiable, deux conditions guère compatibles. L'espace des fonctions continues quadratiques par morceaux sur m, noté P^2, est engendré par les produits $w_n\, w_m$, où n et m parcourent $\mathcal{N}$ (la plupart de ces produits sont nuls, sauf si $n = m$, ou si n et m sont reliés par une arête). On a donc $\nabla\varphi = \sum_{n,\, m \,\in\, \mathcal{N}} \alpha_{nm} \nabla(w_n\, w_m)$, et comme les produits $w_n\, w_m$ ne sont pas différentiables, la composante normale de ce champ présente un saut non nul sur chaque facette (ce saut est une fonction linéaire par rapport aux coordonnées). Les sauts pourraient être tous nuls sans que φ le soit (c'est le cas, par exemple, lorsque φ est linéaire), mais cette condition de nullité de tous les sauts contraint considérablement les α, de sorte que l'espace vectoriel $\ker(\text{rot} ; \mathbb{P}^1)$ est de très petite dimension, et même le plus souvent de dimension 0 compte tenu des conditions aux limites. Donc, et sauf pour des maillages spéciaux, on doit s'attendre à ce que

(26) $\qquad \ker(\text{rot} ; \mathbb{P}^1) = \{0\}.$

Ceci contraste avec la propriété analogue pour les éléments d'arête, qui est (cf. Chap. 3) $\ker(\text{rot} ; W^1) = \text{grad } W^0$ (lorsque $b_1 = 0$).

On peut résumer cette discussion en disant que les éléments nodaux vectoriels qui engendrent $\mathbb{P}^1$, étant continus en leurs trois composantes, sont *trop rigides* au niveau des facettes pour représenter des espaces de gradients. Nous verrons plus loin d'autres conséquences de ce défaut.

En résumé, les systèmes linéaires analogues à (20) sont difficiles à gérer lorsqu'ils proviennent d'éléments $\mathbb{P}^1$, faute de pouvoir identifier des degrés de liberté indépendants de façon simple.

7.3.2 À maillage égal, la précision est moins bonne

Supposons tout de même défini un sous-espace affine de $\mathbb{P}^1$ tenant compte des conditions au bord, et appelons-le $U^1_m(\mathbb{P}^1)$ pour le distinguer de celui basé sur les arêtes, qui sera $U^1_m(W^1)$. On a alors

$$\text{rot } U^1_m(\mathbb{P}^1) \subset \text{rot } U^1_m(W^1),$$

et l'inclusion est en général *stricte*. De ce fait, la minimisation de Q, portant sur un espace plus petit, donne dans le cas des éléments nodaux vectoriels une valeur plus élevée, et donc un encadrement moins serré de la résistance, à maillage identique.

Pour le voir, il suffit de faire l'observation suivante :

Proposition 7.1. *Sur un maillage* m *donné, tout champ* $u \in \mathbb{P}^1$ *est somme d'un champ de* W^1 *et du gradient d'une fonction de* P^2, *autrement dit :*

$$\mathbb{P}^1 \subset W^1 + \text{grad } P^2.$$

Démonstration. Soit $u \in \mathbb{P}^1$ donné, $\mathbf{u}_a = \int_a \tau \cdot u$, avec $a \in \mathcal{A}$, ses circulations sur les arêtes, et $v = \sum_{a \in \mathcal{A}} \mathbf{u}_a \, w_a$ le champ inclus dans W^1 qui a ces circulations pour DL. Alors, u comme v étant linéaires en x, le champ $\text{rot}(u - v)$ est constant dans chaque tétraèdre. Or ses flux à travers les facettes sont nuls, par construction (cf. Fig. 3.3, Chap. 3), donc il est nul. Donc $u = v + \nabla\varphi$, où φ est une fonction telle que $\nabla\varphi$ soit linéaire par morceaux, donc $\varphi \in P^2$. ◊

Corollaire immédiat, $\text{rot } \mathbb{P}^1 \subset \text{rot } W^1$, d'où l'inclusion annoncée, dans la mesure où l'on a pu satisfaire les conditions sur S^j dans la définition de $U^1_m(\mathbb{P}^1)$. En règle générale, l'inclusion est stricte, car la dimension de $\text{rot } \mathbb{P}^1$ n'excède pas 3N (trois DL par sommet), alors que celle de $\text{rot } W^1$ est (à peu près) celle du quotient $W^1/\text{grad}(W^0)$, soit à peu près A − N, c'est-à-dire 5 à 6 N, selon le maillage, comme on va le voir un peu plus loin.

7.3.3 Le conditionnement de la matrice finale est moins bon

Les deux méthodes d'approximation (W^1 et $\mathbb{P}^1$) vont conduire à un système linéaire de la forme $\mathbf{A}\,\mathbf{u} = \mathbf{f}$, où $\mathbf{u}$ est le vecteur des DL indépendants, avec $\mathbf{A} = \mathbf{A}_W$ ou $\mathbf{A}_P$ selon la méthode. La matrice $\mathbf{A}_W$ [resp. $\mathbf{A}_P$] est une sous-matrice de celle obtenue en calculant les intégrales $\int_D \sigma^{-1} \text{ rot } w_a \cdot \text{rot } w_\alpha$, a et $\alpha \in \mathcal{A}$ [resp. les intégrales $\int_D \sigma^{-1} \text{ rot } (e_i\, w_n) \cdot \text{rot } (e_j\, w_m)$, n et $m \in \mathcal{N}$, où les e_i, $i = 1, 2, 3$, sont les vecteurs de base]. On sait l'importance du *conditionnement* de la matrice **A**, c'est-à-dire du rapport de ses valeurs propres extrêmes, quant à la résolution de $\mathbf{A}\,\mathbf{u} = \mathbf{f}$. Ce facteur détermine en grande partie le nombre d'itérations dans le cas d'une méthode de résolution itérative, ainsi que la précision numérique dans le cas d'une méthode directe. Or le nombre de conditionnement de la matrice issue de la méthode $\mathbb{P}^1$ est plus grand.

Avant de voir pourquoi, répondons à l'objection selon laquelle la matrice **A** est singulière dans le cas de la méthode W^1 (non-unicité de u dans (20), déjà remarquée), et donc sa plus petite valeur propre est 0. En fait, le nombre significatif est le rapport de la plus grande à la plus petite des valeurs propres *non nulles*. On peut le voir en raisonnant sur une méthode itérative simple, celle des approximations successives, où l'on crée la suite de vecteurs

(27) $$\mathbf{u}^{n+1} = \mathbf{u}^n - \rho\,(\mathbf{A}\,\mathbf{u}^n - \mathbf{f}),$$

en partant d'un vecteur u^0 quelconque. Pour étudier (27), on peut toujours se placer dans une base où $\mathbf{A}$ est diagonale, les premiers vecteurs de base étant ceux du noyau de $\mathbf{A}$. Dans ce cas, $\mathbf{A} = \mathrm{diag}\{0, ..., 0, \lambda_{min}, ..., \lambda_{max}\}$, avec $0 < \lambda_{min} < ... < \lambda_{max}$, le nombre de zéros étant $d = \dim(\ker(\mathbf{A}))$. Il est clair alors que les d premières composantes de $\mathbf{u}^n$ évoluent selon une progression arithmétique, alors que les autres se comportent ainsi :

$$\mathbf{u}^k_i = (1 - \rho\lambda_i)^{k+1}\,\mathbf{u}^0_i + [1 - (1 - \rho\lambda_i)^k]\,\mathbf{f}_i/\lambda_i.$$

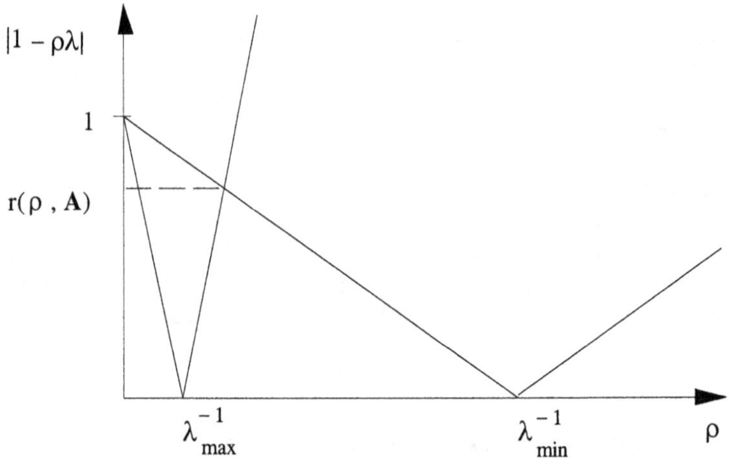

Figure 7.5. Conditionnement et vitesse de convergence.

On en déduit, par un calcul classique ([Ci, GL, LT, ...], et Fig. 7.5), que la convergence la plus rapide s'obtient lorsque $1 - \rho\lambda_{min} = -1 + \rho\lambda_{max}$, et donc $\rho = 2/(\lambda_{min} + \lambda_{max})$. Une mesure de la vitesse de convergence est alors le nombre

$$r(\rho, \mathbf{A}) = (\lambda_{max} - \lambda_{min})/(\lambda_{max} + \lambda_{min}) \approx 1 - 1/\kappa(\mathbf{A}),$$

où $\kappa(\mathbf{A}) = \lambda_{max}/\lambda_{min}$. C'est donc ce dernier rapport qui régit la vitesse de convergence. (Quant aux d premières composantes "flottantes", qu'il n'est bien sûr pas possible d'isoler des autres, leur dérive linéaire ne gêne pas, si l'on prend quelques précautions élémentaires quant au risque de dépassement de capacité[3]. Les DL que l'on cherche, en

[3] et aussi (selon une observation de P. Chaussecourte), quant au préconditionnement, ce qui n'est peut-être pas si "élémentaire". Comment préconditionner efficacement un système linéaire *semi*-défini positif semble être une question ouverte.

effet, ne sont pas ceux du potentiel, mais ceux de la densité de courant, c'est-à-dire les composantes du vecteur $\mathbf{Ru}$, où $\mathbf{R}$ est la matrice d'incidence nœuds-arêtes du Chap. 3. Peu importe donc le comportement de la partie de $\mathbf{u}$ qui est dans le noyau de $\mathbf{R}$, si $\mathbf{Ru}^n$ converge, et cette convergence est bien ce que l'on observe, non seulement pour l'algorithme (27), mais pour de plus efficaces comme celui du gradient conjugué [Ba].)

Revenons donc à la comparaison des nombres de conditionnement, définis comme le rapport des valeurs propres non nulles extrêmes. (Attention, ce qui suit n'est pas une *démonstration* du fait que $\kappa(\mathbf{A}_P) >> \kappa(\mathbf{A}_W)$, ne serait-ce que faute d'un énoncé précis de cette assertion, mais une tentative d'explication des faits numériques observés, à l'aide d'arguments théoriques.)

Les deux matrices $\mathbf{A}_W$ et $\mathbf{A}_P$ constituent toutes les deux une approximation de l'opérateur $\text{rot}(\sigma^{-1}\ \text{rot})$ (plus précisément, de l'opérateur associé au problème aux limites correspondant), et leurs plus grandes valeurs propres ont le même comportement asymptotique lorsqu'on raffine le maillage. Donc nous avons à comparer les valeurs $\lambda_1(\mathbf{A}_W)$ et $\lambda_1(\mathbf{A}_P)$ de la première valeur propre positive. Comme nous l'avons vu plus haut en (26), la matrice $\mathbf{A}_P$ est en général régulière. Or zéro est valeur propre de l'opérateur $\text{rot}(\sigma^{-1}\ \text{rot})$, et c'est un fait général que tous les éléments du spectre sont approchés (lorsqu'on raffine le maillage) par ceux du spectre discret, *lequel ne contient pas* 0. *Donc*, lorsque $m \to 0$ (au sens précis indiqué p. 164) $\lambda_1(\mathbf{A}_P)$ tend vers 0. Mais pour $\mathbf{A}_W$, la situation est tout autre : cette matrice est singulière, car son noyau contient les vecteurs $\mathbf{u} = \mathbf{G}\boldsymbol{\varphi}$ (avec $\boldsymbol{\varphi}_n \neq 0$ sauf pour les n inclus dans S^j), c'est-à-dire ceux correspondant aux gradients de fonctions contenues dans l'espace noté plus haut Ψ^0. La valeur propre 0 n'a donc pas à être approchée "de la droite", comme c'était le cas avec $\mathbf{A}_P$. Et effectivement, $\lim_{m \to 0} \lambda_1(\mathbf{A}_W) > 0$.

On le voit en notant que (d'après la théorie des quotients de Rayleigh)

$$\lambda_1(\mathbf{A}_W) = \inf\{(\mathbf{A}_W\,\mathbf{u},\,\mathbf{u}) :\ |\mathbf{u}| = 1,\ (\mathbf{u},\,\mathbf{v}) = 0\ \ \forall\, \mathbf{v} \in \ker(\mathbf{A}_W)\}.$$

Or cette condition d'orthogonalité au noyau se traduit, lorsqu'on revient aux champs de vecteurs associés, par

$$\int_D u \cdot \text{grad}\,\varphi' = 0 \quad \forall\, \varphi' \in \Psi^0 \cap W^0,$$

et d'après la propriété d'approximation de W^0 par rapport à L^2_{grad}, la limite u_1 (lorsque $m \to 0$), du champ $u_1(m)$ dont les DL forment le vecteur propre $\mathbf{u}_1$ associé à λ_1, vérifie

$$\int_D u_1 \cdot \text{grad}\,\varphi' = 0 \quad \forall\, \varphi' \in \Psi^0.$$

C'est donc un champ *à divergence nulle.* Donc :

$$\lim_{m \to 0} \lambda_1(\mathbf{A}_W) = \inf\{\int_D \sigma^{-1}\,|\text{rot}\,u|^2 :\ u \in U^0,\ \text{div}\,u = 0,\ \int_D |u|^2 = 1\},$$

et ce quotient de Rayleigh est bien strictement positif.

On conclut ainsi que $\kappa(\mathbf{A}_W)/\kappa(\mathbf{A}_P)$ tend vers 0 : le conditionnement est meilleur avec les éléments de Whitney.

Remarque 7.3. Le phénomène qu'on vient de décrire à propos de $\mathbf{A}_P$, à savoir l'apparition pour un maillage donné de petites valeurs propres positives "en train de tendre vers 0", en quelque sorte, alors que les autres valeurs propres peuvent avoir déjà convergé vers leur limite, s'appelle "pollution spectrale" [GR]. Il est très lié au problème des "modes parasites" du Chap. 2. (Pour voir comment se présente ce problème dans le contexte des différences finies, cf. [We].) Il y a risque de pollution spectrale chaque fois qu'on cherche le spectre d'un opérateur ayant 0 pour valeur propre, et pour l'éviter il faut que le noyau de cet opérateur soit "bien approché", de l'intérieur, par des éléments de l'espace d'approximation. Cette règle (qui semble avoir été trouvée indépendamment par divers auteurs) est donnée, plus ou moins explicitement, dans [Ha, H&, Ki, WC]. Or on la respecte automatiquement quand on utilise les éléments de Whitney, à cause de l'inclusion grad $W^0 \subset W^1$.

7.4 Oui, mais ...

La cause est-elle entendue ? Pas avoir d'avant écouté les arguments de la Défense. Le conditionnement est moins bon ? Oui, mais *à la limite*, lorsque $m \to 0$, et ce passage à la limite ne se fait pas, en pratique : on travaille avec le maillage le plus fin possible en fonction des ressources, et la détérioration du conditionnement peut fort bien rester supportable, ou même imperceptible, sur ce maillage-là. La commodité perdue au niveau des conditions aux limites ? N'est-elle pas compensée par le fait de pouvoir réutiliser des programmes classiques, conçus pour les éléments finis nodaux ? Et quant à la perte de précision à maillage égal (qui n'est pas systématique, cf. [BD]), ne serait-elle pas compensée par le fait de pouvoir, à puissance de calcul égale, utiliser plus de DL ? Après tout, les 3N degrés de liberté (à peu près) de la méthode en $\mathbb{P}^1$ ne sont-ils pas beaucoup moins nombreux, à maillage égal, que les A degrés de liberté de la méthode en W^1 ?

Comptons. Soit, pour fixer les idées, $T \approx 5N$ (cf. Fig. 5.6, Chap. 5). Alors $F \approx 10\ N$ (car il y a quatre facettes par tétraèdre, et chaque face est commune à deux d'entre eux), et la formule d'Euler-Poincaré (Chap. 3) donne alors $A \approx 6N$. Donc en effet, on peut s'attendre à ce que le nombre de DL de la méthode W^1 (environ $A \approx 6N$) soit deux fois celui de la méthode nodale ($\approx 3N$).

Ces chiffres, qui ne tiennent compte ni des conditions aux limites à la surface de D ni de l'existence même de celle-ci, sont *très approximatifs* (voir [Ko] pour un décompte précis). Les rapports évoqués ne sont atteints qu'à la limite, et peuvent être très différents pour de petits maillages. Mais cela ne change pas le sens de nos conclusions : les éléments de Whitney tétraédriques engendrent plus de degrés de liberté que les éléments nodaux.

Mais est-ce si important ? Le nombre le plus significatif, du point de vue et du stockage des données et du temps de calcul, n'est pas celui des inconnues, mais plutôt celui des termes non nuls de la matrice **A**. Or ce nombre s'avère *plus petit*, à maillage égal, pour $\mathbf{A}_W$ que pour $\mathbf{A}_P$, contrairement à ce qu'on pouvait craindre.

Comptons, en effet, le nombre moyen de termes non nuls sur une ligne de la matrice $\mathbf{A}_P$: il est égal au nombre de DL susceptibles d'"interagir" avec un DL nodal donné, c'est-à-dire au nombre de couples $\{m, j\}$ tels que $\int_D \sigma^{-1}\, \text{rot}\,(e_i\, w_n) \cdot \text{rot}\,(e_j\, w_m) \neq 0$, pour $\{n, i\}$ donné[4]. Or $\text{rot}\,(e_i\, w_n) = -e_i \times \text{grad}\, w_n$. Ce terme est nul si les supports de w_n et w_m ne se coupent pas, donc deux DL interagissent (sauf annulation accidentelle) s'ils sont portés par le même nœud, ou par deux nœuds reliés par une arête. Comme chaque nœud est relié à 12 voisins, en moyenne *(deux* fois le nombre d'arêtes par nœud, car chaque arête connecte deux nœuds), il y a $3 \times 12 + 2 = 38$ termes extra-diagonaux non nuls sur une ligne de $\mathbf{A}_P$, en moyenne.

Quant à $\mathbf{A}_W$, par contre, le nombre de termes extra-diagonaux non nuls sur la ligne de l'arête a est le nombre des arêtes α telles que $\int_D \sigma^{-1}\, \text{rot}\, w_a \cdot \text{rot}\, w_\alpha \neq 0$, c'est-à-dire des arêtes appartenant au même tétraèdre que a. Or l'arête a est commune à 5 tétraèdres, en moyenne (car elle est commune à 5 facettes, puisque $F \approx 5A/3$, et il y a 3 arêtes par facette). Elle a donc pour "voisines" 10 arêtes partageant avec elle un sommet et 5 opposées à elle dans leur tétraèdre commun (Fig. 7.6). Ainsi, il y a 15 termes extra-diagonaux non nuls par ligne, en moyenne, donc au total 90 N termes de cette nature dans $\mathbf{A}_W$, à comparer à $3 \times 38 = 114$ N dans $\mathbf{A}_P$, un net avantage en faveur des éléments d'arêtes.

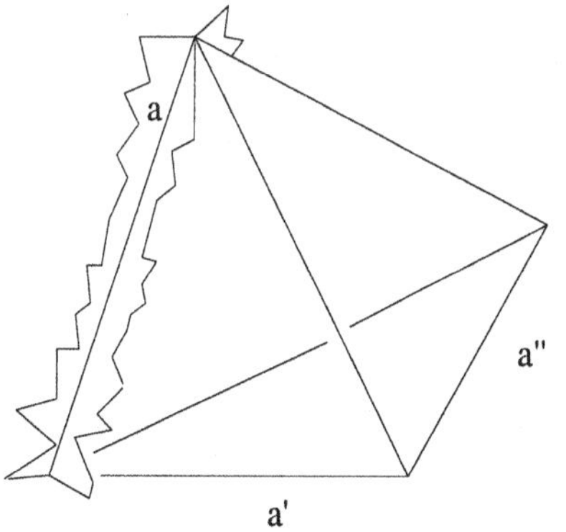

Figure 7.6. S'il y a 5 tétraèdres autour de l'arête a, celle-ci interagit avec 10 arêtes adjacentes (telles que a') et 5 arêtes opposées (telles que a'').

Nous arrêterons là la discussion des avantages comparés des deux méthodes. Les premières expériences numériques sur ce point ont été faites par M. Barton dans sa thèse [Ba] (et résumées dans [BC]), et ses conclusions valent d'être citées :

---

[4] On rappelle que les e_i sont les vecteurs de base.

"When the novel use of tangentially continuous edge-elements for the representation of magnetic vector potential was first undertaken, there was reason to believe it would result in an interesting new way of computing magnetostatic field distributions. There was only hope that it would result in a significant improvement in the state-of-the-art for such computations. As it has turned out, however, the new algorithm has significantly out-performed the classical technique in every test posed. The use of elements possessing only tangential continuity of the magnetic vector potential allows a great many more degrees of freedom to be employed for a given mesh as compared to the classical formulation; and these degrees of freedom result in a global coefficient matrix no larger than that obtained from the smaller number of degrees of freedom of the other method. (...) It has been demonstrated that the conjugate gradient method for solving sets of linear equations is well-defined and convergent for symmetric but underdetermined sets of equations such as those generated by the new algorithm. As predicted by this conclusion, the linear equations have been successfully solved for all test problems, and the new method has required significantly fewer iterations to converge in almost all cases than the classical algorithm."

Références

[BD] B. Bandelier, F. Rioux-Damidau: "Variables d'arêtes et variables nodales dans la modélisation des champs magnétiques", **Revue Phys. Appl., 25** (1990), pp. 605-12.

[Ba] M.L. Barton: **Tangentially Continuous Vector Finite Elements for Non-linear 3-D Magnetic Field Problems,** Ph. D. Thesis, Carnegie-Mellon University (Pittsburgh), 1987.

[BC] M.L. Barton, Z.J. Cendes: "New vector finite elements for three dimensional magnetic fields computations", **J. Appl. Phys., 61,** 8 (1987), pp. 3919-21.

[Ci] P.G. Ciarlet: **Introduction à l'analyse numérique matricielle et à la programmation,** Masson (Paris), 1982.

[GL] G.H. Golub, C.F. Van Loan: **Matrix Computations,** North Oxford Academic (Oxford) & Johns Hopkins U.P. (Baltimore), 1983.

[GR] R. Gruber, J. Rappaz: **Finite Element Methods in Linear Ideal Magneto-hydrodynamics,** Springer-Verlag (Berlin), 1985.

[Ha] M. Hano: "Finite-element analysis of dielectric-loaded waveguides", **IEEE Trans., MTT-32,** 10 (1984), pp. 1275-79.

[H&] K. Hayata, M. Koshiba, M. Eguchi, M. Suzuki: "Vectorial Finite-Element Method Without any Spurious Solutions for Dielectric Waveguiding Problems Using Transverse Magnetic Field Component", **IEEE Trans., MTT-34,** 11 (1986), pp. 1120-24.

[Ki] F. Kikuchi: "Mixed and penalty formulations for finite elements analysis of an eigenvalue problem in electromagnetism", **Comp. Meth. Appl. Mech. Engng., 64** (1987), pp. 509-21.

[Ko] P.R. Kotiuga: "Analysis of finite-element matrices arising from discretizations of helicity functionals", **J. Appl. Phys., 67,** 9 (1990), pp. 5815-7.

[LT] P. Lascaux, R. Théodor: **Analyse numérique appliquée à l'art de l'ingénieur,** Masson (Paris), 1986.

[We] T. Weiland: "Three Dimensional Resonator Mode Computation by Finite Difference Methods", **IEEE Trans., MAG-21,** 6 (1985), pp. 2340-2343.

[WC] S.H. Wong, Z.J. Cendes: "Combined Finite Element-Modal Solution of Three-Dimensional Eddy-Current Problems", **IEEE Trans., MAG-24,** 6 (1988), pp. 2685-7.

8 L'effet de peau

8.1 Introduction: modéliser, c'est faire simple d'abord...

Jusqu'ici, on a étudié des équations, et des méthodes pour les discrétiser. Ce sont des outils puissants, mais qu'en fait-on ? Les questions qui nous ont occupés : existence, unicité, régularité des solutions, propriétés asymptotiques diverses, schémas numériques, etc., ne sont pas celles que se pose un ingénieur. Les siennes sont du type, par exemple : Quelle est la puissance Joule injectée dans un conducteur proche d'un circuit électrique parcouru par un fort courant alternatif (Fig. 8.1), et comment se répartit-elle ? (Et encore est-ce là une *classe* de questions, pas *une* question concrète, qui supposerait beaucoup plus de précisions sur le contexte.)

La physique classique a des réponses à ce type de questions. Par exemple, dans le cas présent, des arguments simples montrent que la chaleur Joule est proportionnelle au carré de l'intensité, qu'elle décroît avec la profondeur, etc. Mais ceci est loin de suffire à l'analyse de situations concrètes telles qu'on en rencontre, par exemple, dans la pratique du chauffage par induction (d'où proviennent tous les exemples évoqués ci-dessous).

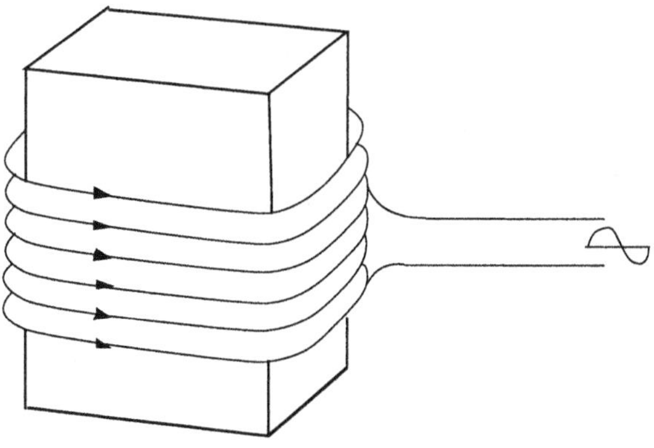

Figure 8.1. Principe du chauffage par induction : le solénoïde est le primaire d'un transformateur dont la pièce à chauffer, placée à l'intérieur, constitue le secondaire.

La connaissance des équations de Maxwell alliée aux techniques de calcul modernes (description des pièces assistée par ordinateur, éléments finis) offre une autre voie d'approche du problème, en principe toute puissante. Mais elle sera onéreuse et lente si l'on omet de procéder à une modélisation simple préalable, afin d'acquérir un minimum d'intuition des phénomènes et d'évaluer les ordres de grandeur. L'expérience montre que ce processus commence en général par le calcul d'un paramètre essentiel, appelé *profondeur de pénétration*.

La théorie de l'effet de peau[1] que l'on va développer, où le rôle de ce paramète est mis en évidence, est utile dans bien d'autres contextes que l'induction. Elle sert aussi, par exemple, à étudier la répartition d'un courant alternatif dans la section d'un conducteur, et à apprécier l'intérêt des techniques de feuilletage (paquets de tôles), de torsadage (câbles, barres Rœbell), etc., utilisées universellement en électrotechnique pour lutter contre l'effet de peau. Elle intervient presque toujours au départ d'une modélisation lorsque les courants électriques dans le système physique en cause sont variables.

8.2 Effet de peau dans un demi-espace conducteur

Plaçons-nous en un point de la surface de la pièce de la Fig. 8.1, sous la bobine d'induction. Pour peu que l'entrefer soit "petit" et le rayon de courbure "grand" (on verra plus loin par rapport à quoi), la situation est comparable à celle qui prévaudrait en un point de la surface d'un demi-espace conducteur bordé par un réseau de fils parallèles parcourus par un même courant alternatif (Fig. 8.2). On peut de plus supposer ces fils assez serrés pour assimiler le réseau de fils à une nappe uniforme de courants, de faible épaisseur. Supposons donc, dans un système cartésien Oxyz, le demi-espace $x > 0$ occupé par un matériau de conductivité σ et de perméabilité μ, et à $x = -d$, une nappe de courants parallèles à Oz, alternatifs, d'intensité $J \cos \omega t$ par mètre de longueur (selon Oy).

Dans cette situation idéale, l'invariance de toutes les données par translation parallèle au plan Oyz entraîne la même invariance pour tous les phénomènes. Donc tous les champs (champ magnétique[2] $\mathbf{h}$ et électrique $\mathbf{e}$, densité de courant $\mathbf{j}$) seront indépendants de y et z, pour ne dépendre que des deux variables x et t. Le champ $\mathbf{h}$, par exemple, qui est dirigé parallèlement à l'axe des y, peut donc s'écrire

$$\mathbf{h}(t, x) = \{0,\ h(t, x),\ 0\},$$

[1] Ou "effet pelliculaire", ou "effet Kelvin". Cette théorie n'est pas une exclusivité de l'électromagnétisme. Elle s'applique à tout phénomène régi par une équation de *diffusion* avec données *périodiques* en temps. Exemple bien connu : la stabilité de la température dans les couches profondes du sol, en dépit des fluctuations diurnes ou saisonnières à la surface, est due à l'existence d'une profondeur de pénétration thermique. (Inversement [PC], les fluctuations du profil de la température en fonction de la profondeur révèlent les changements de climat dans un passé d'autant plus lointain qu'on va mesurer plus bas.)

[2] Exceptionnellement, les champs de vecteurs sont en caractères gras dans ce chapitre.

de sorte que toute la situation électromagnétique est caractérisée par la connaissance du seul champ *scalaire* $h(t, x)$, comme on va le voir immédiatement. En effet, calculons[3] $\mathbf{j} = \mathrm{rot}\,\mathbf{h}$:

$$\mathrm{rot}\,\mathbf{h} = \{\partial_x,\ \partial_y,\ \partial_z\} \times \{0,\ h(t, x),\ 0\} = \{0,\ 0,\ \partial_x h(t, x)\},$$

donc $\mathbf{j} = \{0,\ 0,\ j(t, x)\}$ avec $j = \partial_x h$. De là on passe à $\mathbf{e} = \sigma^{-1}\,\mathbf{j}$, ce qui donne $\mathbf{e} = \{0,\ 0,\ e(t, x)\}$ avec $e = \sigma^{-1}\,j$, puis à $\mathrm{rot}\,\mathbf{e}$:

$$\mathrm{rot}\,\mathbf{e} = \{\partial_x,\ \partial_y,\ \partial_z\} \times \{0,\ 0,\ e(t, x)\} = \{0,\ -\,\partial_x e(t, x),\ 0\},$$

et ceci, d'après la loi de Faraday, est $-\,\partial_t \mathbf{b}$, donc $-\,\mu\,\partial_t \mathbf{h}$, d'où la relation

$$\mu\,\partial_t h - \partial_x e = 0,$$

qui est la forme particulière de la loi de Faraday dans cette situation. Éliminant e grâce à $e = \sigma^{-1}\,\partial_x h$, on obtient pour h l'équation

$$(1) \qquad \mu\,\partial_t h - \partial_x(\sigma^{-1}\,\partial_x h) = 0,$$

valable pour tout x de la région de l'espace où $\sigma > 0$ et pour tout t. Là où $\sigma = 0$, c'est-à-dire pour $x < 0$, on a $j = \sigma\,e = 0$, et donc $\partial_x h = 0$.

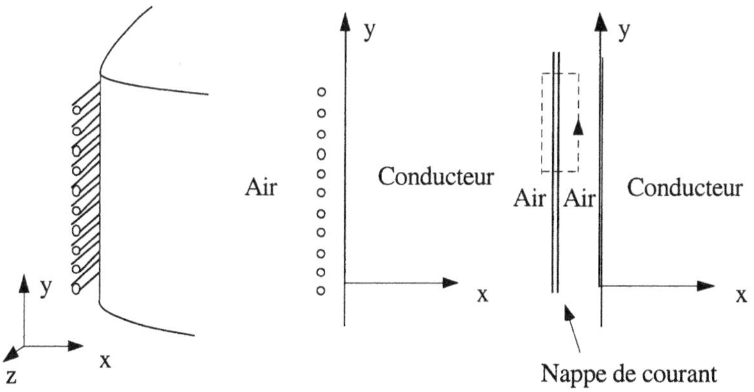

Figure 8.2. Étapes de la modélisation : on assimile l'inducteur à une nappe de courant et on suppose tous les phénomènes invariants par translation parallèle au plan des axes y et z.

Ainsi h est indépendant de x, et donc fonction du temps seulement, dans l'air. Mais l'air étant, dans cette situation monodimensionnelle, divisé en deux régions, on a a priori deux valeurs distinctes pour h selon que $x < -\,d$ et $x > -\,d$. Manifestement $h(t, x) = 0$ pour $x < -\,d$ (sinon h serait non nul à distance infinie, et donc l'énergie associée au champ serait infinie). D'autre part, une application facile du théorème

[3] On néglige les courants de déplacement $\varepsilon\,\partial_t \mathbf{e}$, pour les raisons données au Chap. 4.

d'Ampère (prendre la circulation de **h** le long du circuit indiqué en pointillé sur la Fig. 8.2) montre que le champ dans l'entrefer ($-d < x < 0$) est égal à l'intensité, par mètre de longueur, de la nappe de courant, c'est-à-dire $J \cos \omega t$. Cette valeur est aussi celle du champ à $x = 0$, par continuité de h. (En effet, h est la composante tangentielle de **h**, et elle est continue au passage de toute surface, en particulier au passage des interfaces matérielles[4].)

On vient donc de trouver une condition au bord pour l'équation aux dérivées partielles (1), considérée sur l'intervalle $x > 0$:

(2) $$h(t, 0) = J \cos \omega t.$$

Ceci, joint au fait que l'énergie du champ doit rester bornée, va suffire à déterminer h dans le conducteur, comme on va le voir.

Exercice 8.1. Démontrer directement l'unicité dans (1)(2).

Pour résoudre (1)(2), on va profiter du fait que, le système étant linéaire et le "signal d'entrée" (2) sinusoïdal, tous les "signaux de sortie" envisageables seront eux aussi sinusoïdaux. En particulier, on s'attend à ce que $h(x, t)$ le soit, et on peut dans ce cas, comme on l'a déjà fait à plusieurs reprises, représenter cette fonction sous la forme de la partie réelle d'une expression complexe :

(3) $$h(x, t) = \mathrm{Re}[\mathrm{H}(x) \exp(i\omega t)],$$

avec $\mathrm{H}(x) \in \mathbb{C}$.

Remarque 8.1. Attention, il ne s'agit pas d'affirmer d'avance que la solution de (1)(2) est de la forme (3). On va la *chercher* sous cette forme. *Si* on trouve une solution par ce procédé, ce sera elle, puisqu'il y a unicité dans (1)(2). ◊

Or, d'après (3), on a

$$\partial_t h(x, t) = \mathrm{Re}[i\omega\ \mathrm{H}(x) \exp(i\omega t)], \qquad \partial_x h(x, t) = \mathrm{Re}[\partial_x \mathrm{H}(x) \exp(i\omega t)],$$

d'où, portant dans (1) et (2),

$$\mathrm{Re}[(i\omega\ \mu\ \mathrm{H} - \partial_x(\sigma^{-1}\ \partial_x \mathrm{H})) \exp(i\omega t)] = 0,$$

$$\mathrm{Re}[\mathrm{H}(0) \exp(i\omega t)] = J \cos \omega t \equiv \mathrm{Re}[J \exp(i\omega t)].$$

Donc, si l'on trouve une solution H pour l'équation différentielle

(4) $$i\omega\ \mu\ \mathrm{H} - \partial_x(\sigma^{-1}\ \partial_x \mathrm{H}) = 0,$$

assortie de la condition à l'origine $\mathrm{H}(0) = J$ (et d'une condition à l'infini appropriée sur

[4] Admettre une discontinuité à $x = -d$ comme on l'a fait revient à négliger l'épaisseur de l'inducteur, mais c'est bien ce que "nappe de courant" veut dire.

laquelle on va revenir), la solution de (1)(2) cherchée sera

$$h(x, t) = \mathrm{Re}[\textsc{h}(x) \exp(i\omega t)].$$

Ce principe de passage en complexes est *général.* (Ce n'est pas autre chose que la transformation de Laplace utilisée dans les chapitres 1 et 2, avec $p = i\omega$.)

Supposons maintenant μ et σ indépendants de x. Alors (4) est une équation différentielle en x, *linéaire à coefficients constants*, et sans second membre dans ce cas précis. Selon la méthode générale pour résoudre ce type d'équations, cherchons une solution de la forme $\exp(rx)$, avec r complexe. L'équation caractéristique est $i\omega\sigma\mu = r^2$, d'où $r = \pm (i\omega\sigma\mu)^{1/2}$. Il est commode de poser

$$(5) \qquad \delta = (2/\omega\sigma\mu)^{1/2},$$

de sorte que $r = (1 + i)/\delta$, et la solution générale est $\textsc{h}(x) = \textsc{a} \exp(-(1 + i)x/\delta) + \textsc{b} \exp((1 + i)x/\delta)$, avec $\textsc{a}$ et $\textsc{b}$ complexes. Mais ici $\textsc{b} = 0$, sinon $\textsc{h}(x)$ deviendrait infini pour x grand et l'énergie magnétique dans le conducteur serait infinie. Comparant à la deuxième équation (4), on voit que $\textsc{a} = J$, d'où $\textsc{h}(x) = J \exp(-(1 + i)x/\delta)$. La solution cherchée est donc

$$(6) \qquad h(x, t) = \mathrm{Re}[J \exp(-(1 + i)x/\delta + i\omega t)] \equiv J\, e^{-x/\delta} \cos(\omega t - x/\delta),$$

forme qui montre bien les caractéristiques qualitatives de cette solution : signal sinusoïdal pour tout $x > 0$, *déphasé* par rapport au courant inducteur (retard de phase x/δ, proportionnel à la profondeur), d'amplitude $\exp(-x/\delta)$ (chute exponentielle en x). La Fig. 8.3 donne le profil instantané du champ magnétique en fonction de x.

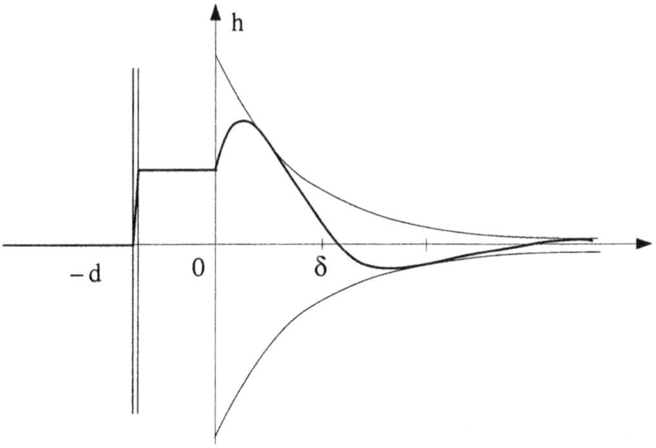

Figure 8.3. Le champ magnétique (6) à t fixé. L'enveloppe exponentielle représente l'amplitude du champ (lequel, à x fixé, est fonction sinusoïdale du temps), en fonction de x. (La taille de la deuxième arche du graphe de h est exagérée, pour plus de lisibilité.)

On constate au vu de (6) que les courants induits (tout comme le champ magnétique), ne sont notables que dans une couche de métal, sous la surface, dont l'épaisseur est de l'ordre de δ. Ceci justifie l'introduction du paramètre δ, qui a la dimension d'une *longueur :* on l'appelle *profondeur de pénétration,* une expression qu'il ne faut pas prendre au pied de la lettre (l'épaisseur chauffée est *de l'ordre de* δ, sans plus : au sens strict, la profondeur de "pénétration" du champ n'est pas limitée). Tout se passe comme si les courants induits s'opposaient à la pénétration du champ (c'est un aspect de la loi de Lenz), et de plus en plus efficacement avec la profondeur, ou encore, comme si la "peau" du métal était seule conductrice (d'où le nom de l'effet).

Maintenant, calculons la puissance Joule associée. La puissance instantanée est

$$p(x, t) = \sigma^{-1} |j(x, t)|^2 \equiv \sigma^{-1} |\partial_x h(x, t)|^2,$$

et nous sommes intéressés par la moyenne temporelle de cette expression :

$$p(x) = {}^{\omega}/_{2\pi} \int_0^{2\pi/\omega} p(x, t)\, dt,$$

qui est la puissance Joule moyenne. Or si une quantité u est donnée, comme fonction du temps, par $u(t) = \mathrm{Re}[\mathrm{U} \exp(i\omega t)]$, avec U complexe, son carré est

$$|u(t)|^2 = \mathrm{U}\mathrm{U}^*/2 + \mathrm{Re}[\mathrm{U}^2 \exp(2i\omega t)],$$

où $*$ représente la conjugaison complexe (**Exercice 8.2**). Donc

$$p(x, t) = \sigma^{-1} |\partial_x \mathrm{H}|^2/2 + \sigma^{-1} \mathrm{Re}[(\partial_x \mathrm{H})^2 \exp(2i\omega t)],$$

et puisque le second terme de $p(x, t)$, sinusoïdal, est de moyenne nulle, on a

(7) $$p(x) = \sigma^{-1} |\partial_x \mathrm{H}|^2/2 = \sigma^{-1} J^2/\delta^2 \exp(-2x/\delta).$$

Cette expression renseigne avec précision sur la *répartition* de la puissance Joule sous la surface du conducteur et nous apprend ce que signifiaient "petit" et "grand" dans le premier paragraphe de cette Section (p. 98) : la modélisation que l'on vient de faire est valable dans la mesure où l'épaisseur de la pièce chauffée est grande devant δ et l'entrefer petit devant la hauteur de la nappe (comptée dans le sens des y).

Quant à la puissance totale, on l'obtient en intégrant en x, d'où

$$P = \int_0^\infty p(x)\, dx = J^2/(2\sigma\delta).$$

Comme J est ici une intensité *de crête* (d'où le facteur 2), tout se passe comme si le courant inducteur voyait s'opposer à lui, par mètre carré de surface exposée, une résistance R égale à $1/(\sigma\delta)$, c'est-à-dire $R = (\omega\mu/2\sigma)^{1/2}$. La puissance *surfacique* injectée (c'est-à-dire la puissance rapportée au mètre carré de surface exposée) est alors $P = RJ^2/2$. Elle est proportionnelle à J^2 comme on s'y attendait, mais aussi, et c'est un renseignement intéressant, à la racine carrée de la fréquence. Noter que plus le matériau est magnétiquement perméable et résistif, plus il chauffe — à *intensité* égale, naturellement : la *tension* appliquée doit augmenter en conséquence.

Mais si l'on raisonne en *densité* de puissance injectée (dans la masse), les conclusions changent : P est répartie, selon une distribution donnée par (7), dans une épaisseur de l'ordre de δ, où la puissance volumique est donc de l'ordre de $J^2/\sigma\delta^2$. Si l'objectif est d'injecter de la chaleur dans la masse, on ajustera la fréquence pour obtenir un δ de l'ordre de grandeur de l'épaisseur de la pièce[5], et on réglera l'intensité en conséquence. Par contre, si l'on recherche un chauffage superficiel (pour la trempe, par exemple), on aura intérêt à choisir une fréquence élevée. Quoi qu'il en soit, le rôle joué par la constante δ dans *toutes* les formules obtenues jusqu'ici montre qu'il faut absolument acquérir le réflexe consistant à calculer la profondeur de pénétration, à l'aide de la formule (5), dès le début d'une modélisation.

La formule qu'on vient d'obtenir, $R = 1/\sigma\delta$, montre que du point de vue des pertes Joule, et donc de la résistance additionnelle due aux courants induits, tout se passe comme si ces derniers se répartissaient uniformément dans une épaisseur de métal égale à δ. Au lieu d'appeler δ "profondeur de pénétration", il serait donc plus correct de dire "épaisseur de peau équivalente", ou simplement "épaisseur de peau".

Aux coins de la pièce et près des bords du solénoïde, évidemment, l'approximation monodimensionnelle que l'on vient de faire ne convient plus. Mais ce n'est pas grave si l'on s'intéresse seulement à la puissance totale dissipée, et pas au détail de la répartition des courants induits : une bonne approximation de cette puissance consiste à simplement multiplier P ci-dessus par la surface exposée de la pièce, c'est-à-dire celle qui se trouve directement en regard du solénoïde.

8.3 Effet de peau dans une plaque

Tant que δ est petit devant les trois côtés du parallélépipède de la Fig. 8.1, tout va bien dans ce qui précède. Mais que se passe-t-il si l'une des dimensions est du même ordre que δ (donc, si l'on a affaire à une *plaque* conductrice) ?

La modélisation précédente reste valable pour l'essentiel : la représentation du champ sous la forme (3) et l'équation (4). Il faut faire quelques ajustement mineurs : placer l'origine des x dans le plan médian de la plaque, pour profiter de la symétrie, et exprimer celle-ci quant au champ h (et donc quant à H). C'est simple : puisque les courants inducteurs sont en sens opposés, il en ira de même des courants induits dans les deux demi-plaques[6], donc la fonction densité de courant $j(t, x)$ sera *impaire* en x. De ce fait, la fonction $h(x, t)$, dont elle dérive, doit être *paire*, et donc aussi $\mathrm{H}(x)$. La condition $\mathrm{H}(0) = J$ étant devenue ici, du fait du changement d'origine, $\mathrm{H}(-c) = J$, où c

---

[5] Bien entendu, le calcul fait n'est plus valable dans ce cas (et on va y revenir), mais les conclusions *qualitatives* qu'on a pu en tirer le restent.

[6] C'est une application du "principe de Curie" : la symétrie des causes se retrouve dans celle des effets.

est la demi-épaisseur de la plaque (Fig. 8.4), on aura donc, par parité de H,

(8) $$\mathrm{H}(c) = J,$$

et il s'agit maintenant de trouver une fonction paire vérifiant (4)(8).

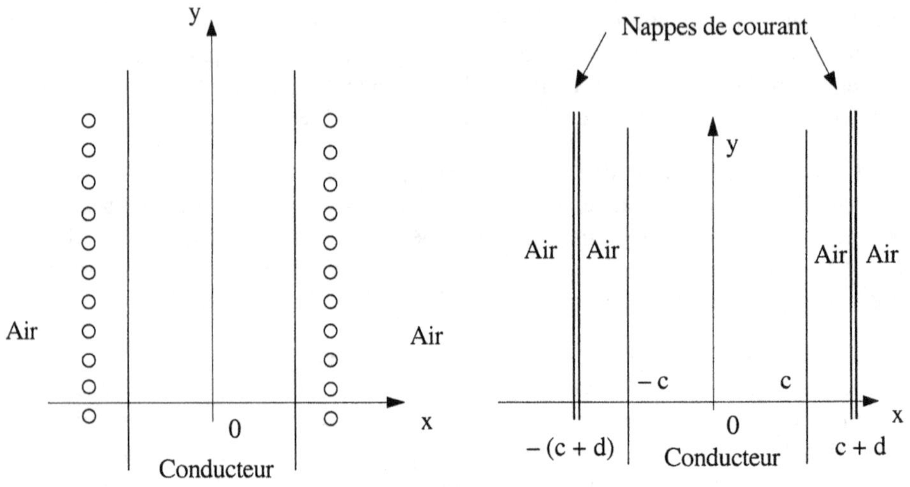

Figure 8.4. Étapes de la modélisation dans le cas d'une *plaque* conductrice : on assimile l'inducteur à deux nappes de courant parallèles, placées de part et d'autre, où les courants circulent en sens opposés. On suppose toujours l'invariance par translation parallèle au plan des axes y et z.

La solution saute aux yeux :

(9) $$\mathrm{H}(x) = J\, \mathrm{ch}((1+i)x/\delta)/\mathrm{ch}((1+i)c/\delta),$$

d'où $h(x, t) = \mathrm{Re}[\mathrm{H}(x) \exp(i\omega t)]$, etc. (Fig. 8.5). Suivent le calcul de $p(x, t)$, de $p(x)$ et de P, comme ci-dessus : c'est sur la base de ce calcul (**Exercice 8.3**) que sont établies les formules et dressés les tableaux, abaques, etc., qu'on trouve dans les manuels d'électrotechnique.

Ici, nous ne sommes intéressés qu'au qualitatif, et de ce point de vue il y a deux cas à étudier : c grand devant δ, qui ramène au cas précédent, et c petit. Si c est petit, on a, au premier ordre en c/δ,

$$\mathrm{H}(x) \sim J(1 - i\,(c^2 - x^2)/\delta^2), \qquad \partial_x \mathrm{H}(x) \sim 2i\, Jx/\delta^2,$$

etc. On voit que la résistance due à la plaque est *très faible :* il est très difficile de chauffer des feuilles minces[7] par le procédé de la Fig. 8.1 !

---

[7] Sauf à augmenter la fréquence jusqu'à obtenir $\delta < c$, mais cela pose d'autres problèmes.

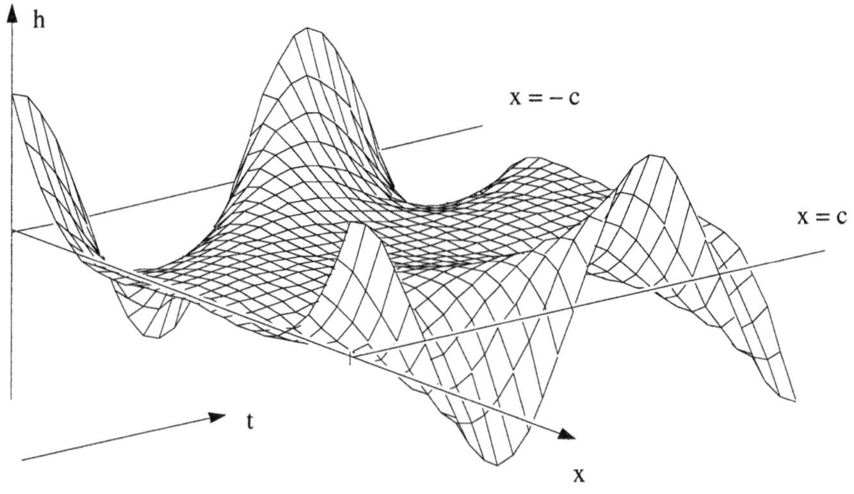

Figure 8.5. Champ h(x, t) dans une plaque d'épaisseur 2c, avec $\delta/c = 0{,}25$. L'"effet de peau" est évident : le champ, ainsi que sa dérivée en x (qui est la densité de courant) restent pratiquement nuls au cœur de la plaque.

Si l'on pouvait forcer les courants dans les deux nappes à être de même sens (densité de courant j *paire* en x, cette fois), la situation serait tout autre. Or c'est possible en compliquant un peu la structure de l'inducteur (**Exercice 8.4:** comment feriez-vous ?). Dans ce cas, la solution est

$$\text{H}(x) = J \,\text{sh}((1 + i)x/\delta)/\text{sh}((1 + i)c/\delta),$$

et toujours dans l'approximation des "feuilles minces" (ce qui veut dire, donc, c/δ petit), on a

$$\text{H}(x) \sim J\, x/c, \quad \partial_x \text{H}(x) \sim J/c.$$

Donc, à cet ordre d'approximation, le courant induit dans la plaque est égal au courant inducteur total (donc à 2J par unité de longueur selon y), et il se répartit *uniformément* (d'où, immédiatement, la puissance, elle aussi uniformément répartie) : tout se passe comme si on faisait du chauffage par courant *direct*, et non induit. Les inducteurs du type "grille-pain" (Fig. 8.6), ou plus généralement ceux dits "à flux transverse" permettent de se rapprocher de cette situation idéale.

Remarque 8.2. Dans le modèle unidimensionnel ci-dessus, les courants vont se refermer à l'infini en y. Mais ce modèle ne vaut que localement, à petite échelle. En réalité, les nappes de courant induit se referment à distance finie (grande devant δ et c), leur trajet dépendant de la situation d'ensemble. ◊

En combinant les deux solutions paire et impaire (**Exercice 8.5**), on accède au cas où les champs à gauche et à droite seraient différents (en module et/ou en direction), ce qui est utile dans certaines modélisations. En particulier, lorsque le conducteur est fait de plusieurs couches de conductivités différentes, on peut mener le calcul "à la main" jusqu'au bout en prenant pour paramètres les valeurs du champ H aux interfaces et en ajustant ces paramètres de manière à assurer la continuité du champ électrique, soit $\sigma^{-1}\,\partial_x \mathrm{H}$, aux interfaces.

(a)

(b)

(c)

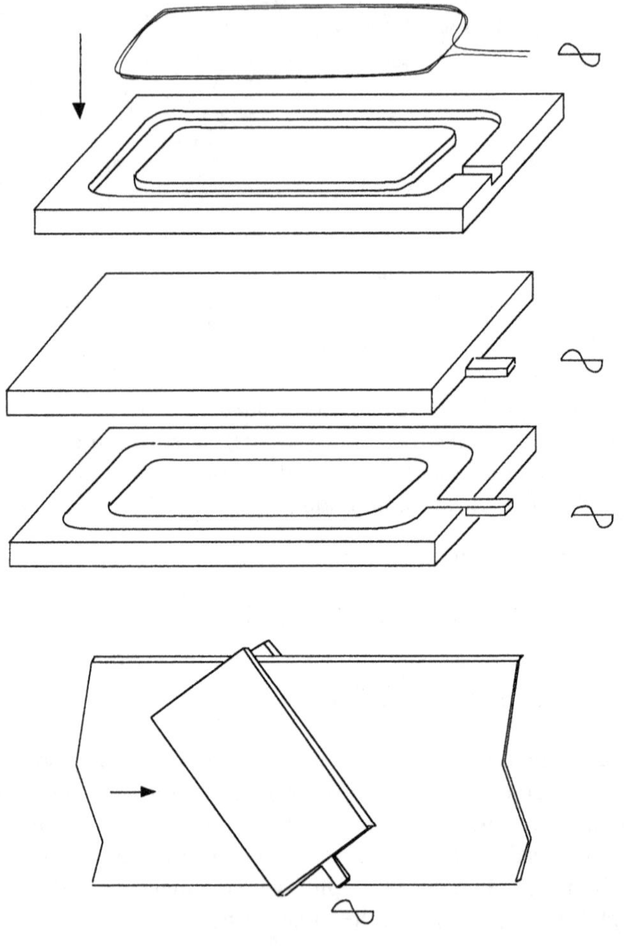

Figure 8.6. Chauffage de tôles au défilé avec inducteurs plats et courants parallèles de même sens (cf. ci-dessus, solution en sh). En (a), construction d'un demi-inducteur. En (b), l'inducteur complet. En (c), passage de la tôle entre les deux demi-inducteurs.

8.4 Effet de peau dans un conducteur cylindrique

Enfin, tous les calculs précédents peuvent se transposer aux situations axisymétriques (Fig. 8.7). L'analogue des exponentielles, dans ce cas, ce sont les solutions élémentaires d'une équation un peu différente de (1) — car la courbure intervient : les *fonctions de Bessel.* Les cos, sin, ch et sh ont aussi leurs homologues, appelées fonctions de Kelvin (les ker, ber et autres redoutables bei, etc.). Savoir tout cela est de peu d'intérêt aujourd'hui, car ou bien on fait dans le qualitatif et on peut négliger la courbure, ou bien on recourt au calcul numérique (plutôt qu'à des tables de fonctions spéciales [AS]). Voici tout de même l'essentiel.

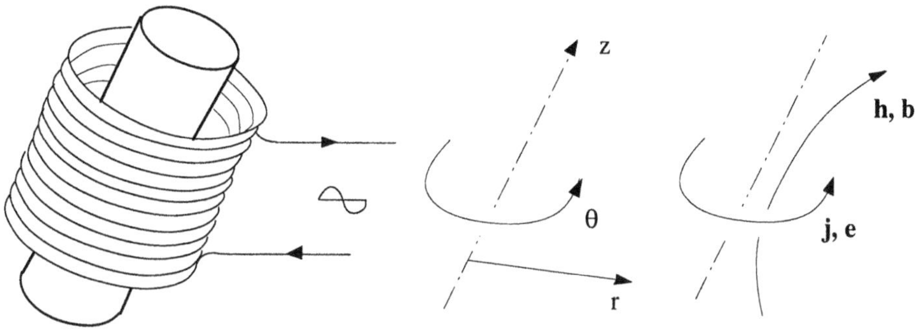

Figure 8.7. Situation axisymétrique, avec "courants transverses". (Faire cette hypothèse revient à négliger la faible composante axiale du courant due à l'hélicité de l'enroulement.)

Dans la situation de la Fig. 8.7, il est naturel de passer en coordonnées cylindriques $\{r, \theta, z\}$ et de représenter le champ **h**, invariant par rotation et de composante azimuthale nulle, par ses composantes h_r et h_z, fonctions de t, r et z seulement. La densité de courant **j**, azimuthale, se représente par le champ scalaire j(t, r, z), et une application simple du Th. de Stokes (Fig. 8.8, a) montre que la relation $\mathbf{j} = \text{rot}\,\mathbf{h}$ se traduit ici par $j = \partial_z h_r - \partial_r h_z$. Quant à la loi de Faraday, elle s'écrit, toujours grâce au Th. de Stokes (Fig. 8.8, b et c), $\mu\, \partial_t h_z + r^{-1}\, \partial_r(r\, e) = 0$ et $\mu\, \partial_t h_r = \partial_z e$, où e(t, r, z) est la composante azimuthale de **e**, qui est aligné avec **j** à l'intérieur du conducteur, d'après la loi d'Ohm. Si l'on suppose de plus pièce et solénoïde très longs, la dépendance en z disparaît, et h_r est nul, de sorte que les équations précédentes se simplifient en $j = -\,\partial_r h_z$ et $\mu\, \partial_t h_z + r^{-1}\, \partial_r (r\, e) = 0$, d'où, éliminant e et notant désormais h pour h_z, l'équation suivante, qu'il convient de comparer avec (1) :

$$\mu\, \partial_t h - r^{-1}\, \partial_r (\sigma^{-1}\, r\, \partial_r h) = 0.$$

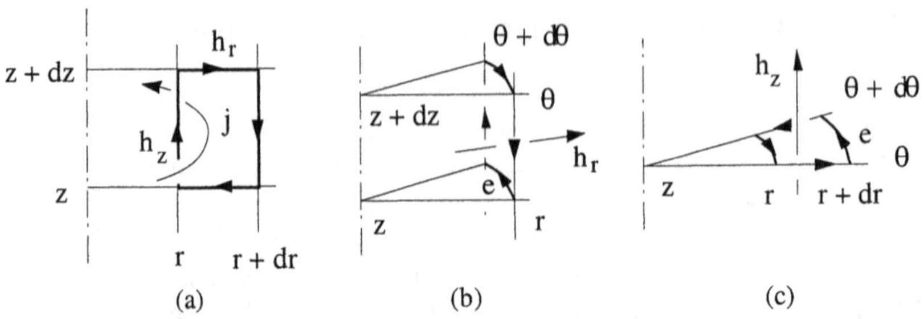

Figure 8.8. Contours d'intégration pour l'application de la formule de Stokes.

Passant en complexes comme en (3), on a donc

(10) $$i\omega\mu\, \mathrm{H} - r^{-1}\,\partial_r(\sigma^{-1}\, r\, \partial_r \mathrm{H}) = 0, \quad 0 < r < c,$$

(où c est cette fois le rayon du cylindre conducteur), à comparer avec (4), plus la condition à la limite $\mathrm{H}(c) = J$, d'après le Th. d'Ampère. Pour $r = 0$, on n'a pas de condition à la limite à proprement parler ($r = 0$ est un point de singularité de l'équation, qui peut avoir des solutions singulières en ce même point, mais il est clair d'un point de vue de physicien que seules les solutions régulières nous intéressent).

Comme plus haut, traitons le cas où μ et σ sont indépendants de r, de sorte que (10) s'écrit, plus simplement, $2i\delta^{-2}\,\mathrm{H} - r^{-1}\,\partial_r(r\,\partial_r \mathrm{H}) = 0$. Un simple changement de variable et de fonction inconnue transforme ceci en une équation classique. Posons en effet $\zeta = (-1 + i)r/\delta$, avec le même δ qu'en (5), et soit F (de type $\mathbb{C} \to \mathbb{C}$) la fonction définie par $\mathrm{F}(\zeta) = \mathrm{H}(r)$. On a alors

(11) $$\zeta^2 \mathrm{F} + \zeta\, \partial_\zeta \mathrm{F} + \zeta^2 \partial_{\zeta\zeta} \mathrm{F} = 0,$$

cas particulier (pour $\nu = 0$) de *l'équation de Bessel,*

(12) $$\zeta^2 \mathrm{F} + \zeta\, \partial_\zeta \mathrm{F} + (\zeta^2 - \nu^2)\partial_{\zeta\zeta} \mathrm{F} = 0,$$

où ν est un paramètre complexe. Les solutions de (12) forment la grande famille des *fonctions de Bessel*, dont le chef de file est J_0, la solution de (11) qui satisfait $J_0(0) = 1$. On note J_1 la fonction $-\partial_\zeta J_0$. (Elle est solution de (12) pour $\nu = 1$ et vérifie $J_1(0) = 0$.) La solution de (10) est donc :

(13) $$\mathrm{H}(r) = J\, J_0\Big(\frac{-1+i}{\delta}\, r\Big)/J_0\Big(\frac{-1+i}{\delta}\, c\Big),$$

d'où, en dérivant par rapport à r, les expressions de J et de E, à l'aide de la fonction J_1. Il est commode, pour se débarrasser du facteur $-1 + i$ et n'avoir affaire qu'à des fonctions réelles, d'introduire les *fonctions de Kelvin :*

$$\mathrm{be}(r) \equiv \mathrm{ber}(r) + i\, \mathrm{bei}(r) = J_0\Big(\frac{-1+i}{\sqrt{2}}\, r\Big),$$

d'où $\mathrm{H}(r) = J\, \mathrm{be}(r\sqrt{2}/\delta)/\mathrm{be}(c\sqrt{2}/\delta)$.

Mais comme on l'a dit plus haut, l'intérêt de ces manipulations est limité. D'une part, si l'on a en vue des résultats numériques, la traduction de (13) en un programme utilisable sur un ordinateur de bureau est immédiate. Par exemple, en MATLAB™ [M], on obtient en quelques secondes un graphe analogue[8] à la partie $x \geq 0$ de celui de la Fig. 8.5, en codant

```
c = 1.; delta = 0.25;
x = 0 : 1./12. : c; angle = 0. : 18. : 540.;
ph = exp(i*pi*angle/180.);
h = bessel(0, (-1+i)*x/delta)/bessel(0, (-1+i)/delta);
z= real(h'*ph); mesh(z)
```

(En MATLAB, `bessel(nu, x)` désigne $J_\nu(x)$. On aurait donc la densité de courant en codant `bessel(1, ...)`, etc.)

Exercice 8.6. Coder en MATLAB la production de la partie gauche de la Fig. 8.9, puis essayer d'obtenir un meilleur graphisme. (S'armer de patience, et adresser les plaintes concernant l'implémentation à qui de droit.)

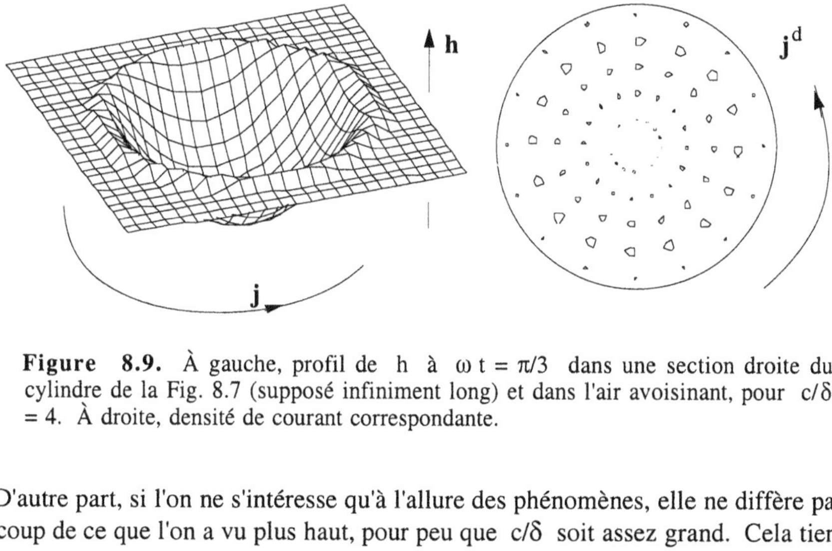

Figure 8.9. À gauche, profil de h à $\omega t = \pi/3$ dans une section droite du cylindre de la Fig. 8.7 (supposé infiniment long) et dans l'air avoisinant, pour $c/\delta = 4$. À droite, densité de courant correspondante.

D'autre part, si l'on ne s'intéresse qu'à l'allure des phénomènes, elle ne diffère pas beaucoup de ce que l'on a vu plus haut, pour peu que c/δ soit assez grand. Cela tient au comportement à l'infini de la fonction J_0 (cf. p. ex. [EDM], p. 156) : pour ζ assez grand et $-\pi < \arg(\zeta) < \pi$, on a $J_0(\zeta) \sim (2/\pi\zeta)^{1/2} \cos(\zeta - \pi/4)$ (premier terme d'un développement asymptotique), d'où, si l'on pose $x = c - r$ et $\underline{\mathrm{H}}(x) = \mathrm{H}(r)$ (**Exercice 8.7**), l'approximation $\underline{\mathrm{H}}(x) \sim J \exp(-(1 + i)x/\delta)$, même expression que plus haut, § 8.2 (une ligne avant (6)).

[8] et si semblable, en fait, qu'il n'y a pas lieu de le reproduire : pour $\delta/c = 0{,}25$, la courbure n'influence guère les aspects qualitatifs de l'effet de peau.

Références

Pour un exposé classique sur l'effet de peau, cf. p. ex. [Sl]. Sur les fonctions de Bessel, voir [An], ou [DK], Chap. 4, ou [St], pp. 281-5. Ces ouvrages consacrent chacun quelques pages à l'effet de peau, entre autres applications. La théorie "classique" des fonctions de Bessel (héritée du 19e siècle), se trouve dans [Pe, NO, Wa]. Le point de vue moderne, qui fait appel à la théorie de la représentation des groupes, est exprimé dans [Ww].

[M] **MATLAB User's Guide,** The MathWorks, Inc. (Natick, MA 01760, États-Unis), 1991.

[AS] M. Abramowitz, I.A. Stegun: **Handbook of mathematical functions,** Dover (New York), 1972.

[An] A. Angot: **Compléments de mathématiques** à l'usage des ingénieurs de l'électrotechnique et des télécommunications, Masson (Paris), 1972.

[DK] M. Decuyper, J. Kuntzmann: **Modèles mathématiques de la physique,** Dunod (Paris), 1972.

[EDM] S. Iyanaga, Y. Kawada (eds.): **Encyclopedic Dictionary of Mathematics,** The MIT Press (Cambridge, Ma.), 1980.

[NO] A. Nikiforov, V. Ouvarov: **Éléments de la théorie des fonctions spéciales,** Mir (Moscou), 1976.

[Pe] G. Petiau: **La théorie des fonctions de Bessel,** CNRS (Paris), 1955.

[PC] H.N. Pollack, D.S. Chapman: "Underground Records of Changing Climates", **Scientific American** (Juin 1993), pp. 16-22.

[Sl] R.L. Stoll: **The analysis of eddy currents,** Clarendon Press (Oxford), 1974.

[St] G. Strang: **Introduction to Applied Mathematics,** Wellesley-Cambridge Press (Wellesley, Ma, USA), 1986.

[Wa] G.N. Watson: **A treatise on the theory of Bessel functions,** Cambridge U.P. (Cambridge), 1980 (1e édition, 1922).

[Ww] A. Wawrzynczyk: **Group Representations and Special Functions,** D. Reidel (Dordrecht), 1984 (1e édition, Varsovie, 1978).

9 Géométrie des équations de Maxwell

Dans plusieurs des chapitres précédents, on a pu constater l'adéquation des éléments de Whitney à la résolution numérique des problèmes d'électromagnétisme. Le moment est venu d'en fournir l'explication, et elle est simple : c'est dans le langage des formes différentielles que les équations de Maxwell s'expriment le plus naturellement, et les éléments de Whitney sont aux formes différentielles ce que les éléments finis ordinaires sont aux fonctions.

Le développement de ce point de vue demande naturellement quelques connaissances en géométrie différentielle. Le lecteur peut procéder de deux façons. La plus longue, et la plus utile à long terme, consiste à étudier le sujet pour son propre compte en s'aidant éventuellement de l'aide-mémoire que constitue l'Annexe 9. Mais on peut se contenter, pour une approche plus rapide, de lire le présent chapitre en se reportant au besoin à l'Annexe 9 pour le sens précis des mots marqués « † ». Le lecteur a probablement déjà au moins une idée intuitive du sens de ces mots et constatera sans doute que c'est suffisant.

Dans tout ce chapitre, la variété† sous-jacente est E_3, avec sa métrique† (produit scalaire « $\cdot$ ») et son orientation†, fixées une fois pour toutes. C'est le cadre géométrique usuel pour l'expression des lois physiques. Mathématiquement, cette structure est très riche (une variété riemannienne, orientée, qui est aussi un espace affine, sur lequel agit le groupe des déplacements, etc.), peut-être inutilement riche parfois, et ce n'est pas parce que toute la physique classique est traditionnellement présentée dans ce cadre qu'il faut l'accepter en bloc comme une réalité physique objective. Ce n'est qu'un outil de modélisation : selon les phénomènes représentés, on aura besoin ou non de certains éléments de cette structure. Par exemple, on va voir que pour les équations de Maxwell proprement dites, à savoir $-\partial_t d + \text{rot}\, h = j$ et $\partial_t b + \text{rot}\, e = 0$, seule la structure de variété différentiable est mise en jeu (en dépit des apparences), alors que la métrique de l'espace intervient de façon essentielle, au contraire, dans l'expression des lois de comportement $d = \varepsilon e$ et $b = \mu h$.

9.1 Formes différentielles dans E_3

Soit $u = x \to u(x)$ un champ de vecteurs dans l'espace euclidien affine à trois dimensions E_3. Il lui correspond une forme différentielle† de degré 1, que l'on va noter ${}^1u$, ainsi définie:

(1) $${}^1u = x \to (v \in E_3 \to u(x) \cdot v).$$

Autrement dit : en chaque point x, le vecteur $u(x)$ donne naissance à un covecteur† ${}^1u(x)$, qui est l'application linéaire $v \to u(x) \cdot v$, et le champ de ces covecteurs constitue par définition la 1-forme ${}^1u$. Réciproquement, si un covecteur en x est donné, soit ω_x, il existe un vecteur en x unique u_x tel que $u_x \cdot v = \omega_x(v)$ pour tout v de V_3. Donc à toute 1-forme ω correspond un champ de vecteurs u. (Remarquer que tout ceci est indépendant de la dimension.)

Puisque les deux notions, champ et 1-forme, sont donc équivalentes dans ce cas, l'une peut être conçue comme "déguisement", ou représentation, de l'autre. Laquelle ? Malgré ce que la notation peut suggérer, c'est ${}^1u$ qui est l'original et u la représentation.

En effet, un covecteur, élément du dual de l'espace vectoriel tangent† (isomorphe ici à V_3), n'a pas besoin de métrique pour exister. Une fois introduite une métrique sur A_3 (qui devient ainsi espace *euclidien* affine), le covecteur se représente par un vecteur, mais c'est là un phénomène analogue à la représentation d'un vecteur par trois composantes une fois introduite une base : le vecteur est un objet en soi, il préexiste à la base, et grâce à celle-ci se représente à l'aide d'objets plus simples, les composantes. De même, le covecteur existe en tant qu'objet géométrique avant l'introduction d'une métrique, et se représente par un vecteur grâce à celle-ci.

L'analogie va plus loin : si l'on change de base, on change les trois composantes, mais on a toujours affaire au même vecteur. De même, si l'on change de produit scalaire, on aura, disons, $\omega_x(v) = u_x \cdot v = u'_x \bullet v$, où « • » est l'autre produit scalaire : même (champ de) covecteur(s), mais représenté, selon la métrique, par des (champs de) vecteurs différents.

Cette remarque simple mène loin, car la physique abonde en vecteurs et champs de vecteurs. Lesquels sont "authentiques" et lesquels des déguisements d'objets géométriques plus fondamentaux ? La question est à examiner cas par cas. Lorsqu'on a affaire à des champs de vitesses, comme en mécanique des fluides, il n'y a guère de doute sur leur caractère vectoriel "pur", car c'est la notion de vecteur-vitesse sur une trajectoire† qui sert à la définition du concept de vecteur† abstrait. A contrario, le cas du "vecteur"-force f (celui attaché à une particule pesante dans le champ de gravitation terrestre, par exemple) est tout aussi clair : il ne sert qu'à exprimer, par l'intermédiaire du produit scalaire $f \cdot \delta v$, le travail virtuel δW impliqué par un déplacement virtuel δv, donc ce qui est pertinent est l'*application* linéaire $\delta v \to \delta W \equiv f \cdot \delta v$ elle-même, c'est-à-dire un covecteur, et non pas le vecteur f que l'introduction d'une métrique (manifestement sans rapport avec la physique en jeu) permet de lui associer.

Dans la section suivante, nous ferons la chasse aux "faux vecteurs", sur ce modèle. Pour le moment, passons en revue les déguisements possibles d'objets géométriques en champs vectoriels ou scalaires (dits "proxy fields" en anglais).

Toujours sur la base d'un vecteur en x, soit u_x, on peut construire un 2-covecteur, à savoir

$$\omega_x = \{v_1, v_2\} \in E_3 \times E_3 \to u_x \cdot (v_1 \times v_2).$$

(Effectivement, l'application est bilinéaire et $\omega_x(v_2, v_1) = -\omega_x(v_1, v_2)$.) Donc au champ u correspond la 2-forme

(2) $$^2u = x \to (\{v_1, v_2\} \to u_x \cdot v_1 \times v_2).$$

Puisque d'après (1) et (2) le même champ u peut "jouer le rôle" d'une 1-forme ou d'une 2-forme, nous aurons à nous demander, pour chacun des champs de vecteurs e, h, etc., quel rôle il joue en fait.

Remarque 9.1. Contrairement au cas p = 1, l'orientation† intervient lorsque p = 2, puisque le produit vectoriel en dépend : à métrique inchangée, $v_1 \times v_2$ change de signe si l'on change de classe d'orientation. Pour pouvoir fabriquer ^2u à partir de u, il faut donc un produit scalaire *et* une orientation. Toutefois, si l'on n'a que le produit scalaire, on peut toujours fabriquer une 2-forme *tordue*†*:* on choisit arbitrairement une orientation[1] Ω, d'où une 2-forme ^2u par (2) (le produit vectoriel est défini sans ambiguïté par le fait que $\{v_1, v_2, v_1 \times v_2\}$ doit être un repère direct par rapport à Ω), et la 2-forme tordue, soit $^2\tilde{u}$, est par définition la classe formée par les deux couples $\{^2u, \Omega\}$ et $\{-^2u, -\Omega\}$. (Bien voir qu'on aurait obtenu la même classe, donc la même forme tordue, en partant de $-\Omega$.) La situation semble plus compliquée que lorsque p = 1, mais ce n'est qu'une apparence, car on peut aussi bien associer une 1-forme *tordue* à u si une orientation est donnée : c'est la 1-forme tordue $^1\tilde{u}$ représentée par le couple $\{^1u, \Omega\}$. ◊

Ainsi, pas moins de *quatre* objets géométriques différents peuvent se cacher "sous le masque" d'un même champ de vecteurs. Il en va de même des fonctions, comme on va le voir.

Soit $q \in E_3 \to \mathbb{R}$ une fonction régulière. Si une orientation Ω est donnée, on peut associer à q(x) un 3-covecteur en x,

$$^3q(x) = \{v_1, v_2, v_3\} \to q(x) \det(v_1, v_2, v_3),$$

où det est le déterminant dans une base orthogonale quelconque, pourvu qu'elle soit *directe* par rapport à Ω (c'est ainsi que l'orientation intervient). D'où la 3-forme

---

[1] Une orientation sur E_3 est une *classe* de 3-covecteurs de même signe, et se représente par l'un d'entre eux, ici Ω. On désigne donc ici une classe d'objets par le nom de l'un de ses représentants, ce qui est conforme à l'usage.

$$ {}^3q = x \to (\{v_1, v_2, v_3\} \to q(x) \det(v_1, v_2, v_3)). $$

Maintenant, tout comme à la Remarque 9.1, si l'orientation n'est pas donnée, on peut tout de même associer à q une 3-forme tordue : choisir arbitrairement Ω, puis poser ${}^3\tilde{q} = \{{}^3q, \Omega\}$.

Une fonction peut être vue comme une 0-forme : un 0-covecteur, si l'on prend sa définition au pied de la lettre, est une application qui à un ensemble vide de vecteurs associe un nombre, donc le réel $q(x)$ peut être conçu comme le 0-covecteur $\{\} \to q(x)$, et la fonction q comme la 0-forme

$$ {}^0q = x \to (\{\} \to q(x)). $$

Reste la 0-forme tordue $\{{}^0q, \Omega\}$ si une orientation Ω est donnée. Une 0-forme tordue est donc un couple <fonction, orientation>, type d'objet qui s'appelle *fonction tordue*.

Donc toutes les formes différentielles de E_3, tordues ou non, pour tous les degrés p de 0 à 3, se représentent par des fonctions ou des champs de vecteurs, associés le cas échéant à un choix d'orientation. Ce phénomène ne se produit que si tous les degrés p vérifent $p \leq 1$ ou $p \geq n - 1$, et donc seulement en dimension 3 ou moins. (**Exercice 9.1 :** étudier toutes les formes différentielles de E_2, sur le modèle ci-dessus.) Il faut donc s'attendre à ce que toutes les opérations sur les formes définies en toute généralité à l'Annexe 9 (produit intérieur et extérieur, opérateur d, opérateur de Hodge, dérivée de Lie) aient un équivalent "classique". Effectivement, on verra sans peine, en revenant aux définitions de l'Annexe 9, que

$$ {}^0q \wedge {}^1u = x \to (v \to q(x)\, u(x) \cdot v) \equiv {}^1(qu), $$

$$ {}^1u \wedge {}^1v = -\, {}^1v \wedge {}^1u = {}^2(u \times v), \quad {}^1u \wedge {}^2v = {}^2v \wedge {}^1u = {}^3(u \cdot v), $$

$$ i_v\, {}^1u = x \to u(x) \cdot v(x) \equiv {}^0(u \cdot v), \quad i_v\, {}^2u = {}^1(u \times v), $$

$$ i_u\, {}^3q = x \to (\{v_1, v_2\} \to q(x) \det(u(x), v_1, v_2)) \equiv {}^2(qu). $$

Exercice 9.2. Montrer que la propriété ${}^2(u \times v) = {}^1u \wedge {}^1v$ peut être utilisée, une fois données une métrique et une orientation, pour *définir* le produit vectoriel. Montrer que deux formes sur trois, dans cette formule, sont de même nature (tordues ou ordinaires).

L'opérateur de Hodge[†] est lui aussi très simple dans E_3 : par définition,

$$ * \, {}^0q = {}^3q, \quad * \, {}^3q = {}^0q, \quad * \, {}^1u = {}^2u, \quad * \, {}^2u = {}^1u, \tag{3} $$

(Le fait qu'il n'y ait aucun changement de signe est propre à la dimension 3 — faire l'exercice en dimension 2.) Noter que, contrairement aux opérations précédentes, il n'y a ici aucun "déguisement" : l'opérateur de Hodge *suppose* une métrique.

Exercice 9.3. Vérifier (3), en prenant pour définition de $*$ celle de l'Annexe 9. ◊

Soit $\mathcal{F}^p$ l'espace vectoriel des p-formes. À l'Annexe 9, on définit la norme L^2 d'une forme ω comme la racine carrée de l'intégrale $\int_X \omega \wedge * \omega$. Si $\omega = {}^p u$, on a $\int_{E_3} \omega \wedge * \omega = \int_{E_3} u \cdot u$ lorsque $p = 1$ ou 2 et $\int_{E_3} \omega \wedge * \omega = \int_{E_3} |u|^2$ lorsque $p = 0$ ou 3, et donc $\|\omega\| = \|u\|$ dans tous les cas. Noter au passage que $*$ est une *isométrie* entre les espaces de Hilbert F^p et F^{n-p}, complétés de $\mathcal{F}^p$ et $\mathcal{F}^{n-p}$ par rapport à la norme L^2.

Le cas de l'opérateur d (la *dérivée extérieure*†) est plus long à traiter. En faisant le calcul dans un système de coordonnées cartésiennes, on s'assurera (**Exercice 9.4**) que

$$d({}^0\varphi) = {}^1(\text{grad}\ \varphi),\quad d({}^1h) = {}^2(\text{rot}\ h),\quad d({}^2j) = {}^3(\text{div}\ j),$$

formules que l'on peut prendre pour *définition* de d. Les expressions correspondantes du théorème de Stokes sont bien connues : ce sont, pour successivement un arc orienté γ, une surface à bord S, et un domaine D,

$$\int_\gamma \tau \cdot \text{grad}\ \varphi = \varphi(\gamma(1)) - \varphi(\gamma(0)) \quad [\text{alias}^2 \int_\gamma d({}^0\varphi) = \int_{\partial\gamma} {}^0\varphi],$$

$$\int_S n \cdot \text{rot}\ h = \int_{\partial S} \tau \cdot h \quad [\text{alias} \int_S d({}^1h) = \int_{\partial S} {}^1h],$$

$$\int_D \text{div}\ j = \int_{\partial D} n \cdot j \quad [\text{alias} \int_D d({}^2j) = \int_{\partial D} {}^2j].$$

On voit ici concrètement le rôle *unificateur* que joue la théorie des formes différentielles par rapport au calcul différentiel classique. (**Exercice 9.5 :** vérifier avec soin les relations ci-dessus, en prenant garde aux questions d'orientation.)

Parmi ces simplifications, il y a la traduction des relations classiques $\text{rot}(\text{grad}\ \varphi) = 0$, $\text{div}(\text{rot}\ h) = 0$ sous la forme unique $d \circ d = 0$, ou $d^2 = 0$. À l'aide des notions introduites au Chap. 3, nous pouvons dessiner le schéma ci-dessous :

$$(4) \qquad \{0\} \xrightarrow{i} L^2_{\text{grad}}(E_3) \xrightarrow{\text{grad}} \mathbb{L}^2_{\text{rot}}(E_3) \xrightarrow{\text{rot}} \mathbb{L}^2_{\text{div}}(E_3) \xrightarrow{\text{div}} L^2(E_3) \xrightarrow{s} \{0\}$$

(i et s sont l'injection et la surjection canoniques), et y reconnaître un cas particulier du suivant, pour une variété X de dimension n :

$$(5) \qquad \{0\} \xrightarrow{i} F^0_d(X) \xrightarrow{d} F^1_d(X) \xrightarrow{d} \dots \xrightarrow{d} F^n_d(X) \xrightarrow{d} \{0\},$$

où $F^p_d(X)$ est l'espace vectoriel des formes de degré p qui sont de carré sommable ainsi que leur différentielle extérieure. Le premier schéma est celui d'une *suite exacte* (Chap. 3) : non seulement l'image de $L^2_{\text{grad}}(E_3)$ dans $\mathbb{L}^2_{\text{rot}}(E_3)$ par l'opérateur grad

---

[2] Voir au Chap. 2 la définition de l'intégrale $\int_\gamma \tau \cdot u$, ou circulation de u. L'autre intégrale, $\int_S n \cdot u$, est le flux de u à travers S, dans le sens de la normale n, et ∂S est orienté selon la règle d'Ampère.

est dans le noyau de l'opérateur rot, mais elle le remplit exactement. De même pour ker(div), égal à $\mathrm{rot}(\mathbb{L}^2_{\mathrm{rot}}(E_3))$. (Du côté gauche, le noyau de grad est la fonction 0 — pas d'autre constante dans $\mathbb{L}^2(E_3)$ — qui est bien l'image de l'espace {0} par l'injection canonique. Du côté droit, toute fonction L^2 à support borné est la divergence de quelque champ $\mathbb{L}^2$, et donc l'image de $\mathbb{L}^2_{\mathrm{div}}(E_3)$ par div est dense dans $L^2(E_3)$, qui est lui-même le noyau de la surjection s.) La suite (5), en général, n'est pas exacte, pas plus que ne l'est la suite (4) lorsqu'on remplace E_3 par un domaine D non contractile (cf. Chap. 3). L'étude de ces "défauts d'exactitude" est la base de la "cohomologie de de Rham", une des constructions de la topologie algébrique.

Exercice 9.6. Vérifier : $L_v\,{}^0\varphi = {}^0(v \cdot \mathrm{grad}\,\varphi)$, $L_v\,{}^1u = {}^1(-\,v \times \mathrm{rot}\,u + \mathrm{grad}(u \cdot v))$, $L_v\,{}^2u = {}^2(v\,\mathrm{div}\,u + \mathrm{rot}(u \times v))$. (La *dérivée de Lie* L_v est définie à l'Annexe 9.)

9.2 Les champs comme formes différentielles

Les concepts physiques primitifs en électromagnétisme sont ceux de *charge* (électrique) et de *champ* (au sens physique, pas mathématique, du mot). La charge, dont l'existence est attestée par diverses expériences classiques (Millikan, la peau de chat, etc.), est une *substance*, en ce sens que la question "combien y en a-t-il (dans telle région de l'espace) ?" a un sens, qu'on peut se demander si elle est conservée ou non, etc. Le champ est le nom donné à une réalité physique ambiante, variable avec le temps et la position, causée par ces charges, et qui se manifeste par des forces exercées sur elles. Les équations de Maxwell sont un *modèle* (mathématique) de cette réalité, c'est-à-dire une structure mathématique formée d'objets (géométriques) et de relations entre eux. Ces objets décrivent les éléments de réalité physique ci-dessus (charge, champ et leurs interactions). On ne va pas ici *construire* ce modèle mathématique (dont on a dit au Chap. 1 qu'on le prenait pour point de départ), mais seulement passer en revue les objets qui le constituent (et leurs relations) du point de vue de leur nature géométrique.

D'abord, la charge. L'objet adéquat pour la représenter est une *densité*[†], ou 3-forme tordue ${}^3\tilde{q}$, parce qu'il permet de répondre à la question "quelle est la charge totale dans D ?" par une intégration : la charge dans D est $Q = \int_D {}^3\tilde{q}$. La fonction associée q est ce qu'on appelle couramment "densité de charge", mais elle ne joue son rôle qu'en association avec le volume euclidien (ou mesure de Lebesgue) $\{v_1, v_2, v_3\} \to \det(v_1, v_2, v_3)\ \mathrm{sgn}[\Omega(v_1, v_2, v_3)]$. Il faut ces deux éléments à la fois pour répondre à la question "quelle est la charge ...", et de plus, pour une même répartition de la charge physique, q change si la métrique change. L'objet ${}^3\tilde{q}$, au contraire, ne dépend pas de la métrique et répond à la question à lui seul : la quantité de charge[3] dans un parallélépipède construit sur v_1, v_2, v_3 est ${}^3\tilde{q}(v_1, v_2, v_3)$, c'est-à-dire le produit de ${}^3q(v_1, v_2, v_3)$ par $\mathrm{sign}[\Omega(v_1, v_2, v_3)]$, où $\{{}^3q, \Omega\}$ est un représentant de ${}^3\tilde{q}$. On voit

---

[3] au deuxième ordre près, naturellement, par rapport au volume,

que la réalité physique "charge" est mieux représentée (plus simplement) par la forme $^3\tilde{q}$ que par la fonction q.

Le champ électrique, maintenant. En tant que réalité physique, c'est ce qui dans le champ est responsable de la force ressentie par une charge électrique immobile. Qui dit force dit covecteur, comme on l'a vu, donc l'objet géométrique adéquat sera une 1-forme, notée ^1e et appelée champ électrique. À nouveau, ce qu'on appelle traditionnellement ainsi, à savoir le (champ de) vecteur(s) e, ne se suffit pas à lui-même, puisqu'il faut lui adjoindre la métrique pour pouvoir répondre à la question "quelle est la force ...", alors qu'au contraire la forme ^1e contient cette information à elle seule.

Exercice 9.7. Montrer comment la connaissance de $^3\tilde{q}$ et de ^1e permet de répondre à la question "quelle est la résultante des forces électrostatiques exercées sur le domaine D" ? (Étudier l'intégrale $R(v) = \int_D i_v{}^1e \wedge {}^3\tilde{q}$, où v est un champ de vecteurs *constant*, puis interpréter le covecteur $v \to R(v)$.) Quid du *couple* exercé sur D ?

Passons à la densité de courant. Le courant est le *mouvement* des charges, donc l'objet mathématique censé le représenter devrait permettre de répondre à la question "quelle quantité de charge passe, pendant une unité de temps, à travers une surface donnée, pour un « sens de traversée » défini ?". Pour cela, une 2-forme tordue (soit $^2\tilde{j}$) fait l'affaire : le flux de charge[4] qui traverse le parallélogramme construit sur v_1 et v_2 dans le sens d'un vecteur n est $^2j(v_1, v_2)\ \mathrm{sgn}[\Omega(n, v_1, v_2)]$, où $\{^2j, \Omega\}$ est un représentant de $^2\tilde{j}$. (On trouve bien le même flux si l'on choisit l'autre représentant.) Il revient au même de dire que $^2j(v_1, v_2)$ est le flux dans le sens de $v_1 \times v_2$. Le flux de charge à travers S dans le sens d'un champ transverse n, c'est-à-dire *l'intensité* du courant à travers S, est alors l'intégrale[5] $J = \int_S {}^2\tilde{j}$. Bien sûr, on obtiendrait le même résultat en intégrant sur S la fonction $x \to n(x) \cdot j(x)$ par rapport à la mesure des aires associée à « · », et c'est bien ce qu'on fait en pratique. Mais le point important est que l'intensité J est indifférente à la métrique. Or si l'on change celle-ci, j change, alors que $^2\tilde{j}$ ne change pas. Ce dernier objet, plus intrinsèque, ne faisant pas appel à une métrique qui n'a aucune importance physique dans ce cas, a donc plus de titres à représenter la densité de courant.

Remarque 9.2. Si un 2-covecteur opère sur un couple de vecteurs, un 2-covecteur tordu opère sur deux vecteurs *et* une classe d'orientation. Il est donc naturel que l'effet d'un 2-covecteur tordu demande la spécification d'un sens de traversée, outre les deux vecteurs facteurs, pour être décrit. ◊

Nous en savons assez pour interpréter l'une des équations déjà connues, celle qui traduit la conservation de la charge :

(6) $$\partial_t q + \mathrm{div}\, j = 0.$$

---

[4] au même ordre près, par rapport à l'aire,

[5] On a besoin du champ n, car si une 2-forme de E_3 a une trace sur une surface, prendre la trace d'une 2-forme *tordue* suppose qu'on sache associer une orientation de S à l'orientation de l'espace ambiant. La donnée de n permet cette association, grâce à la règle d'Ampère.

En termes de formes différentielles, elle s'écrit

(7) $$\partial_t({}^3\tilde{q}) + d({}^2\tilde{j}) = 0,$$

et donc n'exige pas de métrique pour son expression. C'est bien normal, puisque la conservation de la charge est une affaire de bilan : "ce qui sort est égal à la diminution de ce qui est à l'intérieur", comme le traduit la version intégrale de (7) :

(8) $$\partial_t \int_D {}^3\tilde{q} + \int_{\partial D} {}^2\tilde{j} = 0,$$

et la mesure des surfaces ou des volumes ne joue là aucun rôle.

Nous pouvons aussi réinterpréter les équations pour lesquelles *un* des termes a été "géométrisé". C'est le cas de $\partial_t b + \text{rot } e = 0$, puisque e nous est connu comme le vecteur associé à la 1-forme ${}^1e$ et rot comme le déguisement de d. Comme le d d'une 1-forme est une 2-forme, b ne peut être que le déguisement d'une 2-forme (ordinaire), notée ${}^2b$, et la loi de Faraday s'écrit :

(9) $$\partial_t({}^2b) + d({}^1e) = 0.$$

Sa forme intégrale, soit

(10) $$\partial_t \int_S {}^2b + \int_{\partial S} {}^1e = 0,$$

lie la variation du flux d'induction à travers S à la circulation de e le long du bord ∂S, c'est-à-dire à la f.é.m. dans ce circuit. C'est la traduction mathématique du résultat de la célèbre expérience de la Fig. 9.1. (Noter que l'orientation intervient dans le signe des intégrales, car on a ici des formes ordinaires : effectivement, changer le sens de parcours, c'est-à-dire intervertir les connexions aux bornes du galvanomètre, change le signe de la f.é.m.)

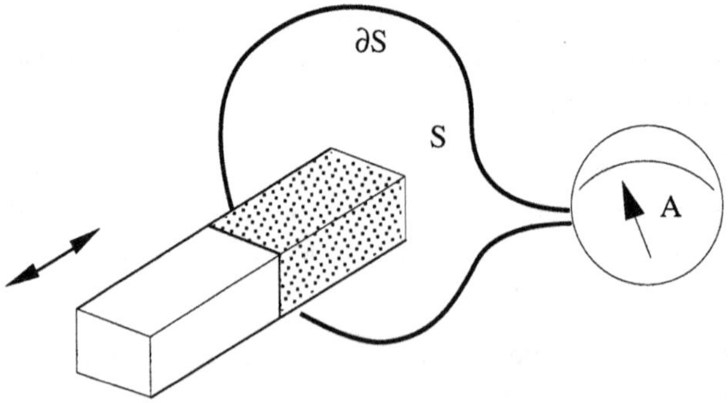

Figure 9.1. L'expérience de Faraday (1831 — cf. [Ro]) : les variations du flux d'induction magnétique à travers le circuit induisent une force électromotrice que l'ampèremètre met en évidence.

Exercice 9.8. En quoi est-il "naturel" que $q\, v \times b$ soit une force ?

Même type de traitement pour l'équation $-\partial_t d + \mathrm{rot}\, h = j$: Puisque j est là pour la 2-forme tordue ${}^2\tilde{j}$, le champ de vecteurs d doit aussi représenter une 2-forme tordue ${}^2\tilde{d}$ (avec $d({}^2\tilde{d}) = {}^3\tilde{q}$, définition de la charge). Comme rot correspond à l'opérateur d, h doit figurer une 1-forme tordue ${}^1\tilde{h}$. L'équation s'écrit donc

$$(11) \qquad -\partial_t({}^2\tilde{d}) + d({}^1\tilde{h}) = {}^2\tilde{j},$$

avec pour corollaire la relation de conservation (8) (prendre le d des deux membres), et sa forme intégrale est le théorème d'Ampère :

$$(12) \qquad \int_{\partial S} {}^1\tilde{h} = \int_S {}^{2\sim}(j + \partial_t d).$$

On a donc obtenu les deux équations de Maxwell (11) et (9) sous une forme qui est indépendante de la métrique et ne fait appel à rien d'autre que la structure de variété différentiable de l'espace E_3.

9.3 Lois de comportement, diagramme de Tonti

On se trouve maintenant devant une sérieuse difficulté : s'il est vrai que champ magnétique et induction magnétique sont respectivement une 1-forme tordue et une 2-forme, c'est-à-dire deux objets de types différents, comment peuvent-ils être proportionnels comme la relation $b = \mu h$ semble l'exiger ? Même problème avec $d = \varepsilon\, e$ et la loi d'Ohm $j = \sigma\, e$.

Prenons, par exemple, la loi d'Ohm. Soit $\{v_1, v_2, v_3\}$ un repère orthonormé direct en un point x où la conductivité est σ, et considérons le morceau de matière (supposé homogène) occupant le parallélépipède construit sur ces trois vecteurs. La résistance de ce cube conducteur, d'arête unité, entre deux de ses faces (par exemple celles parallèles à v_1 et v_2) est évidemment $R = 1/\sigma$ ("formule $\rho\ell/S$"). Or, par définition même des formes ${}^1e$ et ${}^2\tilde{j}$, la f.é.m. dans la direction v_3 est $V = e \cdot v_3$ (circulation du champ électrique), et l'intensité à travers la face $\{v_1, v_2\}$ est donnée par $J = j \cdot v_1 \times v_2$. Comme $V = RJ$, on a $j \cdot v_1 \times v_2 = \sigma\, e \cdot v_3$, et ceci, d'après la définition donnée à l'Annexe 9 de l'opérateur de Hodge, se réécrit ${}^2\tilde{j} = \sigma * {}^1e$. Un raisonnement analogue vaut pour les deux autres lois, et donc, finalement,

$$(13) \qquad {}^2b = \mu * {}^1\tilde{h}, \quad {}^2\tilde{d} = \varepsilon * {}^1e, \quad {}^2\tilde{j} = \sigma * {}^1e.$$

On voit que cette fois la métrique intervient de façon essentielle.

Le diagramme de la Fig. 9.2 résume la situation. Il se présente sous la forme d'une structure spatiale formée de quatre piliers verticaux et d'échelons horizontaux. Les quatre piliers sont des copies de la suite (4), placées verticalement et de haut en bas pour celles de gauche, de bas en haut pour celles de droite. Cette structure peut être considérée, métaphoriquement, comme le lieu de résidence des diverses formes différentielles qui figurent dans les équations de Maxwell. Chacune a sa place propre selon qu'il s'agit d'une forme ordinaire (du côté gauche) ou tordue (côté droit) et selon son degré. Remarquer comment le diagramme permet de représenter les équations elles-mêmes, et la différence de nature entre équations verticales (sans métrique) et horizontales (métriques). Les premières ont un caractère universel, étant valables pour tous les matériaux, alors que les secondes expriment des propriétés de la matière.

Le diagramme frappe par sa symétrie, mais aussi par la dysharmonie introduite par la loi d'Ohm.

On remarquera qu'il y a des cases vides. Elles peuvent être occupées par divers objets auxiliaires. Par exemple, il est courant (on l'a fait au Chap. 1) d'introduire un potentiel vecteur a tel que $b = \mathrm{rot}\ a$. Géométriquement, il s'agit d'une 1-forme ordinaire ${}^1a$, et on a ${}^2b = d({}^1a)$. La place de a est donc à l'étage 1, à gauche, au-dessus de b. On avait aussi un potentiel scalaire ψ, tel que $e = -\partial_t a - \mathrm{grad}\ \psi$. C'est en fait ${}^1e = -\partial_t {}^1a - d({}^0\psi)$, et la 0-forme ${}^0\psi$ se "loge" à l'étage 0, à gauche, au-dessus de e.

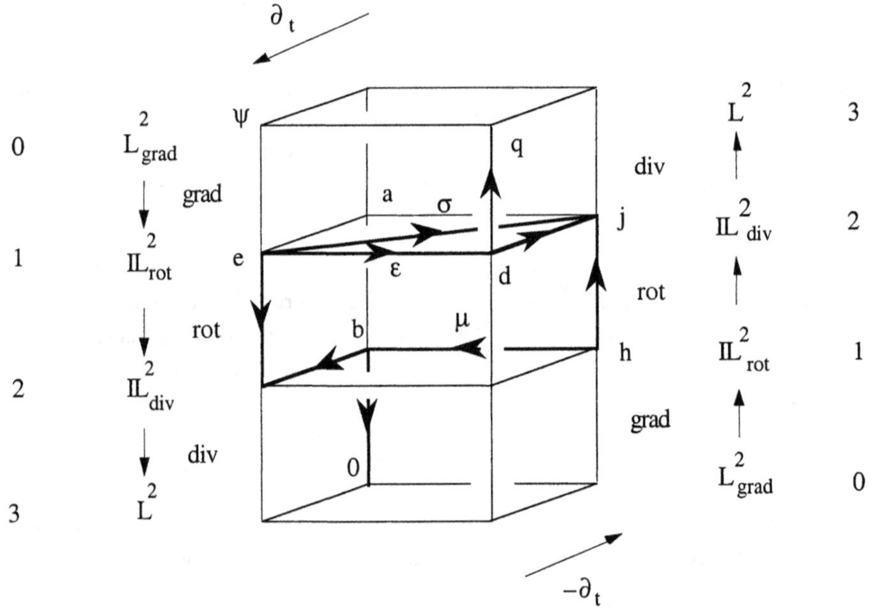

Figure 9.2. Le "diagramme de Tonti" des équations de Maxwell avec loi d'Ohm. Les objets e, b, d, h, etc., peuvent être interprétés soit comme des formes différentielles de degré 0 à 3 (ordinaires du côté gauche, tordues du côté droit), soit comme des fonctions ou des champs de vecteurs appartenant aux espaces fonctionnels indiqués.

Exercice 9.9. Une méthode populaire de calcul des champs utilise la représentation $h = T + \text{grad}\ \Omega$ du champ h, où T et Ω sont approchés par éléments finis et soumis à des contraintes particulières. "Loger" T et Ω sur le diagramme.

9.4 Quelques avantages du point de vue géométrique

La Fig. 9.2 est un aboutissement, en ce sens qu'elle révèle la structure géométrique des équations de Maxwell[6]. C'est déjà important en soi, mais le point de vue géométrique auquel on est parvenu a d'autres avantages.

D'abord, il rend compte simplement des propriétés de continuité particulières des champs de l'Électromagnétisme : continuité, au passage des interfaces matérielles, de la partie *tangentielle* de e ou h, mais de la partie *normale* de d, j ou b.

Cette différence tient seulement au degré des formes en question et recouvre en fait une propriété commune : la continuité de la *forme* elle-même, au passage des surfaces. Soient en effet u un champ de vecteurs régulier, ${}^1u$, ${}^2u$ les formes associées, S une surface régulière, et n un champ normal à S. La trace† de ${}^1u$ ou ${}^2u$ est simplement sa restriction à S, et on a donc $t({}^1u) = {}^1u_S$, où u_S est la projection de u sur S, et $t({}^2u) = {}^2(n \cdot u)_S$. Dire que la forme est continue au passage de S revient à dire que ses restrictions de chaque côté de S sont égales, donc que u_S ou $n \cdot u$, selon le degré, est continu au passage de S (i.e., que son saut est nul).

Reste à savoir à quelles conditions une forme est, comme on vient de le dire sans souci de rigueur, "continue au passage de S", c'est-à-dire dans quels cas on peut définir sa trace. On démontre [Pa] qu'il en est ainsi lorsque la forme est dans F^p_d. Cela revient bien à dire que $u \in \mathbb{L}^2_{rot}$ ou $u \in \mathbb{L}^2_{div}$, selon que $p = 1$ ou 2. Le cas $p = 0$ est celui des fonctions ($\varphi \in L^2_{grad}$ a une trace). On voit maintenant la raison du parallèle fait dans l'Annexe 4 entre L^2_{grad}, $\mathbb{L}^2_{rot}$ et $\mathbb{L}^2_{div}$: ce sont des avatars de l'espace F^p_d.

Ensuite, on peut comprendre le succès des formes de Whitney en tant qu'éléments finis. Les formes de Whitney, étudiées en détail au Chap. 3 pour $n = 3$, sont présentées ainsi dans [Wh] :

$$w_s = \Sigma_{i = 0, 1, \dots, p} (-1)^i \lambda_i\, d\lambda_0 \wedge \dots \wedge d\lambda_{i-1} \wedge d\lambda_{i+1} \wedge \dots \wedge d\lambda_p,$$

---

6 On pourrait aller encore plus loin, et se placer sur la variété M du Chap. 1, l'espace-temps. Alors b et e d'une part, d et h de l'autre, se combinent en 2-formes F et G vivant sur cette variété, et les équations prennent une forme encore plus simple : $dF = 0$, $G = *F$, et $dG = \alpha$, où α est une 3-forme tordue combinant courant et charge, et $*$ l'opérateur de Hodge associé à la "pseudo-métrique" de Minkowski. Ce point de vue apporte une simplification conceptuelle spectaculaire, et permet de traiter très simplement les questions liées à la Relativité, dont on ne parle pas ici, mais il convient rarement à la pratique de l'Ingénieur.

où les λ_i sont les fonctions barycentriques des sommets d'un maillage simplicial, numérotés (localement au simplexe s) de 0 à p. Ce sont, pour tous les degrés de 0 à n, des formes différentielles *linéaires par morceaux* sur un complexe simplicial, et donc des éléments finis naturels pour tous les problèmes où les inconnues sont des formes. Les éléments finis P^1 classiques, c'est-à-dire les formes de Whitney de degré 0, sont aux fonctions ce que les formes de Whitney sont aux formes différentielles de tous degrés. Comme elles sont dans F^p_d par construction, elles ont des traces, donc satisfont aux propriétés de continuité requises[7] (tangentielle pour e et h, normale pour d, b, j). On démontre qu'elles ont les propriétés de convergence nécessaires lorsque le maillage est indéfiniment raffiné [Do].

De plus, comme on l'a vu au Chap. 3, le complexe de Whitney a des propriétés structurales qui en font l'analogue discret naturel du diagramme de la Fig. 9.2. En termes imagés, le complexe de Whitney est une "maquette", de dimension finie, de la "maison de Maxwell" de la Fig. 9.2.

De ces remarques découle un *principe heuristique de discrétisation* en calcul de champs : une fois identifiés, en tant que formes différentielles, tous les champs de vecteurs et les fonctions qui apparaissent dans la formulation du problème, approcher chacun d'eux par des éléments finis de Whitney du degré correspondant. Ceci fournit automatiquement des schémas de discrétisation cohérents et convergents[8].

Enfin, le point de vue géométrique permet une formulation des équations de Maxwell "sous forme matérielle", ou comme on dit "lagrangienne", c'est-à-dire sans référence aucune au système de coordonnées propre au laboratoire, ou à tel ou tel observateur. Ceci ouvre la voie à la construction de schémas d'approximation qui restent valables en cas de *déformation* continue des corps conducteurs, et indirectement (par l'intermédiaire du principe des travaux virtuels) au calcul des forces électromagnétiques en pareil cas. Voici quelques indications à ce sujet.

On se donne une variété X, de dimension 3, difféomorphe à A_3, sans métrique particulière, dite *variété matérielle*, et une famille u_t de difféomorphismes, paramétrée par le temps. Un u particulier (t sous-entendu) s'appelle un "placement". On interprète chaque point x de X comme un point matériel (il peut faire partie soit d'un conducteur soit de l'air) et $t \rightarrow u_t(x)$ comme sa trajectoire dans l'espace physique E_3. Le champ des vitesses matérielles est $v = \partial_t u$. Le placement u induit sur X une métrique g_u (non intrinsèque, puisqu'elle va dépendre de u, et donc du temps), comme suit : le produit scalaire de deux vecteurs matériels v_1 et v_2 est, par définition,

---

[7] Rappelons (cf. Chap. 7) qu'on appelle "approximation $\mathbb{P}^1$", ou "par éléments nodaux" pour un champ de vecteurs, sur un maillage d'éléments finis, celle que l'on obtient en approchant ses trois composantes cartésiennes par éléments P^1 scalaires. Toutes les composantes étant alors approchées par des fonctions continues, ces éléments finis assurent à la fois la continuité tangentielle et la continuité normale, et on pourrait chercher à y voir un avantage. Mais comme on l'a vu au Chap. 7, c'est le contraire : trop de continuité (alors que les champs à approcher ne sont *pas* continus) dégrade la qualité de l'approximation numérique.

[8] En particulier, la fameuse "condition de Ladyzhenskaya-Brezzi-Babuska" pour la compatibilité des éléments mixtes est automatiquement vérifiée ; cf. [B1].

$g_u(v_1, v_2) = u_* v_1 \cdot u_* v_2$. Il lui correspond un opérateur de Hodge, que l'on peut noter $*_u$.

On pose alors les équations de Maxwell concernant des formes différentielles notées H, B, etc. (PETITES CAPITALES, comme pour le point X), vivant *non pas sur* E_3 *mais sur* X:

$$-\partial_t \mathrm{D} + d\mathrm{H} = \mathrm{J}, \quad \partial_t \mathrm{B} + d\mathrm{E} = 0, \quad \mathrm{D} = \varepsilon *_u \mathrm{E}, \quad \mathrm{B} = \mu *_u \mathrm{H}, \quad \mathrm{J} = \sigma *_u \mathrm{E} + \mathrm{J}^d.$$

(Remarquer l'absence d'un terme de la forme $e + v \times b$ dans l'expression de la loi d'Ohm, terme qui apparaît dans la formulation eulérienne, celle dans le repère du laboratoire, de ces mêmes équations.) La discrétisation par éléments de Whitney de ce système, selon le principe énoncé ci-dessus, conduit automatiquement à un schéma d'évolution correct, que l'on peut coupler avec un schéma de calcul de la dynamique des conducteurs mobiles. La justification de, par exemple, $\mathrm{J} = \sigma *_u \mathrm{E}$ (en dehors du support du courant source J^d) est *la même* que celle donnée à propos de (13), à condition que la conductivité soit fonction seulement du point matériel X, et pas de la déformation du conducteur. Noter que l'assertion "σ est de type $X \to \mathbb{R}$" est la seule façon claire de *formuler* l'indépendance de σ par rapport à la déformation, etc. Bien entendu, il s'agit là d'une hypothèse *physique*, et si elle n'est pas vérifiée, si par exemple σ dépend de la température θ, ou de la déformation, etc., cela peut se formuler : il suffit d'écrire $\mathrm{J} = \sigma(\theta, ...) *_u \mathrm{E}$, où θ est de type $X \to \mathbb{R}$.

Références

Ce chapitre, de même que l'Annexe 9, reprend [B2], avec quelques additions. La Figure 2 est un "diagramme de Tonti" [To]. Tonti a souligné le rôle capital de la cohomologie (cf. suite (4)) dans l'expression des lois de la physique, et utilisé des diagrammes analogues à celui-ci pour les visualiser. (Voir aussi [Rt].) Ce diagramme particulier (Fig. 9.2) est construit de manière à ressembler le plus possible à celui présenté dans [PF]. Des diagrammes similaires sont utiles en mécanique (cf. p. ex. [Bu, OR]). Pour le calcul des forces et la discrétisation des problèmes électromagnétomécaniques couplés, voir [B4]. Le point de vue (introduit, semble-t-il [Po], par E. Cartan dans les années 1920) selon lequel les formes différentielles sont les "bons objets" en électromagnétisme est aujourd'hui très banal et se trouve développé dans presque tous les ouvrages à caractère "appliqué" de la bibliographie de l'Annexe 9. Il est aussi régulièrement prêché dans les revues destinées aux physiciens et ingénieurs électriciens : Voir par exemple [BH, BS, B3, De, Ha, Sc]. En revanche, l'importance du concept de forme tordue, bien que soulignée depuis longtemps [VW, SD, Sz, So], n'est pas encore bien perçue. Sur la distinction entre lois "verticales" et "horizontales" du diagramme de Tonti (quant à leur covariance), cf. [Po, vD]. Sur les forces, [Ma, Mo, PH, Rb].

[BH] D. Baldomir, P. Hammond: "On the Inherent Geometry of Electromagnetism and the Geometry of Electromagnetic Systems", **COMPEL, 11**, 1 (1992), pp. 29-32.

[B1] A. Bossavit: "Un nouveau point de vue sur les éléments mixtes", **Matapli (Bull. Soc. Math. Appl. Industr.),** 20 (1989), pp. 23-35.

[B2] A. Bossavit: "Notions de géométrie différentielle pour l'étude des courants de Foucault et des méthodes numériques en Électromagnétisme", in **Méthodes numériques en électromagnétisme** (A.B., C. Emson, I. Mayergoyz), Eyrolles (Paris), 1991, pp. 1-147.

[B3] A. Bossavit: "Whitney forms: a class of finite elements for three-dimensional computations in electromagnetism", **IEE Proc., 135, Pt. A,** 8 (1988), pp. 493-500.

[B4] A. Bossavit: "On local computation of the force field in deformable bodies", **Int. J. Applied Electromagnetics in Materials, 2**, 4 (1992), pp. 333-43.

[BS] W.E. Brittin, W.R. Smythe, W. Wyss: "Poincaré gauge in electrodynamics", **Am. J. Phys., 50,** 8 (1982), pp. 693-6.

[Bu] H.D. Bui: **Introduction aux problèmes inverses en mécanique des matériaux,** Eyrolles (Paris), 1993.

[De] G.A. Deschamps: "Electromagnetics and Differential Forms", **Proc. IEEE, 69,** 6 (1981), pp. 676-96.

[Do] J. Dodziuk: "Finite-Difference Approach to the Hodge Theory of Harmonic Forms", **Amer. J. Math., 98,** 1 (1976), pp. 79-104.

[Ha] W. Hauser: "Vector products and pseudovectors", **Am. J. Phys., 54,** 2 (1986), pp. 168-72.

[Ma] G.A. Maugin: **Continuum mechanics of electromagnetic solids,** North-Holland (Amsterdam), 1988.

[Mo] F.C. Moon: **Magnetosolid Mechanics,** J. Wiley & Sons (New York), 1984.

[OR] J.T. Oden, J.N. Reddy: **Variational Methods in Theoretical Mechanics,** Springer-Verlag (Berlin), 1976.

[Pa] L. Paquet: "Problèmes mixtes pour le problème de Maxwell", **Annales Fac. Sc. Toulouse,** 4 (1982), pp. 103-41.

[PH] P. Penfield, Jr., H.A. Haus: **Electrodynamics of Moving Media,** The MIT Press (Cambridge, Ma.), 1967.

[PF] J. Penman, J.R. Fraser: "Unified approach to problems in electromagnetism", **IEE Proc., 131, Pt. A,** 1 (1984), pp. 55-61.

[Po] E.J. Post: "The metric dependence of four-dimensional formulations of electromagnetism", **J. Math. Phys., 25,** 3 (1984), pp. 612-3.

[Rb] F.N.H. Robinson: **Macroscopic Electromagnetism,** Pergamon Press (Oxford), 1973.

[Ro] J. Roche: "Explaining electromagnetic induction: a critical reexamination", **Phys. Educ., 22** (1987), pp. 91-99.

[Rt] J.P. Roth: "An application of algebraic topology to numerical analysis: on the existence of a solution to the network problem", **Proc. Nat. Acad. Sc., 41** (1955), pp. 518-21.

[Sc] N. Schleifer: "Differential forms as a basis for vector analysis—with applications to electrodynamics", **Am. J. Phys., 51,** 12 (1983), pp. 1139-45.

[SD] J.A. Schouten, D. Van Dantzig: "On ordinary quantities and W-quantities", **Comp. Math., 7** (1939), pp. 447-73.

[Sz] L. Schwartz: **Les tenseurs,** Hermann (Paris), 1975.

[So] R. Sorkin: "On the relation between charge and topology", **J. Phys. A, 10,** 5 (1977), pp. 717-25.

[To] E. Tonti: "On the mathematical structure of a large class of physical theories", **Rend. Acc. Lincei, 52** (1972), pp. 48-56.

[vD] D. Van Dantzig: "Electromagnetism, independent of material geometry. 1. The foundations", **Proc. Amsterdam Acad., 37** (1934), pp. 521-5.

[VW] O. Veblen, J.H.C. Whitehead: **The foundations of differential geometry,** Cambridge U.P. (Cambridge), 1932.

[Wh] H. Whitney: **Geometric Integration Theory,** Princeton U.P. (Princeton), 1957.

A1 Démonstration du Lemme 1.1, Chap. 1

Il s'agit de montrer que si $f : M \to \mathbb{R}$ est une fonction régulière à support compact, et

$$u(t, x) = \frac{1}{4\pi} \int_{E_3} \frac{f(t - |x - y|/c, y)}{|x - y|} dy$$

son potentiel retardé, alors

(1) $$c^{-2} \partial_{tt} u - \Delta u = f.$$

Commençons par quelques formules préparatoires (utiles en elles-mêmes), concernant les fonctions de la famille $x \to |x|^\alpha$, avec $\alpha \leq 1$. (Attention, ce ne sont pas des distributions *sur tout* E_3, c'est-à-dire y compris l'origine, lorsque $\alpha \leq -3$.)

D'abord, on a

(2) $$\mathrm{grad}(x \to |x|) = x \to x/|x|.$$

Donc,

$$\mathrm{grad}(x \to 1/|x|) = x \to -x/|x|^3, \quad \mathrm{grad}(x \to 1/|x|^2) = x \to -2x/|x|^4,$$

etc. Variante (où l'on voit mieux l'intérêt de la notation fléchée) :

$$\mathrm{grad}(x \to 1/|x - y|) = x \to (y - x)/|x - y|^3,$$

etc. Application :

$$\mathrm{grad}(x \to f(t - |x - y|/c, y)) = x \to c^{-1} (y - x)\, \partial_t f/|y - x|.$$

Quant aux *champs* de la famille $x \to |x|^\alpha x$, il est aussi utile de savoir calculer leur divergence ou leur rotationnel. Grâce aux formules générales

(3) $$\mathrm{div}(\varphi\, u) = \varphi\, \mathrm{div}\, u + u \cdot \mathrm{grad}\, \varphi, \qquad \mathrm{rot}(\varphi\, u) = \varphi\, \mathrm{rot}\, u - u \times \mathrm{grad}\, \varphi,$$

et aux précédentes, cela revient à savoir que $\mathrm{div}(x \to x) = 3$ ("3" est l'abréviation évidente pour "la fonction constante $x \to 3$") et que $\mathrm{rot}(x \to x) = 0$. (Autre recette utile : $\mathrm{rot}(x \to a \times x) = 2a$.) Ainsi, par exemple,

$$\mathrm{div}(x \to x/|x|) = x \to 3/|x| - x \cdot x/|x|^3 \equiv 2/|x|,$$

et $\mathrm{rot}(x \to x/|x|) = 0$ (ce qu'on savait déjà, d'après (2)). Application :

$$\mathrm{div}(x \to x/|x|^2) = x \to 3/|x|^2 - 2\, x \cdot x/|x|^4 \equiv 1/|x|^2,$$

etc.

Essayons alors ceci :

(*) $$\mathrm{div}(x \to x/|x|^3) = x \to 3/|x|^3 - 3\, x \cdot x/|x|^5 \equiv 0,$$

— vraiment ? Non. Ce calcul ne donne que la "partie fonction" de la *distribution* $\mathrm{div}(x \to x/|x|^3)$, et ne s'applique pas à l'origine, où il y a une singularité. Pour trouver la divergence en 0, appliquer le théorème d'Ostrogradskii sur une sphère de rayon r : on trouve alors que

(4) $$\mathrm{div}(x \to x/|x|^3) = -4\pi\, \delta_0,$$

où δ_0 est la mesure de Dirac à l'origine.

Cela suffit pour revenir à la démonstration du Lemme :

Démonstration du Lemme 1. On a $4\pi\, \mathrm{grad}\, u = A + B$, où

$$A = -\int c^{-1}(y - x)\, |x - y|^{-2}\, \partial_t f(t - |x - y|/c, y),$$

$$B = \int (y - x)\, |x - y|^{-3} f(t - |x - y|/c, y).$$

On cherche maintenant $\mathrm{div}\, A$ et $\mathrm{div}\, B$. L'intégrande est de la forme $u\, \partial_t f$ [resp. $u f$] où u est un des champs dont on a calculé ci-dessus la divergence. Appliquant (3) sous le signe somme, on est amené à prendre la gradient de la fonction

$$x \to \partial_t f(t - |x - y|/c, y) \qquad [\text{resp. } x \to f(t - |x - y|/c, y)],$$

ce qui implique une dérivation par rapport à la première variable (le temps), composée avec celle de la fonction $x \to -|x - y|/c$. Donc :

$$\mathrm{div}\, A = -\int c^{-1}|x - y|^{-2}\, \partial_t f + \int c^{-2}|x - y|^{-1}\, \partial_{tt} f,$$

$$\mathrm{div}\, B = \int c^{-1}(|x - y|^{-2}\, \partial_t f - 4\pi f$$

(ce dernier terme, grâce à (4), et à la définition même de δ_0). Enfin, $4\pi\, \partial_{tt} u = \int |x - y|^{-1}\, \partial_{tt} f$, d'où (1) en additionnant tout et en divisant par 4π. ◊

A2 Potentiels

Le point générique de E_3 est noté $x = \{x_1, x_2, x_3\}$. On rappelle que $L^1_{loc}(E_3)$ désigne la classe des fonctions *localement* sommables sur E_3, c'est-à-dire de restriction sommable sur tout compact, par rapport à la mesure de Lebesgue. On note $\| \|_p$ la norme L^p, $p \geq 1$, $B(x, r)$ la *boule* de centre x et de rayon r, $S(x, r)$ la *sphère* de centre x et de rayon r, et 1_A la fonction caractéristique de l'ensemble A, c'est-à-dire la fonction $x \rightarrow$ ***si*** $x \in A$ ***alors*** 1 ***sinon*** 0.

Soit $\chi = x \rightarrow 1/(4\pi\,|x|)$. (Remarquer que cette fonction[1] est de carré sommable sur tout borné, autrement dit $\chi \in L^2_{loc}(E_3)$.)

On pose, pour f donnée,

$$u = \chi * f,$$

où $*$ est le produit de convolution, c'est-à-dire, lorsque l'intégrale a un sens,

$$u(x) = \frac{1}{4\pi} \int_{E_3} \frac{f(y)}{|x-y|}\, dy, \tag{1}$$

où dy est la mesure (de Lebesgue) des volumes. On dit que u est le *potentiel* de la *charge* f. Les interprétations physiques sont nombreuses, et bien connues. Par exemple, si f est la densité d'une répartition de masse, u est le potentiel gravitationnel associé.

Noter que f peut être une distribution, mais pas n'importe quelle distribution toutefois (χ n'étant ni à support compact, ni sommable, etc.). On s'intéresse ici aux propriétés de u, tant *globales* (appartenance à des espaces comme L^p, etc.), que *locales* (continuité, différentiabilité, etc.), en fonction des propriétés analogues de f. On va aussi examiner dans quelle mesure on peut affirmer que $-\Delta u = f$.

---

[1] C'est un cas particulier du noyau de Helmholtz du Chap. 1, correspondant à $k = 0$.

A2.1 Propriétés globales

Proposition A2.1. *Si* $f \in L^1(E_3)$, *alors* $u \in L^1_{loc}(E_3)$.

Démonstration. Soit $r > 0$ donné et $\chi_r =$ ***si*** $|x| \le r$ ***alors*** $\chi(x)$ ***sinon*** 0. On a alors

$$(u - \chi_r * f)(x) = \frac{1}{4\pi} \int_{\{y\,:\,|x-y| \ge r\}} \frac{f(y)}{|x-y|}\, dy,$$

et donc $|(u - \chi_r * f)(x)| \le \|f\|_1/4\pi r$. Or $\chi_r * f \in L^1$. ◊

On n'a pas $u \in L^1$ en général : si $f = 1_{B(0,\,1)}$, alors, pour x grand, u(x) se comporte comme $x \to (3|x|)^{-1}$, qui n'est pas sommable.

Si Ω est un ouvert *borné* et si $\mathrm{supp}(f) \subset \Omega$, alors $u|_\Omega \in L^1(\Omega)$. Donc l'opérateur $G_\Omega = f \to u|_\Omega$ est linéaire continu sur $L^1(\Omega)$.

Proposition A2.2. *Si* $f \in L^2(E_3)$ *et si* supp(f) *est* borné, *alors l'intégrale converge, et* $u \in L^2_{loc}(E_3)$.

La fonction $y \to |x-y|^{-1}$ est elle-même dans $L^2_{loc}(E_3)$, donc l'intégrale (1) existe si supp(f) est borné, d'après l'inégalité de Cauchy-Schwarz. La suite de la démonstration fait appel à quelques propriétés des opérateurs à noyau L^2, qu'on va rappeler.

Définition A2.1. *Soit* Ω *un ouvert*[2] *de* $\mathbb{R}^n$. *On appelle* opérateurs de Hilbert-Schmidt *les opérateurs intégraux de la forme*

$$K = f \to (x \to \textstyle\int_\Omega k(x, y)\, f(y)\, dy)$$

pour lesquels $k \in L^2(\Omega \times \Omega)$.

Théorème A2.1. *Un opérateur de Hilbert-Schmidt est* continu *dans* $L^2(\Omega)$, *et de plus* compact.

Démonstration. Par l'inégalité de Cauchy-Schwarz,

$$\begin{aligned}\|Kf\|_2^2 &= \textstyle\int_\Omega dx\, |\int_\Omega dy\, k(x, y)\, f(y)|^2 \\ &\le \textstyle\int_\Omega dx\, (\int_\Omega dy\, |k(x, y)|^2)\, (\int_\Omega dy\, |f(y)|^2) \\ &\le \textstyle\int_{\Omega \times \Omega} dx\, dy\, |k(x, y)|^2)\, \|f\|_2^2 \equiv \|k\|_2^2\, \|f\|_2^2,\end{aligned}$$

d'où la continuité. Pour la compacité, il s'agit de montrer que K transforme les suites faiblement convergentes en suites fortement convergentes. Or, si f_n tend faiblement vers f, alors $\lim_{n \to \infty} Kf_n(x) = Kf(x)$ pour tout x tel que la section $k_x = y \to k(x, y)$ soit dans $L^2(\Omega)$ (et donc pour presque tout x, en vertu du théorème de Fubini).

[2] ou plus généralement, un espace mesuré σ-fini (de manière à ce qu'on puisse appliquer le Th. de Fubini).

Comme

$$|Kf_n(x)|^2 \le \|k_x\|_2^2 \, \|f_n\|_2^2 \le M \, \|k_x\|_2^2$$

(puisque la suite des f_n est bornée dans L^2, d'après le théorème de Banach-Steinhaus), et que $x \to \|k_x\|_2^2$ est L^2, on a convergence dominée, donc

$$\lim_{n \to \infty} \int_\Omega dx \, |Kf_n(x)|^2 = \int_\Omega dx \, |Kf(x)|^2,$$

grâce au théorème de Lebesgue[3], donc $\|Kf_n\|_2$ tend vers $\|Kf\|_2$. Comme par ailleurs Kf_n converge faiblement vers Kf, par continuité de K, on a convergence forte, $Kf = \lim_{n \to \infty} Kf_n$, d'où la compacité. ◊

On peut maintenant revenir à la

Démonstration de la Prop. A2.2. Soit ω un compact de E_3 et Ω un ouvert borné contenant à la fois ω et supp(f). Posons

$$k(x, y) = \chi(x - y)$$

pour x et y dans Ω. Alors $k \in L^2(\Omega \times \Omega)$, car, pour $a > 0$ quelconque donné,

$$\int_\Omega dx \int_\Omega dy \, |x - y|^{-2} \le a^{-2} \, (\mathrm{vol}(\Omega))^2 + \int_\Omega dx \int_{\{y \,:\, |x-y| \le a\}} dy \, |x - y|^{-2}$$
$$\le \mathrm{vol}(\Omega) \, [\mathrm{vol}(\Omega)/a^2 + 4\pi a],$$

donc l'opérateur défini par

$$Kf = x \to \int_\Omega dy \, k(x, y) \, f(y)$$

est de Hilbert-Schmidt, donc $u|_\Omega \in L^2(\Omega)$, et a fortiori, $u|_\omega \in L^2(\omega)$. ◊

Noter qu'on a prouvé un peu plus : que l'application $f \to u$ est continue de L^2 dans L^2_{loc}, ce dernier étant muni de la topologie de la convergence L^2 sur tout compact. D'autre part, même si Ω n'est pas borné, $\mathrm{vol}(\Omega)$ fini suffit.

En général, sous les hypothèses de la Prop. A2.2, $u \notin L^2$, car $u(x) \sim 2/|x|$ pour $|x|$ infini. (On montre que $u \in L^{3+\varepsilon}$ pour $\varepsilon > 0$.) Si $f \in L^2$ mais pas à support borné, on n'a rien. Par exemple, si $f(x) = |x|^{-3/2-\varepsilon}$, l'intégrale (1) ne converge pas.

---

[3] Soit X un espace mesuré et Y un Banach. Soit $\{f_n : n \in \mathbb{N}\}$ une suite de fonctions de type $X \to Y$, mesurables, avec pour tout n et presque tout x, $\|f_n(x)\| \le |g(x)|$, où g, de type $X \to \mathbb{R}$, est intégrable. (On dit alors que les f_n sont "dominées" par g.) Supposons que pour presque tout x, la suite des $f_n(x)$ ait une limite $f(x)$ ("convergence dominée"). Dans ce cas, f est intégrable et $\lim_{n \to \infty} \int_X f_n = \int_X f$. C'est le *théorème de Lebesgue*. Application importante : A étant un espace métrique, soit f de type $A \times X \to Y$, continue en α et mesurable en x, et vérifiant $\|f(\alpha, x)\| \le |g(x)|$ pour tout α dans A, où g, de type $X \to \mathbb{R}$, est intégrable. Alors $\alpha \to \int_X f(\alpha, x) \, dx$ est continue de A dans Y. On peut donc passer à la limite sous le signe somme. De même (lorsque A est un voisinage d'un espace affine, de manière à ce que $\partial_\alpha f$ ait un sens), on peut *dériver* sous le signe somme, pourvu que $\partial_\alpha f$ soit dominée par une fonction sommable indépendante de α.

A2.2 Propriétés locales

Quelle est la *régularité* de u ? Si $x \notin \text{supp}(f)$, tout va bien : le potentiel est C^∞ (dériver sous le signe somme). Donc si supp(f) est borné, le potentiel u est "régulier à l'infini", c'est-à-dire borné ainsi que toutes ses dérivées pour $|x|$ assez grand. Par contre, si $f \in L^1$ mais à support non borné, u peut ne pas être borné à l'infini. Exemple : $f(x) = \sum_i 2^{-i} |x - x_i|^{-(3+\varepsilon)}$, où la suite des x_i tend vers l'infini.

Pour $x \in \text{supp}(f)$, la situation est moins claire. Même si f est sommable, on n'a pas continuité, en général, car si $f(x) \sim |x|^{-2-\varepsilon}$, par exemple, au voisinage de $x = 0$, ce qui ne l'empêche pas d'être L^1, l'intégrale diverge en 0. Donc, en dépit des propriétés régularisantes de la convolution, il faut quelque régularité de f pour obtenir celle de u dans supp(f).

Proposition A2.3. *Si* $f \in C_0^\infty(E_3)$, *alors* $u \in C^\infty(E_3)$.

Démonstration. En changeant de variable, et grâce à l'invariance de la mesure de Lebesgue par translation,

$$u(x) = (4\pi)^{-1} \int_E |y|^{-1} f(x - y)\, dy,$$

et on peut dériver sous le signe somme si, dans un voisinage de x, la dérivée $\partial(x \to f(x - y))$ est majorée par une fonction $y \to g(y)$ sommable, ce qui est bien le cas. Le raisonnement vaut pour tous les ordres de dérivation (y compris l'ordre 0). ◊

Remarque A2.1. On a en fait beaucoup mieux (mais pas aussi simplement) : Si, pour $k > 0$, $f \in C_0^k(E_3)$, alors[4] $u \in C^{k+2}(E_3)$. ◊

A2.3 Potentiels et problème de Poisson

L'intérêt de la formule (1) réside évidemment dans le fait que $-\Delta u = f$, en général, et donc qu'elle fournit une solution *explicite* de cette équation.

Lemme A2.1. *Si* $\varphi \in C_0^\infty(E_3)$, *on a*

(2) $$\varphi(0) = -(4\pi)^{-1} \int |y|^{-1} \Delta\varphi(y)\, dy,$$

et donc $\varphi = \chi * (-\Delta\varphi)$.

---

[4] Sur l'espace euclidien E (quelle que soit sa dimension), $C_0^k(E)$ est l'espace vectoriel des fonctions k fois continûment différentiables (le k, $k \geq 0$) *à support compact* (l'indice 0). Ne pas confondre $C_0^\infty(E)$ (l'espace vectoriel) avec $\mathcal{D}(E)$ (l'espace fonctionnel), qui est ce que $C_0^\infty(E)$ devient lorqu'on lui attribue une topologie ad-hoc (celle de la convergence uniforme de la fonction et de ses dérivées sur tout compact). Le dual $\mathcal{D}'(E)$ est alors l'espace des distributions.

Démonstration. En appliquant la formule de Green à l'extérieur de $B = B(0, \varepsilon)$, on trouve, puisque $\Delta\chi = 0$, et que $\partial_n(y \to 1/|y|) = -1/|y|^2$ (dS est la mesure surfacique sur la surface S de B),

$$\int_{E_3} |y|^{-1} \Delta\varphi(y)\, dy = \lim_{\varepsilon \to 0} [\int_{E_3 - B} dy\, |y|^{-1} \Delta\varphi(y)]$$
$$= \lim_{\varepsilon \to 0} [\int_S dS(y)\, |y|^{-1} \partial_n\varphi(y) - \int_S dS(y)\, \varphi(y)/|y|^2]$$
$$= \lim_{\varepsilon \to 0} [\varepsilon^{-1} \int_B \Delta\varphi - \varepsilon^{-2} \int_S \varphi]$$
$$= -4\pi\, \varphi(0). \quad \Diamond$$

Remarque A2.2. Puisque $\chi \in L^1_{loc}(E_3)$, il lui correspond une distribution sur E_3. Cette distribution est, selon la définition de ces objets, l'application $\varphi \to \int_E \chi\, \varphi$, de type $C_0^\infty(E_3) \to \mathbb{R}$, et on la note encore χ. Par définition de la dérivation dans $\mathcal{D}'$, on a $\int_{E_3} \Delta\chi\, \varphi = \int_{E_3} \chi\, \Delta\varphi$. Comme $C_0(E_3)$ contient $C_0^\infty(E_3)$, on vient donc d'établir que $-\Delta\chi = \delta_0$, au sens des distributions. ◊

Corollaire du lemme. *Si* $\varphi \in C_0^\infty(E_3)$, *on a, pour* $f \in L^1(E_3)$,

$$-\int u\, \Delta\varphi = \int f\, \varphi.$$

Démonstration. D'après (2), on a, par Fubini,

$$\int dy\, f(y)\, \varphi(y) = -\,{}^1\!/_{4\pi} \int dy\, f(y) \int dx\, |x - y|^{-1}\, \Delta\varphi(x)$$
$$= -\,{}^1\!/_{4\pi} \int dx\, \Delta\varphi(x) \int dy\, |x - y|^{-1} f(y)$$
$$= -\int dx\, \Delta\varphi(x)\, u(x). \quad \Diamond$$

Donc, finalement,

Proposition A2.4. *Si* $f \in L^1(E_3)$, *le potentiel* u *de* (1) *est solution du problème de Poisson :*

(3) $$-\Delta u = f.$$

Remarque A2.3. Ce n'est pas *la* solution : on peut ajouter à u n'importe quelle fonction harmonique, comme par exemple, certains polynômes en x, tel $x \to x_1 x_2$. (Incidemment, ceci est la clé de l'Exer. 1.1, p. 4. Voir aussi la Remarque A4.3, p. 141.) Toutefois, lorsque u est nulle à l'infini (par exemple si f est à support borné), elle est la seule solution ayant cette propriété, comme on va le voir. ◊

A2.4 Fonctions harmoniques

Une fonction u est dite *harmonique* dans l'ouvert Ω si $\Delta u = 0$ (au sens des distributions) dans Ω. On rappelle (lemme de Weyl) que u est alors C^∞ dans Ω. (Ce résultat n'est *pas* conséquence de ce qui précède.) Soit u une fonction harmonique dans un ouvert de E_3 contenant la boule B(0, r) (cf. Fig. A2.1) et O_α l'ouvert $B(0, r) - \mathrm{ad}[B(x, \alpha)]$. En intégrant par parties dans $\int_{O_\alpha} \mathrm{grad}\, u \cdot \mathrm{grad}\, \chi$ (utiliser (2), p. 125) et en passant à la limite $\alpha = 0$, on obtient la formule de représentation suivante :

$$u(x) = {}^1/_{4\pi} \int_{S(0,\, r)} dy\, |x - y|^{-3}\, n(y) \cdot (y - x)\, u(y), \tag{4}$$

où n est le champ de normales sortantes unitaires sur la sphère S(0, r). En changeant l'origine au besoin, on en déduit le résultat suivant :

Proposition A2.5 ("principe du maximum"). *Une fonction harmonique dans un ouvert* Ω *n'y a pas d'extremum local strict.*

En effet, cela contredirait (4), qui donne u(x) comme une *moyenne* (à poids positifs, puisque $n(y) \cdot (y - x) \geq 0$) des valeurs de u sur la sphère. Si Ω est borné, et si u est continue sur sa fermeture, alors elle atteint son maximum et son minimum, et ceux-ci se trouvent donc sur la frontière. Autre conséquence de (4) :

Proposition A2.6. *Toute fonction harmonique* bornée *sur* E_3 *est une constante.*

Démonstration. Dériver sous le signe somme dans (4) donne

$$(\mathrm{grad}\, u)(x) = {}^1/_{4\pi} \int_{S(0,\, r)} dy\, [3\, |x - y|^{-5}\, (n(y) \cdot (y - x))\, (y - x) - |x - y|^{-3}\, n(y)]\, u(y),$$

d'où une majoration de |grad u| en $1/(r - a)$ si x reste dans B(0, a), avec a fixé. Donc si r peut être arbitrairement grand, grad u = 0. Corollaire : si le u de (1) est borné, c'est la seule solution bornée de (3). ◊

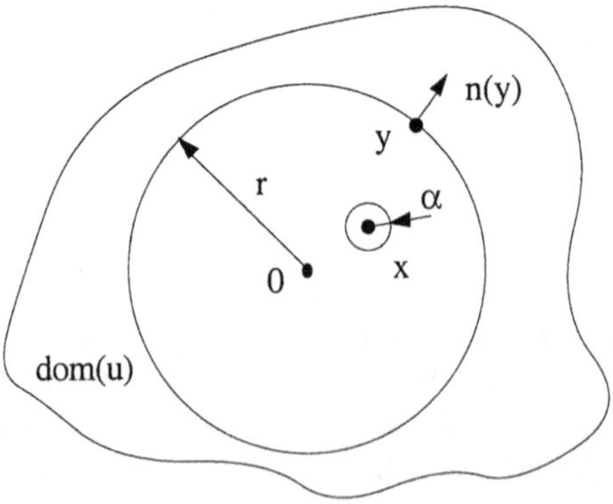

Figure A2.1. Notations pour la formule (4).

A2.5 Application : la décomposition de Helmholtz

Soit enfin $u \in \mathbb{C}_0^\infty(E_3)$ non plus une fonction mais un *champ* de vecteurs, régulier et à support compact. Soient $a = \chi * \text{rot } u$ et $\psi = \chi * \text{div } u$. Alors, $\text{div } a = \text{div}(\chi * \text{rot } u) = \chi * \text{div}(\text{rot } u) = 0$ et $\text{rot } a - \text{grad } \varphi = \chi * (\text{rot rot } u - \text{grad div } u) = \chi * (-\Delta u) = u$ (appliquer le Lemme A2.1 à chaque composante). On a ainsi obtenu explicitement la *décomposition de Helmholtz*[5] de u (dont on établit par ailleurs l'existence, dans des conditions plus générales, cf. Annexe 4) :

$$(5) \qquad u = \text{rot } a - \text{grad } \varphi$$

$$\equiv \text{rot}(\chi * \text{rot } u) - \text{grad}(\chi * \text{div } u).$$

Remarque A2.4. Bien que u soit à support compact, ce n'est pas forcément le cas de a ni de φ. ◊

Exercice A2.1. Trouver un contre-exemple, en montrant d'abord que si u et a (ou u et φ) sont à support compact, u est de moyenne nulle.

Remarque A2.5. La décomposition (5), avec a et φ de classe C^∞, sans autres précisions, n'est sûrement pas unique. En effet, il existe des champs qui sont à la fois un rotationnel et un gradient, par exemple les constantes : si c est un vecteur donné, on a $c = \text{rot}(x \to {}^1/_2\, c \times x)$, mais aussi $c = \text{grad}(x \to c \cdot x)$. Par contre, comme on le verra à l'Annexe 4 (avec d'autres méthodes), il y a unicité si l'on demande que rot a soit dans $\mathbb{L}^2(E_3)$, et donc aussi grad φ dans $\mathbb{L}^2(E_3)$. ◊

A2.6 La formule de Biot et Savart

Soit j, interprété physiquement comme une densité de courant, un champ de vecteurs à divergence nulle, de carré sommable : $\int_{E_3} |j(x)|^2\, dx < \infty$. Si supp(j) est de volume fini, le produit de convolution $a = \chi * j$ est dans $\mathbb{L}^2_{loc}(E_3)$, comme on l'a vu. Ce champ est le *potentiel vecteur* associé à j. En dérivant sous le signe somme l'expression

$$a(x) = \frac{1}{4\pi} \int_{E_3} \frac{dy}{|x-y|}\, j(y),$$

grâce aux formules de l'Annexe 1, on obtient pour le champ h = rot a la *formule de Biot et Savart :*

$$(6) \qquad h(x) = \frac{1}{4\pi} \int_{E_3} dy\, \frac{x-y}{|x-y|^3} \times j(y),$$

[5] due en fait à Stokes (1849), selon [H], p. 87.

que l'on pourrait écrire aussi bien

$$(7) \qquad h(x) = \frac{1}{4\pi} \int_{E_3} dy\, |y|^{-3}\, y \times j(x - y).$$

Le champ h vérifie $\operatorname{rot} h = j$ et $\operatorname{div} h = 0$: c'est le *champ magnétique* créé par la distribution de courant j lorsque la perméabilité est la même en tous les points de l'espace.

La dérivation sous le signe somme ne se justifie que s'il y a convergence dominée. C'est bien le cas lorsque x *n'est pas* dans le support de j. En effet, pour x_0 fixé, $r > 0$, et $|x - x_0| \leq r$, la fonction vectorielle $y \to (|x - y|)^{-3}(x - y)$, restreinte aux y tels que $|y - x_0| \geq 3r$, est majorée dans cette région par la fonction à valeurs réelles $y \to (|x_0 - y| - 2r)^{-2}$, qui est de carré sommable dans cette même région. Le produit de deux fonctions L^2 étant sommable, on a donc convergence dominée pour $|x - x_0| \leq r$, pourvu que la boule $B(x_0, 3r)$ ne rencontre pas $\operatorname{supp}(j)$. (Il n'est même plus nécessaire que $\operatorname{supp}(j)$ soit de volume fini.) Il y a aussi convergence dominée au voisinage de tout point x_0 où j est continue (ou même seulement bornée localement), pourvu qu'elle soit $\mathbb{L}^2(E_3)$ (couper l'intégrale en deux, un morceau sur la boule $B(x_0, 3r)$, l'autre sur son complémentaire). La formule de Biot et Savart "marche" donc "en dehors des courants" et "là où les courants sont réguliers". Les physiciens sont bien conscients de ces problèmes de convergence, et n'emploient la formule qu'avec circonspection. On verra à l'Annexe 4 que h est en fait toujours bien défini, *en tant que champ* $\mathbb{L}^2$, même s'il ne l'est pas *en tout point*.

Référence

[H] M. Hulin, N. Hulin, D. Perrin: **Équations de Maxwell, Ondes Électromagnétiques,** Dunod (Paris), 1992.

A3 Transformation de Fourier

On suppose connue la théorie de la transformation de Fourier des fonctions de type $\mathbb{R} \to \mathbb{C}$ de carré sommable (définition, transformation inverse, théorème de Plancherel, rapport entre dérivation par rapport à t et multiplication par $i\omega$). Voir p. ex. [Yo], Chap. VI, ou [Sc], Chap. V, ou [Se]. (Attention, la définition (1) ci-dessous suit [Yo], mais [Sc] emploie une convention différente.) Pour l'emploi *pratique* de la transformation de Laplace, qui en découle, cf. p. ex. [Ch].

La théorie s'étend sans difficulté aux fonctions de type $\mathbb{R} \to V$, où V est un espace de Hilbert complexe (justifiant ainsi les emplois de la transformation de Laplace que l'on fait dans le cours). Soit $(\ ,\ )$ le produit scalaire dans V, et $\|\ \|$ la norme. Notons $L^p(\mathbb{R}\ ;\ V)$ l'espace vectoriel des (classes de) fonctions à valeurs dans V de puissance p^e sommable. Dans le cas $p = 2$, c'est un espace de Hilbert pour le produit scalaire $[u, v] = \int_{\mathbb{R}} dt\, (u(t), v(t))$. (La norme est notée $[[\ ]]$.) Si $u \in L^1(\mathbb{R}\ ;\ V)$, sa transformée de Fourier U est

$$(1) \qquad \mathrm{U}(\omega) = (2\pi)^{-1/2} \int_{\mathbb{R}} e^{-i\omega t}\, u(t)\, dt.$$

L'intégrale existe quel que soit ω (car l'intégrande est sommable), est continue par rapport à ω (car l'intégrande est continu en ω et dominé par la fonction réelle sommable $t \to \|u(t)\|$), et tend vers 0 lorsque ω tend vers l'infini (application du "lemme de Riemann-Lebesgue"). D'où un opérateur noté $\mathcal{F}$, de type $L^2(\mathbb{R}\ ;\ V) \to L^2(\mathbb{R}\ ;\ V)$, mais de domaine restreint au sous-espace *dense* $L^2(\mathbb{R}\ ;\ V) \cap L^1(\mathbb{R}\ ;\ V)$. Par les mêmes méthodes que lorsque $V = \mathbb{C}$, on montre que $\mathcal{F}$ est une *isométrie*, que l'on peut donc prolonger à tout $L^2(\mathbb{R}\ ;\ V)$ par densité, et que $\mathcal{F}\,\mathcal{F}^* = 1$, où $\mathcal{F}^*$ s'obtient en changeant i en $-i$ dans (1). On a donc

$$(2) \qquad \int_{\mathbb{R}} dt\, (u(t), v(t)) = \int_{\mathbb{R}} dt\, (\mathrm{U}(t), \mathrm{V}(t)),$$

et en particulier $\int_{\mathbb{R}} dt\, \|u(t)\|^2 = \int_{\mathbb{R}} dt\, \|\mathrm{U}(t)\|^2$, c'est-à-dire $[[u]] = [[\mathrm{U}]]$ (théorème de Plancherel).

Prendre garde que la transformée U n'existe qu'en tant qu'élément de $L^2(\mathbb{R}\ ;\ V)$, et n'a pas de raison d'être continue par rapport à ω, ni même d'être *définie* pour une valeur donnée de ω : si $u \in L^2(\mathbb{R}\ ;\ V)$, sans autre régularité, l'intégrale (1) peut fort bien ne pas converger.

Tout comme dans la théorie scalaire, on montre que si $u \in C^1(\mathbb{R} ; V)$, avec u sommable, alors $\mathcal{F}(\partial_t u) = \omega \to i\omega\, \upsilon(\omega)$. Il est donc naturel de *définir* la dérivée par rapport au temps d'une fonction u de $L^2(\mathbb{R} ; V)$ comme la transformée de Fourier inverse de la fonction $\omega \to i\omega\, \upsilon(\omega)$, à condition que celle-ci soit bien de carré sommable. Cela ne signifie nullement que $\partial_t u$ existe au sens ordinaire, c'est-à-dire que $(u(t+h) - u(t))/h$ ait une limite lorsque h tend vers 0 pour t donné. Il s'agit d'une définition *faible* de la dérivée (tout comme pour les opérateurs différentiels grad, rot, div, toujours pris au sens faible dans ce cours).

Cette définition de la dérivée équivaut à la suivante : $\partial_t u$ existe, au sens faible, si et seulement si l'application $v \to -\int_{\mathbb{R}} (u(t), \partial_t v(t))\, dt$ est continue, *au sens de la norme* $L^2(\mathbb{R} ; V)$, sur le sous-espace dense $C_0^\infty(\mathbb{R} ; V)$. En effet, il existe dans ce cas, d'après le théorème de Riesz, un élément de $L^2(\mathbb{R} ; V)$, que l'on peut noter $\partial_t u$, tel que $-\int_{\mathbb{R}} (u, \partial_t v) = \int_{\mathbb{R}} (\partial_t u, v)$ pour tout v de $C_0^\infty(\mathbb{R} ; V)$. Le théorème de Plancherel montre alors qu'il s'agit bien du même $\partial_t u$ que plus haut, la continuité de l'application précédente étant équivalente au fait que $\omega \to i\omega\, \upsilon(\omega)$ soit un élément de $L^2(\mathbb{R} ; V)$ (**Exercice A3.1**).

On fait constamment usage de ces notions dans le cours, par exemple au Chap. 1 à propos des hypothèses de régularité en temps sur le courant-source (j^d et $\partial_t j^d$ dans $L^2(M_T)$, etc.). Noter en particulier l'application suivante :

Proposition A3.1. *Si* u *et* $\partial_t u$ *sont dans* $L^2(\mathbb{R} ; V)$, *alors* u *est continue à valeurs dans* V.

Démonstration. Soit $\upsilon = \mathcal{F}u$. Par hypothèse, υ et $\omega \to i\omega\, \upsilon(\omega)$ sont L^2, de sorte que $\omega \to (1+\omega^2)^{1/2}\, \upsilon(\omega)$ est L^2. On a donc, d'après l'inégalité de Cauchy-Schwarz,

$$\int d\omega\, |\upsilon(\omega)| = \int d\omega \sqrt{1+\omega^2}\, |\upsilon(\omega)| \frac{d\omega}{\sqrt{1+\omega^2}} < \infty,$$

car la fonction $\omega \to (1+\omega^2)^{-1/2}$ est de carré sommable. Alors la transformée de Fourier inverse, soit $u(t) = (2\pi)^{-1/2} \int_{\mathbb{R}} e^{i\omega t}\, \upsilon(\omega)\, d\omega$, transformée d'une fonction sommable, est continue. ◊

On verra à l'Annexe 8 une autre technique (plus puissante) de démonstration de ce résultat.

Références

[Ch] R.V. Churchill: **Operational Mathematics,** McGrawHill Kogakusha (Tokyo), 1972 (1e édition, 1944).

[Sc] L. Schwartz: **Méthodes mathématiques pour les sciences physiques,** Hermann (Paris), 1965.

[Se] T.B.A. Senior: **Mathematical methods in electrical engineering,** Cambridge U.P. (Cambridge), 1986.

[Yo] K. Yosida: **Functional Analysis,** Springer-Verlag (Berlin), 1965.

A4 Les espaces L^2_∂

On note ad(A), ou A^{ad}, l'adhérence d'une partie A d'un espace topologique X dans celui-ci.

A4.1 Les espaces de Sobolev $L^2_{grad}(D)$, $\mathbb{L}^2_{rot}(D)$, $\mathbb{L}^2_{div}(D)$

Soit D un domaine "régulier" de E_3, c'est-à-dire un ouvert connexe à frontière S au moins lipschitzienne, et "localement d'un seul côté" de S (Fig. A4.1). Cas particulier : $D = E_3$; dans ce cas, S est vide.

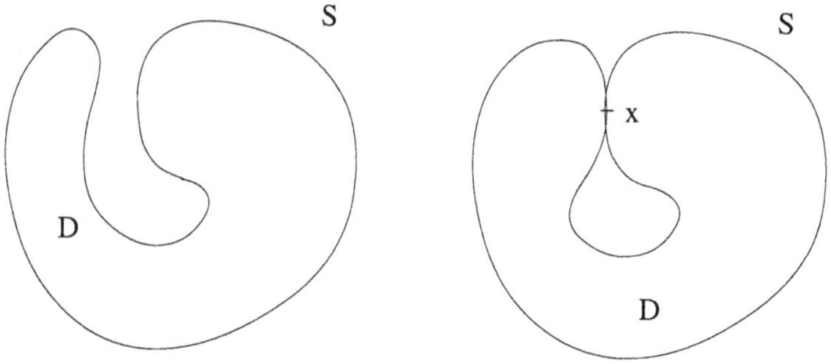

Figure A4.1. À gauche, domaine régulier. Celui de droite ne l'est pas, car il est localement "des deux côtés" de S au voisinage de x. (Pas de voisinage de x dont l'intersection avec D soit connexe.)

Considérons les espaces vectoriels (réels ou complexes, selon le contexte) $C_0^\infty(E_3)$ et $\mathbb{C}_0^\infty(E_3)$ des champs (respectivement, scalaires et vectoriels) indéfiniment différentiables à support compact sur E_3. On note $\varphi|_D$ ou $u|_D$, selon le cas, la restriction d'un champ scalaire ou vectoriel à D, et on note comme suit les espaces vectoriels formé par ces restrictions :

$$C^\infty(D^{ad}) = \{\varphi|_D : \varphi \in C_0^\infty(E_3)\}, \quad \mathbb{C}^\infty(D^{ad}) = \{u|_D : u \in \mathbb{C}_0^\infty(E_3)\}.$$

Alors,

Définition A4.1: *On note* $L^2_{grad}(D)$, $\mathbb{L}^2_{rot}(D)$, $\mathbb{L}^2_{div}(D)$ *les espaces de Hilbert* complétés *de* $C^\infty(D^{ad})$, $\mathbb{C}^\infty(D^{ad})$, $\mathbb{C}^\infty(D^{ad})$ *par rapport aux produits scalaires*

(1) $((\varphi, \varphi')) = \int_D \varphi \cdot \varphi' + \int_D \text{grad}\, \varphi \cdot \text{grad}\, \varphi'$,

(2) $((u, u')) = \int_D u \cdot u' + \int_D \text{rot}\, u \cdot \text{rot}\, u'$,

(3) $((u, u')) = \int_D u \cdot u' + \int_D \text{div}\, u \ \text{div}\, u'$.

Remarque A4.1. Ceci est un peu vite dit. En termes plus corrects, le produit scalaire (2), par exemple, induit sur $\mathbb{C}^\infty(D^{ad})$ une distance, et on complète $\mathbb{C}^\infty(D^{ad})$ par rapport à cette distance (de sorte que toutes les suites de Cauchy convergent). Alors, par prolongement des applications linéaires continues, (2) devient un produit scalaire sur le complété, et lui donne sa structure hilbertienne. C'est l'espace de Hilbert ainsi obtenu que l'on appelle $\mathbb{L}^2_{rot}(D)$. De même pour les deux autres[1]. (Plus généralement, on pourrait remplacer grad, etc., par un opérateur différentiel ∂ quelconque, d'où le titre donné à cette Annexe.) ◊

Remarque A4.2. Une autre définition possible est

$$L^2_{grad}(D) = \{\varphi \in L^2(D) : \ \text{grad}\, \varphi \in \mathbb{L}^2(D)\},$$

$$\mathbb{L}^2_{rot}(D) = \{u \in \mathbb{L}^2(D) : \ \text{rot}\, u \in \mathbb{L}^2(D)\},$$

$$\mathbb{L}^2_{div}(D) = \{u \in \mathbb{L}^2(D) : \ \text{div}\, u \in L^2(D)\},$$

où les opérateurs grad, rot, div sont pris au sens des distributions. Ces espaces, chacun a priori plus grand que son homologue parmi ceux de la Déf. 4.1, coïncident avec eux si S est assez régulière. (C'est vrai en particulier si $D \equiv E_3$, car alors $C_0^\infty(E_3)$ ou $\mathbb{C}_0^\infty(E_3)$ sont denses dans L^2_{grad}, $\mathbb{L}^2_{rot}$, $\mathbb{L}^2_{div}$, par troncature et régularisation.) Nous écarterons les cas pathologiques (cf. [Ad]) en convenant que "D régulier" signifie précisément "tel que les deux définitions coïncident". ◊

Bien entendu, L^2_{grad} n'est autre que l'espace de Sobolev $H^1(D)$. La notation est destinée à mettre en évidence le parallèle entre les trois espaces, dont on verra la raison profonde par ailleurs. (Ce sont trois versions, obtenues pour $p = 0, 1, 2$, de l'espace F^p_d des formes différentielles de degré p sur d, de carré sommable ainsi que leurs dérivées extérieures. Cf. Annexe 9.)

Dans le cas où $D = E_3$, on a les formules d'intégration par parties suivantes :

(4) $\int \text{div}\, u \ \varphi = - \int u \cdot \text{grad}\, \varphi \quad \forall\, \varphi \in L^2_{grad}(E_3), \ u \in \mathbb{L}^2_{div}(E_3)$,

(5) $\int \text{rot}\, u \cdot v = \int u \cdot \text{rot}\, v \quad \forall\ u, v \in \mathbb{L}^2_{rot}(E_3)$.

---

[1] Autre notation possible : H(grad), H(rot), H(div).

En effet, (5) a lieu si u et v sont toutes deux dans $\mathbb{C}_0^\infty(E_3)$; donc si $\{u_n\}$ et $\{v_n\}$ sont des suites de Cauchy convergeant vers u et v, on a $\int \operatorname{rot} u_n \cdot v_m = \int u_n \cdot \operatorname{rot} v_m$ pour n et m quelconques. On passe alors à la limite, d'abord par rapport à n, puis par rapport à m, d'où (5). Même raisonnement pour (4).

Si D n'est pas tout E_3, S n'est pas vide, et il y a des termes de surface : pour u, φ et v réguliers, ainsi que S elle-même, on a

(6) $$\int_D \operatorname{div} u \;\varphi = -\int_D u \cdot \operatorname{grad} \varphi + \int_S n \cdot u \;\varphi,$$

(7) $$\int_D \operatorname{rot} u \cdot v = \int_D u \cdot \operatorname{rot} v + \int_S n \times u \cdot v,$$

où n est le champ des vecteurs unitaires normaux sortants par rapport à S. En effet,

(8) $$\operatorname{div}(\varphi\, u) = \operatorname{div} u \;\varphi + u \cdot \operatorname{grad} \varphi,$$

(9) $$\operatorname{div}(u \times v) = \operatorname{rot} u \cdot v - u \cdot \operatorname{rot} v,$$

d'où (6) et (7) par la formule d'Ostrogradskii. Le prolongement de ces formules à $\mathbb{L}^2_{div}(D) \times L^2_{grad}(D)$ et à $\mathbb{L}^2_{rot}(D) \times \mathbb{L}^2_{rot}(D)$ est une affaire assez délicate, qui exige quelques rappels sur la notion de *trace* sur S.

A4.2 Traces

On sait que l'application "restriction à S", soit $\varphi \to \varphi|_S$, a priori de type $C^\infty(D^{ad}) \to C^\infty(S)$, se prolonge en une application linéaire continue sur $H^1(D)$, et que son image est alors l'espace de Sobolev $H^{1/2}(S)$. L'application prolongée (de type $H^1(D) \to H^{1/2}(S)$) s'appelle *opérateur de trace*, et l'image φ_S est la *trace* de φ. La théorie des espaces de Sobolev étant assez difficile [LM], on peut trouver avantage à définir directement l'espace des traces par prolongement : Soit T(S) le complété de l'espace des restrictions $\{\varphi_S \equiv \psi|_S : \psi \in C^\infty(D^{ad})\}$ par rapport à la norme ci-dessous, dite norme quotient :

$$||\varphi_S|| = \inf\{||\psi|| : \psi \in L^2_{grad}(D),\ \psi|_S = \varphi_S\}.$$

Cet espace, complet par construction, hérite de L^2_{grad} une structure hilbertienne (la norme possède la propriété du parallélogramme, et donc dérive d'un produit scalaire). Reste à identifier cet espace abstrait à un espace de distributions concret, porté par S, et c'est le point difficile. Il se trouve qu'il s'agit bien, sauf cas pathologiques, de l'espace que l'on appelle $H^{1/2}(S)$ dans la théorie des espaces de Sobolev, où il est défini comme l'"interpolé" de $L^2(S)$ et $H^1(S)$ [LM]. Mais on peut se passer de faire cette démonstration en considérant $H^{1/2}(S)$ comme une simple *notation* pour l'espace des traces, dont on montre aisément par ailleurs qu'il est contenu dans $L^2(S)$ (en ce sens qu'il existe une injection continue de $L^2(S)$ dans T(S), cf. [Br], p. 196). On note alors $H^{-1/2}(S)$ le dual de $H^{1/2}(S)$. Si maintenant l'on identifie $L^2(S)$ à son dual, alors

$L^2(S) \subset H^{-1/2}(S)$, et le crochet de dualité $\langle f, \varphi \rangle$ entre $f \in H^{-1/2}(S)$ et $\varphi \in H^{1/2}(S)$ peut s'écrire[2]

(10) $$\langle f, \varphi \rangle = \int_S f\, \varphi,$$

par abus de notation légitime, puisque c'est sa valeur lorsque $f \in L^2(S)$.

Si $\varphi \in C_0^\infty(D)$, alors $\varphi|_S = 0$. On démontre, réciproquement, que le sous-espace vectoriel $\{\varphi \in L^2_{\text{grad}}(D) : \varphi|_S = 0\}$ est la fermeture de $C_0^\infty(D)$, traditionnellement notée $H^1_0(D)$. Il s'ensuit que l'orthogonal de $C_0^\infty(D)$ (ou de $H^1_0(D)$) dans $L^2_{\text{grad}}(D)$ peut être identifié à $H^{1/2}(S)$:

(11) $$L^2_{\text{grad}}(D) = H^1_0(D) \oplus H^{1/2}(S).$$

Considérons maintenant, pour $u \in \mathbb{C}^\infty(D^{ad})$ et $\varphi \in C^\infty(D^{ad})$, la formule (6) ci-dessus, soit

(6) $$\int_D \operatorname{div} u\ \varphi = - \int_D u \cdot \operatorname{grad} \varphi + \int_S n \cdot u\ \varphi.$$

Elle se prolonge par continuité à $\varphi \in \mathbb{L}^2_{\text{grad}}(D)$, puisque les trois termes sont continus par rapport à φ pour la topologie de cet espace. Soit maintenant $u \in \mathbb{L}^2(D)$. L'application $\varphi \to \int_D \varphi \operatorname{div} u + \int_D u \cdot \operatorname{grad} \varphi$ étant linéaire continue[3] sur $\mathbb{L}^2_{\text{grad}}$, et nulle sur $C_0^\infty(D)$, elle s'identifie à un élément du dual de $H^{1/2}(S)$, d'après (11). Comme cet élément n'est autre que $n \cdot u$ lorsque u est régulière, d'après (6), il est légitime de le noter $n \cdot u$ dans tous les cas (y compris lorsque S n'est pas assez régulière pour que n soit partout défini). C'est la *trace normale* d'un élément de $\mathbb{L}^2_{\text{div}}$. Résumons :

Proposition A4.1. *Il existe une application linéaire continue de* $\mathbb{L}^2_{\text{div}}(D)$ *dans* $H^{-1/2}(S)$, *notée* $u \to n \cdot u$, *telle que* (6) *ait lieu pour tout* $u \in \mathbb{L}^2_{\text{div}}(D)$ *et* $\varphi \in \mathbb{L}^2_{\text{grad}}(D)$ (le troisième terme étant pris au sens de (10)). *Elle prolonge la trace de la composante normale* $u \to n \cdot u$, *définie lorque* u *et* S *sont réguliers.*

Passons à $\mathbb{L}^2_{\text{rot}}(D)$, en introduisant d'abord quelques conventions d'écriture.

Si x est un point de S, supposée assez régulière, et si $u \in \mathbb{C}^\infty(D^{ad})$, nous noterons $u_S(x)$ la projection de $u(x)$ sur le plan tangent à S en x. Le champ surfacique $x \to u_S(x)$ (dit "partie tangentielle" de u), sera noté u_S. On notera $n \times u$ le champ surfacique $x \to n(x) \times u(x)$ (qui s'obtient donc en faisant tourner d'un quart de tour à gauche, autour de la normale extérieure, les vecteurs de u_S). Remarquer que $n \times (n \times u) = - u_S$.

On notera $H^\alpha(S)$ et $\mathbb{H}^\alpha(S)$ les espaces de Sobolev de champs surfaciques. ($\mathbb{L}^2(S)$ est $\mathbb{H}^0(S)$, et $\mathbb{C}^\infty(S)$ la restriction de $\mathbb{C}^\infty(D^{ad})$.) Par définition, $u_S \in \mathbb{H}^\alpha(S)$

---

[2] Ceci est une "situation V–H–V' ". Cf. Annexe 8.

[3] Par continuité de (,), et parce que div u et grad φ sont L^2.

si les deux composantes de u_S, dans un système de coordonnées adéquat défini sur la surface, sont localement dans $H^\alpha(S)$, de sorte que $\mathbb{H}^\alpha(S)$ est isomorphe (localement tout au moins) à $H^\alpha(S) \times H^\alpha(S)$.

Enfin, toujours si u est régulier, $n \cdot \text{rot } u$ est une fonction sur S, que l'on peut noter $\text{rot}_S\, u_S$: c'est justifié, car, dans le cas particulier où S est le plan xOy d'un système de coordonnées cartésiennes où $u = \{u^1, u^2, u^3\}$, on a bien $n \cdot \text{rot } u = \partial_1 u^2 - \partial_2 u^1 = \text{rot}_S\{u^1, u^2\}$. On définit alors div_S par $\text{div}_S\, u_S = -\text{rot}_S(n \times u_S)$, avec la même justification : on a $\text{div}_S\, u_S = \partial_1 u^1 + \partial_2 u^2$ en coordonnées.

Cela étant,

Proposition A4.2 (cf. [Pa]). *Il existe une application linéaire continue de* $\mathbb{L}^2_{\text{rot}}(D)$ *dans* $\mathbb{H}^{-1/2}(S)$, *qui prolonge* $u \to u_S$, *et l'application* $u \to n \cdot \text{rot } u$ *est linéaire continue de* $\mathbb{L}^2_{\text{rot}}(D)$ *dans* $H^{-1/2}(S)$.

L'espace des traces tangentielles de $\mathbb{L}^2_{\text{rot}}(D)$ est donc contenu dans (en fait, égal, cf. [Pa]) :

$$\mathbb{T}(S) = \{u \in \mathbb{H}^{-1/2}(S) : \text{rot}_S u_S \in H^{-1/2}(S)\}.$$

Par analogie avec la Prop. A4.1, on s'attend à ce que $n \times u$ soit dans le dual de $\mathbb{T}(S)$, une fois $\mathbb{L}^2(S)$ identifié à son dual. Effectivement :

Proposition A4.3. *L'application* $\{u, v\} \to \int_S n \cdot u \times v$, *de type* $\mathbb{C}^\infty(S) \times \mathbb{C}^\infty(S) \to \mathbb{R}$, *se prolonge en une application bilinéaire continue sur* $\mathbb{T}(S) \times \mathbb{T}(S)$.

La démonstration est assez longue : Travailler par cartes locales, et utiliser les décompositions de Helmholtz, i.e., $u = \text{grad } \alpha + n \times \text{grad } \beta$, de u et v. Prendre garde que u et v sont ici définies sur S seulement, pas sur D^{ad}, et que la démonstration ne passe *pas* par un relèvement de u et v. ◊

A4.3 La décomposition de Helmholtz

Dans toute cette Section, $D \equiv E_3$.

Lemme A4.1. *Soit* $u \in \mathbb{L}^2(E_3)$, *tel que* $\text{rot } u = 0$ *et* $\text{div } u = 0$ (au sens des distributions). *Alors* $u = 0$.

Démonstration. La transformée de Fourier, $\xi \to \mathrm{u}(\xi)$ (qui est une *fonction* de $\mathbb{L}^2$, d'après le théorème de Plancherel) vérifie $\xi \times \mathrm{u}(\xi) = 0$ et $\xi \cdot \mathrm{u}(\xi) = 0$, donc (double produit vectoriel) $|\xi|^2\, \mathrm{u}(\xi) = 0$, donc $\mathrm{u} = 0$. Donc $u = 0$. ◊

Remarque A4.3. Attention à ne pas appliquer ce raisonnement à une *distribution* u, car $|\xi|^2\, \mathrm{u}(\xi) = 0$ n'implique nullement $\mathrm{u} = 0$ dans ce cas. ◊

Posons maintenant

$$G = (\mathrm{grad}(C_0^\infty(E_3)))^{ad}, \quad R = (\mathrm{rot}(\mathbb{C}_0^\infty(E_3)))^{ad}.$$

Ce sont deux sous-espaces vectoriels fermés de $\mathbb{L}^2$, qui sont manifestement orthogonaux, puisque $\int \mathrm{rot}\, a \cdot \mathrm{grad}\, \varphi = 0$ si $a \in \mathbb{C}_0^\infty(E_3)$ et $\varphi \in C_0^\infty(E_3)$. Mais d'autre part, si $u \in \mathbb{L}^2$ est orthogonal aux deux à la fois, alors $\mathrm{rot}\, u = 0$ et $\mathrm{div}\, u = 0$, au sens des distributions, donc $u = 0$ (lemme A4.1). On vient donc d'obtenir une décomposition orthogonale de $\mathbb{L}^2(E_3)$:

(12) $$\mathbb{L}^2(E_3) = G \oplus R \equiv (\mathrm{grad}(C_0^\infty(E_3)))^{ad} \oplus (\mathrm{rot}(\mathbb{C}_0^\infty(E_3)))^{ad}.$$

A priori, le noyau de rot dans $\mathbb{L}^2$, soit

$$\ker(\mathrm{rot}) = \{u \in \mathbb{L}^2(E_3) : \int u \cdot \mathrm{rot}\, v = 0 \ \ \forall\, v \in \mathbb{C}_0^\infty(E_3)\},$$

est orthogonal à R, donc contenu dans G, et contient $\mathrm{grad}(C_0^\infty(E_3))$. Or il est fermé, car rot est un opérateur *fermé*[4]. Donc $\ker(\mathrm{rot}) = G$. De même, $\ker(\mathrm{div}) = R$. Résumons :

Proposition A4.4. $\mathbb{L}^2(E_3) = \ker(\mathrm{rot}) \oplus \ker(\mathrm{div}) \equiv G \oplus R$

$$\equiv (\mathrm{grad}(C_0^\infty(E_3)))^{ad} \oplus (\mathrm{rot}(\mathbb{C}_0^\infty(E_3)))^{ad}.$$

On est maintenant tenté de dire "donc, tout champ $u \in \mathbb{L}^2(E_3)$ est de la forme $u = \mathrm{grad}\, \varphi + \mathrm{rot}\, a$." En effet, d'après (12), il existe deux suites a_n et φ_n telles que $\mathrm{grad}\, \varphi_n$ et $\mathrm{rot}\, a_n$ convergent vers les projections orthogonales de u, soit $u = u_G + u_R$. *Si* φ_n [resp. a_n] convergeait vers un certain $\varphi \in L^2$ [resp. $a \in \mathbb{L}^2$], on aurait alors $u_G = \mathrm{grad}\, \varphi$ [resp. $u_R = \mathrm{rot}\, a$], puisque grad est fermé [resp. rot est fermé]. Malheureusement, dans un domaine non borné (faute d'inégalité du type Poincaré), il n'y a rien pour affirmer l'existence de cette limite.

Toutefois, puisque $\{\varphi_n\}$ est une suite de Cauchy par rapport à la norme $\varphi \to \|\mathrm{grad}\, \varphi\|_2$ (c'est bien une *norme* sur $C_0^\infty(E_3)$), on peut procéder selon la méthode générale consistant à créer un nouvel espace formé des classes d'équivalence de suites de Cauchy : alors la limite appartient à cet espace. (Noter que c'est précisément la méthode par laquelle on complète un espace métrique.) Pour $\{a_n\}$, la situation est légèrement plus compliquée, car $a \to \|\mathrm{rot}\, a\|_2$ est seulement une semi-norme, et il faut donc passer au quotient. D'où les définitions suivantes :

Définition A4.2. *On appelle* $BL_{grad}(E_3)$ *le* complété *de* $C_0^\infty(E_3)$ *par rapport à la norme* $\varphi \to \|\mathrm{grad}\, \varphi\|_2$. *On appelle* $\mathbb{BL}_{rot}(E_3)$ *le complété du* quotient $\mathbb{C}_0^\infty(E_3)/(\mathrm{grad}(C_0^\infty(E_3))$ *par rapport à la norme* $a \to \|\mathrm{rot}\, a\|_2$.

[4] A est *fermé* si $u_n \to u$ et $Au_n \to w$ entraînent $w = Au$, ce qui est bien le cas des opérateurs différentiels définis au sens "faible". Il en résulte, en particulier, que $\ker(A)$ est fermé.

Par construction, grad et rot sont linéaires continus sur ces nouveaux espaces, et leurs images sont G et R. Donc, d'après (12),

Propositition A4.5 (décomposition de Helmholtz). *On a*

$$\mathbb{L}^2(E_3) = \text{grad}(BL_{\text{grad}}(E_3)) \oplus \text{rot}(\mathbb{BL}_{\text{rot}}(E_3)).$$

Donc tout u de $\mathbb{L}^2$ est bien de la forme $u = \text{grad}\ \varphi + \text{rot}\ a$, mais ceci serait de peu d'intérêt si φ et a étaient des objets abstraits et non des fonctions, scalaire et vectorielle. Heureusement, on démontre [DL] que BL_{grad} et $\mathbb{BL}_{\text{rot}}$ s'injectent continûment dans $L^6(E_3)$ et $\mathbb{L}^6(E_3)$ respectivement (voir [Br], p. 162). On a donc bien, au bout du compte, la décomposition attendue (cf. Annexe 2), avec φ et a *localement* L^2 (et globalement L^6). On a aussi le

Lemme (de Poincaré). *Un champ de* $\mathbb{L}^2(E_3)$ *à rotationnel nul* [resp. *à divergence nulle] est le gradient d'une fonction* [resp. *le rotationnel d'un champ] localement de carré sommable. Plus précisément :*

$$\ker(\text{rot}) = \text{grad}(BL_{\text{grad}}(E_3)), \qquad \ker(\text{div}) = \text{rot}(\mathbb{BL}_{\text{rot}}(E_3)).$$

En particulier, si $j \in \mathbb{L}^2(E_3)$ est donnée, avec $\text{div}\ j = 0$, il existe h dans $\mathbb{BL}_{\text{rot}}(E_3)$, et donc dans $\mathbb{L}^6$, tel que $\text{rot}\ h = j$ et $\text{div}\ h = 0$. C'est le champ que donne explicitement, lorsqu'elle est applicable, la formule de Biot et Savart de l'Annexe 2. *Si* $h \in \mathbb{L}^2$, ce qui a lieu par exemple si $j \in \mathbb{L}^{6/5}(E_3)$ (**Exercice A4.1**), alors il existe un potentiel vecteur $a \in \mathbb{BL}_{\text{rot}}(E_3)$ tel que $h = \text{rot}\ a$, et il est donné explicitement par $a = \chi * j$ lorsque ce produit de convolution existe ($j \in \mathbb{L}^{3/2-\varepsilon}$ suffit à cet égard). Attention donc à ne pas "définir" h par $a = \chi * j$ et $h = \text{rot}\ a$ en l'absence d'hypothèses sur j autres que $j \in \mathbb{L}^2(E_3)$ et $\text{div}\ j = 0$.

Du fait de la Prop. A4.5, l'espace $BL_{\text{grad}}(E_3)$, ou "espace de Beppo Levi" [DL], est le cadre fonctionnel naturel de beaucoup de problèmes où l'inconnue est un potentiel scalaire. D'après ce qui précède, les fonctions de $BL_{\text{grad}}(E_3)$ sont "localement H^1" et "globalement L^6". Elles ne sont pas forcément continues. Elles ne sont pas non plus "nulles à l'infini" : prendre une suite de points $x_n \in E_3$ tendant vers l'infini, et soit $\varphi_n = y \to n\,(1 - n^4\,|y - x_n|)^+$ (le + dénote la partie positive d'une fonction). Alors $\int |\text{grad}\ \varphi_n|^2$ est en n^{-2}, de sorte que $\varphi = \sum_n \varphi_n$ est bien dans BL_{grad}, mais elle ne tend pas vers 0 à l'infini, car $\varphi(x_n) = n$ pour n assez grand.

Exercice A4.2. Montrer, à l'aide d'un contre-exemple analogue, que $\varphi \in BL_{\text{grad}}(E_3)$ peut ne pas être continue en un point.

Toutefois, une fonction de $BL_{\text{grad}}(E_3)$ un tant soit peu régulière (continue, par exemple, ou a fortiori, harmonique hors d'un borné) est nulle à l'infini, et cette expression, "nulle à l'infini", est souvent employée pour donner une idée du comportement des fonctions de BL. Elle se justifie aussi par des propriétés telles que la suivante ($\mathcal{D}'(E_3)$ est l'espace des distributions sur E_3) :

Proposition A4.6. *Soit*

$$W = \{\varphi \in \mathcal{D}'(E_3) : \text{grad}\,\varphi \in \mathbb{L}^2(E_3),\ \int_{E_3} (1 + |x|^2)^{-1/2}\, |\varphi(x)|^2\, dx < \infty\},$$

avec la norme hilbertienne naturelle. On a $BL_{grad}(E_3) \subset W$, *avec injection continue.*

Démonstration. On vérifie aisément que W est complet. Or il contient $C_0^\infty(E_3)$, avec injection continue, d'où le résultat. ◊

On démontre mieux, en fait : W et BL coïncident (et certains auteurs préfèrent utiliser W, cf. en particulier [Ne]). Ce résultat, qui repose sur l'inégalité de Hardy ci-dessous (Exer. A4.4), s'obtient "presque" par des moyens élémentaires :

Exercice A4.3. Montrer, à l'aide de l'inégalité de Hölder, que

$$\int_{E_3} (1 + |x|^2)^{-1/2}\, |\varphi(x)|^2\, dx \le C \int_{E_3} |\text{grad}\,\varphi|^2$$

si $\varphi \in L^{6-\varepsilon}(E_3)$, avec ε positif assez petit.

Exercice A4.4. Soit f continue et non négative pour $x \ge 0$ et $F(x) = \int_0^\infty f(t)\, dt$. Pour $p > 1$, on a

$$\int_0^\infty [F(x)/x]^p\, dx \le (p/(p-1))^p \int_0^\infty [f(x)]^p\, dx$$

("inégalité de Hardy"). En déduire l'équivalence des normes induites sur $C_0^\infty(E_3)$ par W et par $BL_{grad}(E_3)$. Montrer alors, en remarquant que $C_0^\infty(E_3)$ est dense dans W, que W et $BL_{grad}(E_3)$ coïncident.

Références

[Ad] R. Adams: **Sobolev Spaces,** Acad. Press (Orlando, Fla.), 1975.

[Br] H. Brezis: **Analyse fonctionnelle,** Masson (Paris), 1983.

[DL] J. Deny, J.L. Lions: "Les espaces du type de Beppo Levi", **Ann. Inst. Fourier, 5** (1953-54), pp. 305-70.

[LM] J.L. Lions, E. Magenes: **Problèmes aux limites non homogènes et applications,** Vols. 1 et 2, Dunod (Paris), 1968.

[Ne] J.C. Nedelec, M. Artola, M. Cessenat: **Méthodes intégrales,** in **Analyse mathématique et calcul numérique pour les sciences et les techniques,** t. 2 (R. Dautray, J.L. Lions, r.c.), Masson (Paris), 1985.

[Pa] L. Paquet: "Problèmes mixtes pour le problème de Maxwell", **Annales Fac. Sc. Toulouse,** 4 (1982), pp. 103-41.

[Yo] K. Yosida: **Functional Analysis,** Springer-Verlag (Berlin), 1965.

A5 Absence de modes résonnants dans les cavités chargées

On va esquisser la démonstration du résultat suivant :

Proposition A5.1. *Soit* Ω *un domaine régulier de* $\mathbb{R}^3$, *de frontière* Γ. *Soient* u *et* v *tels que*

(1) $\qquad \operatorname{rot} u = v, \qquad \operatorname{rot} v = u \quad \text{dans } \Omega,$

(2) $\qquad n \times u = 0, \qquad n \times v = 0 \quad \text{sur } \Sigma,$

où Σ *est une partie de* Γ *de frontière régulière et d'intérieur non vide (relativement à* Γ*). Alors* u *et* v *sont nuls dans tout* Ω.

Démonstration. D'abord l'idée. Les deux champs u et v vérifient $\operatorname{div} u = 0$ et $-\Delta u = u$ dans Ω, grâce à (1). Un opérateur tel que $\Delta + 1$ a une propriété connue sous le nom d'"hypoellipticité" (cf., p. ex., [Yo]), qui dans ce cas particulier implique que tout u qui vérifie $\Delta u + u = 0$ dans un ouvert y est *analytique*. Si nous pouvions prouver que toutes les dérivées de toutes les composantes de u et v s'annulent en un point, u et v seraient alors nulles dans tout Ω, par analyticité.

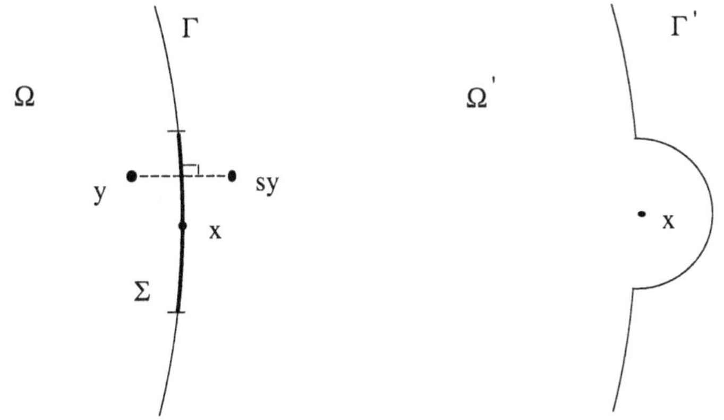

Figure A5.1. Technique d'agrandissement de Ω, et de prolongement par réflexion.

Ceci est facile à prouver pour les points de la frontière tels que x dans la Fig. A5.1, qui est dans l'intérieur relatif de Σ, mais le problème est que ces points ne sont pas dans Ω. Il faut donc agrandir Ω au voisinage de x, en prenant l'union de Ω et d'une boule, comme le suggère la Fig. A5.1, et prolonger les équations à ce domaine agrandi Ω' d'une manière qui préserve l'hypoellipticité. Pour faire cela, d'abord redresser Σ au voisinage de x par un difféomorphisme approprié, puis considérer la réflexion s par rapport au plan où Σ se trouve maintenant. Prenant l'image réciproque de cette opération dans Ω', on obtient une sorte de réflexion déformante par rapport à Σ, notée s_*. Définissons des prolongements de u et v en posant $\tilde{u}(sy) = - s_* u(y)$ et $\tilde{v}(sy) = s_* v(y)$. Maintenant, $\tilde{u}$ et $\tilde{v}$ satisfont dans Ω' un système semblable à (1)(2), à quelques coefficients réguliers près, système qui se réduit à (1)(2) sur Ω, et est lui aussi hypoelliptique.

Reste à prouver le point concernant l'annulation des dérivées. Ceci se fait en travaillant dans une carte appropriée, centrée sur le point x, les coordonnées x_1 et x_2 décrivant Σ, et la coordonnée x_3 la distance à Σ. Dans ce système, $u = \{u^1, u^2, u^3\}$, et $u^j(x_1, x_2, 0) = 0$ pour $j = 1, 2$, par hypothèse. Les dérivées partielles $\partial_i u^j$ sont donc nulles au point x pour i et j = 1 ou 2 et de même pour v. Donc $u^3 = n \cdot \text{rot}\, v = \partial_1 v^2 - \partial_2 v^1 = 0$. Les $\partial_i u^j$ sont donc nulles en x pour i = 1 ou 2 et *tout* j. Puisque $\text{rot}\, u = \{\partial_2 u^3 - \partial_3 u^2, \partial_3 u^1 - \partial_1 u^3, \partial_1 u^2 - \partial_2 u^1\} \equiv \{-\partial_3 u^2, \partial_3 u^1, 0\}$ est aussi nul en x, on a $\partial_3 u^j(x) = 0$ pour j = 1 et 2. La dernière dérivée à considérer est $\partial_3 u^3 \equiv \text{div}\, u - \partial_1 u^1 - \partial_2 u^2 = 0$, puisque $\text{div}\, u = \text{div}\, \tilde{u} = 0$ au point x. (Un peu rapide, mais vrai.) Ceci règle le cas des dérivées premières, et de même pour v.

Ce qu'on vient de prouver pour un point générique de Σ implique que toutes les dérivées du premier ordre de u et v s'annulent sur Σ. Or, en différentiant (1) et (2) par rapport à la i^e coordonnée, on voit que $\partial_i u$ et $\partial_i v$ vérifient (1)(2), donc le raisonnement précédent peut être appliqué aux dérivées de u et v de tous les ordres : elles s'annulent toutes en x, et maintenant l'argument fondé sur l'analyticité marche, et mène à la conclusion annoncée. ◊

Le résultat employé au Chap. 2 s'obtient en posant $\Omega = D - C$ et $\Sigma = \partial C$, et en choisissant un système d'unités tel que $\varepsilon_0 \mu_0 \omega^2 = 1$.

Référence

[Yo] K. Yosida: **Functional Analysis,** Springer-Verlag (Berlin), 1965.

A6 Quelques notions sur la symétrie

On appelle *isométries* d'un espace métrique X les fonctions de type $X \to X$, définies sur tout X, qui conservent les distances. (Elles sont donc en particulier bijectives.) Les isométries de E_3 sont les rotations, les translations et leurs combinaisons. Selon qu'elle change ou non l'orientation d'un trièdre de référence, une isométrie est dite *directe* ou *gauche*. (On pourrait dire aussi *paire* ou *impaire*, mais nous réservons ces termes pour un autre usage ci-dessous.)

Soit D un domaine régulier de E_3.

Définition A6.1. *Une isométrie*[1] i *de* E_3 *est une* symétrie *du domaine* D *si elle laisse* D *globalement invariant :* i(D) = D.

Les symétries de D forment évidemment un groupe (noté G_D ou simplement G ci-dessous). Ce groupe a deux éléments dans le cas de l'ouvert de la Fig. 1 du Chap. 2 : l'identité et la réflexion s par rapport au plan horizontal Σ (groupe noté C_{1h}) et peut en avoir beaucoup plus en pratique : par exemple, toutes les rotations de $2\pi/n$ autour d'une certaine droite d (dite "axe de répétition d'ordre n"), groupe noté C_n. Autres groupes de symétrie couramment rencontrés : D_n, C_{nh}, C_{nv}, obtenus en combinant les rotations de C_n avec, respectivement, le demi-tour autour d'un axe orthogonal à d, la réflexion s par rapport à un plan orthogonal à d, et celle par rapport à un plan passant par d, et D_{nh}, qui s'obtient en combinant les rotations de D_n avec s.

Une symétrie de D est directe ou gauche selon que l'isométrie dont elle est la restriction est directe ou gauche. Les éléments de G_D qui sont des symétries directes forment un sous-groupe de G_D.

Exercice A6.1. Faire la liste de toutes les symétries des objets suivants, en vérifiant qu'elles forment bien dans chaque cas un groupe : une hélice à trois pales (groupe D_3 ou C_3, selon qu'elle est réversible ou non), un arc de triomphe (C_{2v}), la tour Eiffel (C_{4v}), un parallélépipède (D_{2h}).

---

[1] On peut concevoir des systèmes, à structure "fractale", invariants par rapport à des transformations ne conservant pas les distances, par exemple des similitudes. L'exploitation de ce type de symétries est un problème ouvert.

Exercice A6.2. Dresser la table de multiplication du groupe D_2 (quatre éléments). Montrer qu'il y a un autre groupe d'ordre 4 non isomorphe, et un seul. Dessiner un objet de symétrie D_2, mais pas D_{2h}. Vérifier que D_2 est le sous-groupe des symétries directes dans D_{2h}.

Soit i une isométrie de E_3. Si v est un vecteur d'origine x et d'extrémité y, il est naturel de définir le transformé de v par i comme étant le vecteur d'origine ix et d'extrémité iy. On le notera i_*v.

Par restriction à D, on définit de même l'effet d'une symétrie s de D sur un vecteur en $x \in D$. Si maintenant $v = x \to v(x)$ est un *champ* de vecteurs sur D, on notera Sv le transformé de v par s, ainsi défini :

(1) $$(Sv)(sx) = s_*(v(x)),$$

c'est-à-dire, selon notre convention du début, $Sv = x \to s_*(v(s^{-1}x))$. Donc si s est par exemple la réflexion par rapport à un plan, et si v est représenté, selon la (très contestable) convention habituelle, par une forêt de flèches issues de certains points, Sv se représente par l'ensemble des réflexions de toutes ces flèches. Les fonctions se transforment par symétrie comme les champs de vecteurs : si f est une fonction définie sur D, on pose, sur le modèle de (1), $(Sf)(sx) = f(x)$, c'est-à-dire $Sf = x \to f(s^{-1}x)$. Tout cela suggère la définition suivante :

Définition A6.2. *Soit* v *un champ [resp. une fonction] sur* D. *Une symétrie* s *de* D *est une symétrie* du champ v *[resp.* de la fonction f] *si et seulement si* Sv = v *[resp.* Sf = f].

Les symétries d'un champ ou d'une fonction forment évidemment un sous-groupe de G_D, noté G_v ou G_f si besoin est, et appelé *groupe d'isotropie*, ou parfois *petit groupe* de v ou de f.

Exercice A6.3. Montrer que le petit groupe d'une fonction φ [resp. d'un champ h, d'un champ j] est contenu dans celui de grad φ [resp. de rot h, de div j]. (Utiliser le Th. de Stokes.)

Beaucoup de symétries sont des *involutions*, en ce sens que $s^2 = 1$ (l'identité) : ce sont les symétries par rapport à un point, une droite ou un plan. Pour elles, on a la notion suivante :

Définition A6.3. *Un champ* v, *scalaire ou vectoriel, est dit* pair *[resp.* impair] *par rapport à la symétrie involutive* s si Sv = v *[resp.* Sv = − v].

Il est facile de voir que si une fonction est paire ou impaire, son gradient est également pair ou impair, et que la divergence d'un champ a la même parité que lui. Par contre, le rotationnel d'un champ pair ou impair a la parité *opposée* dans le cas d'une symétrie *gauche* (réflexion par rapport à un point ou à un plan) et la même parité dans le cas d'une symétrie directe (demi-tour par rapport à une droite).

Exercice A6.4. Démontrer les assertions précédentes.

A7 Un exemple de calcul en domaine borné
(l'horloge à Césium)

Voici un exemple de problème concret où le calcul détaillé du champ dans une cavité rend des services. C'est aussi un exemple de la façon dont un calcul peut (et doit) être limité à une portion réduite de la région physiquement intéressante, ce qui constitue la *modélisation :* quelles équations faut-il résoudre, dans quelle région, et surtout, assorties de quelles conditions aux limites ?

On sait que depuis 1967 la seconde est définie comme "la durée de 9 192 631 770 périodes de la radiation correspondant à la transition entre les deux niveaux hyperfins de l'état fondamental de l'atome de Césium 133". Mais encore ? Comment se servir d'un atome de césium, système *microscopique*, comme horloge ? En forçant un système *macroscopique* à osciller à la même fréquence, par *asservissement*. Par exemple, on peut faire vibrer une cavité micro-onde à une fréquence f proche de la fréquence f_0 ci-dessus (f_0 = 9 192 631 770), grâce à un oscillateur à quartz, et introduire dans cette cavité des atomes de césium excités de manière à tous se trouver dans l'un des deux états hyperfins évoqués dans la définition officielle. Si f est assez proche de f_0, l'interaction avec le champ électromagnétique provoque la transition vers l'autre niveau (par exactement le même mécanisme que celui à l'œuvre dans un laser). En mesurant la proportion des atomes qui ont changé d'état, on obtient un signal d'asservissement

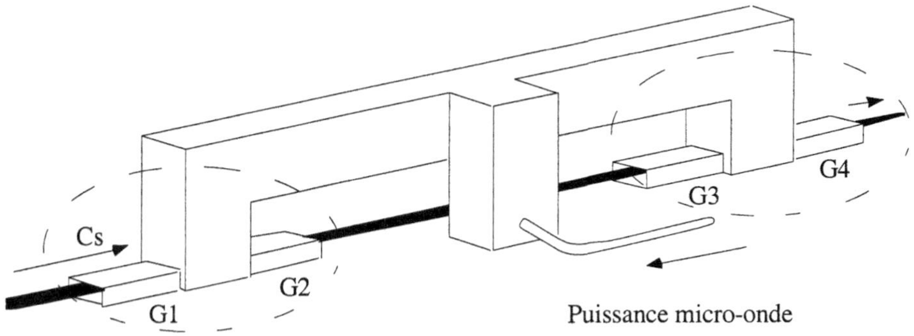

Figure A7.1. L'ensemble de la cavité résonnante.

proportionnel à l'écart $f - f_0$, qui peut donc être utilisé pour synchroniser l'oscillateur à quartz et le forcer à vibrer à une fréquence sous-multiple de f_0 (de l'ordre de 5 MHz). C'est lui qui constitue alors l'horloge macroscopique recherchée. Elle bat la seconde avec une précision meilleure que 10^{-13} [1].

Concrètement, on fait passer un jet d'atomes de césium, présélectionnés par un système d'aimants déflecteurs de manière à être tous dans le même état, à travers une cavité, percée de deux petites ouvertures, et maintenue sous vide (Fig. A7.1), de dimensions telles que sa fréquence de résonance soit aussi proche que possible de f_0. Les atomes ayant transité sont séparés des autres à la sortie, toujours par des moyens magnétiques, et envoyés vers un compteur, qui fournit après amplification le signal de rétroaction. Il faut s'assurer que le champ magnétique ne se propage pas vers l'extérieur de la cavité au niveau des fenêtres d'entrée et de sortie du jet, de manière à ne pas venir perturber celui-ci en dehors de la zone prévue. C'est pourquoi les fenêtres sont prolongées horizontalement par des guides d'ondes courts, ouverts, dimensionnés de manière à *ne pas* propager d'ondes (pièces G1, G2, G3, G4 sur la Fig. 1).

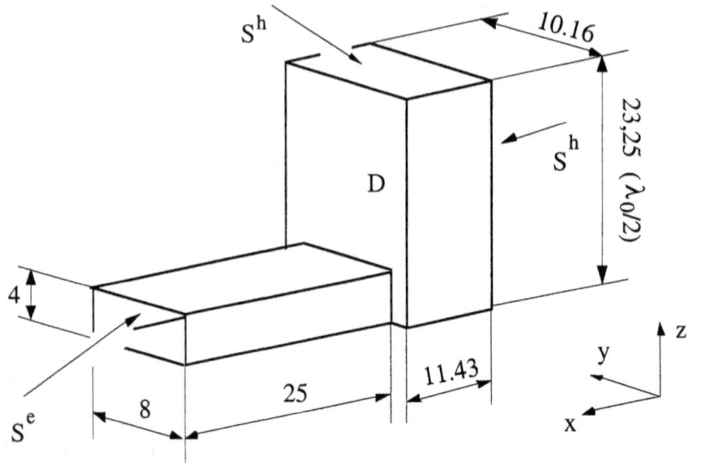

Figure A7.2. Le domaine de calcul, et les conditions aux limites.

En l'absence des fenêtres et de ces pièces rapportées, la cavité pourrait à la rigueur être assimilée à un long guide d'ondes rectangulaires, de section droite $22{,}86 \times 10{,}16$ mm (cf. Fig. A7.2), dont les fréquences propres sont connues explicitement. Ces dimensions sont choisies de manière à avoir une résonance à la fréquence f_0. Mais les fréquences de résonance de la cavité modifiée ne peuvent pas être calculées ainsi, "à la main". Tout ce qu'on peut affirmer est que l'une d'elles est proche de f_0. Or il est important (cf. [3]) de la connaître avec précision, ainsi que la distribution du champ magnétique, à cette fréquence, dans la région traversée par le jet, c'est-à-dire dans les zones cerclées sur la Fig. A7.1. À partir de là, on peut en effet retoucher toutes les dimensions de manière à optimiser l'ensemble du dispositif.

On fera donc un calcul restreint à l'une de ces zones, en tenant compte des symétries (cf. Fig. A7.2 ; seule la symétrie par rapport au plan yOz est prise en considération). Ce faisant, on introduit de "nouvelles frontières" sur lesquelles il faut préciser la condition au bord (qui ailleurs, c'est-à-dire sur la paroi métallique, est $n \times e = 0$). Pour le plan de symétrie yOz, c'est $n \times h = 0$, i.e., champ magnétique *impair,* de manière à ce qu'il soit toujours dans le même sens[1] le long du trajet du césium. Sur l'ouverture de gauche, $n \times e = 0$, comme si elle était fermée, puisque ce guide est dimensionné, comme on l'a dit, de manière à ne pas propager d'ondes. (Il restera à voir, a posteriori, si la longueur du guide a été prévue assez grande. La Fig. A7.4 ci-dessous confirmera que c'est bien le cas.) Reste l'ouverture du haut. Sa position à 23,25 mm du fond du guide d'ondes principal (i.e., $\lambda_0/2$, où λ_0 est la longueur d'onde[2] à la fréquence f_0) correspond à ce qui serait, selon la théorie élémentaire des guides d'onde, *et en l'absence de la partie* G1, un ventre de vibration pour e, et donc un plan où $n \times h = 0$. On voit le principe de prescription de ces conditions aux limites artificielles : il faut soit "deviner", par un raisonnement physique, les valeurs du champ sur la nouvelle frontière, et les imposer en tant que conditions de Dirichlet, soit placer cette frontière sur ce qui est, toujours pour des raisons physiques, un plan de symétrie *approximatif* pour l'un des champs (qui est donc, *localement*, pair ou impair par rapport à ce plan).

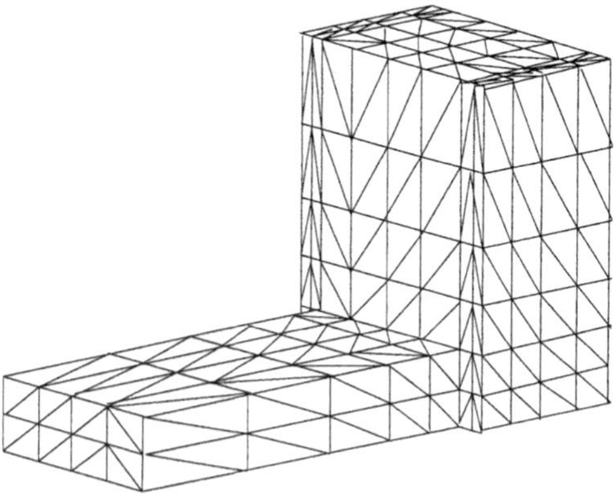

Figure A7.3. Maillage (6 tétraèdres par pavé).

Le calcul a été fait à propos de la mise au point d'une horloge au Laboratoire de l'Horloge Atomique d'Orsay. Cf. [2]. La Fig. A7.3 donne une idée du maillage. La Fig. A7.4, extraite de la Réf. [2], montre le champ magnétique dans le plan de symétrie xOz, et la Fig. A7.5, la composante b_z de l'induction (à la phase 0 relativement à l'excitation), le long d'une horizontale correspondant à l'axe du jet de césium, 2 mm au-dessus du fond de la cavité.

Références

[1] C. Audoin: "Les étalons atomiques de fréquence", **Revue du Palais de la Découverte, 1 4**, 139 (1986).

[2] L. Pichon, A. Razek: "Electromagnetic field computations in a three-dimensional cavity with a waveguide junction of a frequency standard", **IEE Proc.-H, 139,** 4 (1992), pp. 343-5.

[1] La condition $n \times e = 0$ donnerait un mode à fréquence très différente de f_0, mode qui n'est donc pas excité par la source de puissance.

[2] Il s'agit de la longueur d'onde *guidée,* différente de la longueur d'onde dans le vide à la même fréquence.

[3] N. Yahyabey, P. Lesage, C. Audoin: "Studies of dielectrically loaded cavities for small size hydrogen masers", **IEEE Trans., IM-38,** 1 (1989), pp. 74-8.

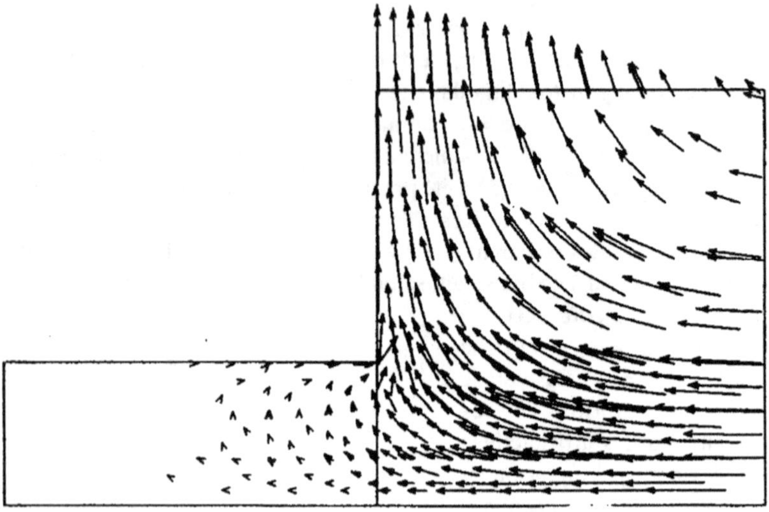

Figure A7.4. Champ magnétique dans le plan médian.

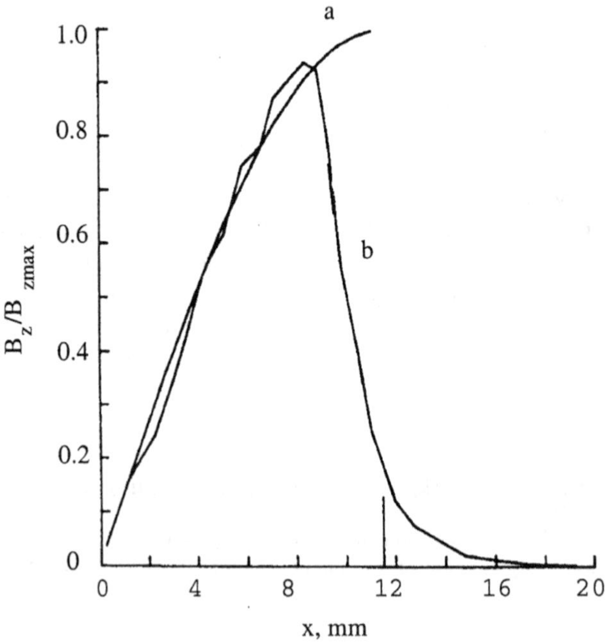

Figure A7.5. Composante z de l'induction le long de l'axe du jet (2 mm au-dessus du fond). En a : solution analytique, sans les pièces G. En b : calcul numérique.

A8 La situation $V \subset H \subset V'$

Soient V et H deux espaces de Hilbert réels (l'extension aux complexes est sans difficulté), et i une injection continue de V dans H telle que $i(V)$ soit dense. On notera $((v, v'))$ le produit scalaire de V et (h, h') celui de H, par $\|v\|$ et $|h|$ les normes. Si f est un élément du dual V' de V, on note $f(v) = \langle f, v\rangle$, ou s'il y a risque de confusion, $\langle f, v\rangle_{V', V}$. La norme de f, soit $\sup\{\langle f, v\rangle : v \in V, \|v\| = 1\}$, par définition, sera notée $[f]$. On rappelle qu'à tout $f \in V'$ correspond un élément rf de V tel que $\langle f, v\rangle = ((rf, v))$ pour tout v de V, l'application linéaire bijective r étant une isométrie ($[f] = \|rf\|$), dite *isomorphisme de Riesz.* L'espace V' a ainsi une structure hilbertienne naturelle, donnée par le produit scalaire $[f, f'] = ((rf, rf'))$.

À tout élément h de H correspond une application linéaire $v \to (h, i(v))$ continue sur V, c'est-à-dire un élément du dual V', que l'on peut noter $j(h)$. On a donc $\langle j(h), v\rangle_{V', V} = (h, i(v))$.

Proposition A8.1. *L'application* $j \in H \to V'$ *est injective, continue, et d'image dense.*

Démonstration. En effet, $j(h) = 0$ signifie $(h, i(v)) = 0 \;\; \forall\, v \in V$, et donc $h = 0$ puisque $i(V)$ est dense dans H. On a $[j(h)] = \sup\{|(h, i(v))| : \|v\| = 1\} \leq \text{Cte}\,|h|$, puisque i est continue, d'où la continuité de j. Enfin, si $[j(h), f] = 0 \;\; \forall\, h \in H$, c'est-à-dire $\langle j(h), rf\rangle \equiv (h, i(rf)) = 0 \;\; \forall\, h \in H$, on a $i(rf) = 0$, donc $rf = 0$ puisque i est injective, et donc $f = 0$. ◊

On a l'inégalité suivante :

(1) $\qquad (i(v), h) \leq \|v\|\,[j(h)].$

En effet, par définition de la norme dans V', et de j,

$$\|v\|\,[j(h)] = \sup\{\langle j(h), w\rangle_{V', V} \;:\; w \in V,\; \|w\| = \|v\|\},$$

(2) $$= \sup\{(h, i(w)) : w \in V,\; \|w\| = \|v\|\},$$

d'où $\|v\|\,[j(h)] \geq (h, i(v))$, d'où (1). Lorsque $h = i(v)$, on a un résultat plus précis :

Proposition A8.2. *Pour tout* $v \in V$, $|v|^2 = \|v\|\,[v]$.

Démonstration. Il y a là bien sûr un abus de notation, et l'égalité doit se lire $|i(v)|^2 = \|v\|\,[j(i(v))]$. Faisant $h = i(v)$ dans (1), on a $\|v\|\,[j(i(v))] \geq (i(v), i(v))$, c'est-à-dire $|v|^2 \leq \|v\|\,[v]$. Mais sous la contrainte $\|w\| = \|v\|$, ce qui entraîne $|i(w)| = |i(v)|$, le maximum dans (2) est atteint précisément pour $w = v$, car $(i(v), i(w)) \leq |i(v)|^2$, comme on le voit en développant le second membre de l'inégalité $0 \leq |i(v) - i(w)|^2$. ◊

L'abus de notation qu'on vient de faire ci-dessus, en écrivant v au lieu de $i(v)$, est naturel : il consiste à identifier V à son image dans H par i, d'où l'inclusion $V \subset H$, avec V dense dans H. De même, on peut écrire simplement v au lieu de $j(i(v))$ une fois H identifié à son image $j(H)$ dans V', d'où les inclusions :

$$V \subset H \subset V'.$$

Exercice A8.1. Soit H l'espace ℓ^2 des suites $x = \{x_n : n \in \mathbb{N}\}$, à valeurs réelles, de carré sommable, muni du produit scalaire $(x, y) = \sum_n x_n y_n$, et V celui des suites telles que $\sum_n n\,|x_n|^2 < \infty$, avec pour produit scalaire $((x, y)) = \sum_n n\, x_n\, y_n$. Décrire V', en donnant en particulier l'expression de son produit scalaire. Expliciter i, j, et l'isomorphisme r.

Cette "situation $V \subset H \subset V'$ " se rencontre assez fréquemment. Par exemple, si H est l'espace $L^2(\Omega)$, et V le complété de $C_0^\infty(\Omega)$ par rapport à la norme $\|v\| = [\int_\Omega |\text{grad } v|^2]^{1/2}$, l'injection canonique i de $\mathcal{D}(\Omega)$ dans $L^2(\Omega)$ se prolonge en une injection de V dans $L^2(\Omega)$. On peut alors identifier $L^2(\Omega)$ à un sous-espace du dual V'. Lorsque Ω est un ouvert borné de $\mathbb{R}^n$, V s'appelle traditionnellement $H^1_0(\Omega)$, et son dual, $H^{-1}(\Omega)$. On a alors

$$H^1_0(\Omega) \subset L^2(\Omega) \subset H^{-1}(\Omega),$$

et donc $H^{-1}(\Omega)$ peut être sans contradiction à la fois "plus grand" que $H^1_0(\Omega)$ (c'est un espace de distributions), et "égal", puisque isomorphe, à $H^1_0(\Omega)$. L'isomorphisme de Riesz a ici pour inverse l'opérateur différentiel $-\Delta$, et le problème de trouver $u \in H^1_0(\Omega)$ tel que $-\Delta u = f$, avec f donné dans $H^{-1}(\Omega)$, est "bien posé". Voilà donc un exemple où la situation $V \subset H \subset V'$ est étroitement associée à la résolution d'un problème aux limites. C'est souvent le cas, et on peut en particulier construire à volonté des situations $V \subset H \subset V'$ avec pour H et V les espaces $\mathbb{L}^2$ et $\mathbb{L}^2_\partial$ de l'Annexe 2, ou des espaces qui leur sont apparentés.

La situation $V \subset H \subset V'$ est aussi le cadre naturel de l'étude de beaucoup de problèmes d'évolution, du type *trouver* $t \to u(t)$, *à valeurs dans* V, *telle que*

(3) $\qquad \partial_t u(t) + Au(t) = f(t)$ *pour* $t > 0$, $\quad u(0) = u_0$,

où A est un opérateur linéaire continu de V dans V'. Il est naturel dans ces conditions que la donnée f soit une fonction du temps à valeurs dans V'. Il est plus troublant de constater, dans les cas pratiques, que la donnée initiale u_0 "naturelle", du point de vue de la physique, peut ne pas être un élément de V, et appartenir seulement à l'espace H d'un triplet V–H–V'. Par exemple, si (3) est l'expression abstraite de l'équation de la chaleur[1] dans un domaine Ω, avec température maintenue à 0 au bord, le champ de température initial est *discontinu* dans beaucoup de problèmes concrets, et donc ne peut pas être dans $H^1_0(\Omega)$.

Que le problème puisse néanmoins être bien posé tient au résultat suivant, très utile :

Théorème A8.1. *Si, dans une situation* $V \subset H \subset V'$, *une fonction* $v = t \to v(t)$ *à valeurs dans* V, *appartient à* $L^2(\mathbb{R} ; V)$, *et a une dérivée* $\partial_t v \in L^2(\mathbb{R} ; V')$, *elle est continue par rapport à* t *en tant que fonction à valeurs dans* H.

Démonstration. Rappelons que $L^2(\mathbb{R} ; V)$ désigne l'espace vectoriel des fonctions $t \to v(t)$ à valeurs dans V telles que l'intégrale $\int_{\mathbb{R}} dt\, \|v(t)\|^2$ converge. C'est un espace de Hilbert pour le produit scalaire $(u, v) = \int_{\mathbb{R}} dt\, ((u(t), v(t))$. Par définition (cf. Annexe 3), $\partial_t v \in L^2(\mathbb{R} ; V')$ si $\omega \to \omega\, v(\omega)$ est dans $L^2(\mathbb{R} ; V')$, où v est la transformée de Fourier de v. On note $\mathcal{H}$ l'espace des $v \in L^2(\mathbb{R} ; V)$ tels que $\partial_t v \in L^2(\mathbb{R} ; V')$, muni du produit scalaire naturel $\int_{\mathbb{R}} dt\, (u(t), v(t)) + \int_{\mathbb{R}} dt\, [\partial_t u(t), \partial_t v(t)]$. Par troncature et régularisation, on démontre sans peine (mais non sans encre), que $C_0^\infty(\mathbb{R} ; V)$ est dense dans $\mathcal{H}$. Soit $v \in C_0^\infty(\mathbb{R} ; V)$. Alors,

$$|v(0)|^2 = |-2 \int_0^\infty (\partial_t v\, , v)| \le 2 \int_0^\infty [\partial_t v]\, \|v\|$$
$$\le 2\, [\int_{\mathbb{R}} dt\, [\partial_t v]^2]^{1/2}\, [\int_{\mathbb{R}} dt\, \|v\|^2]^{1/2},$$

d'après (1) et l'inégalité de Cauchy-Schwarz. L'application $T = v \to v(0)$, de type $\mathcal{H} \to H$ et de domaine $C_0^\infty(\mathbb{R} ; V)$, se prolonge donc en une application linéaire continue sur tout $\mathcal{H}$, à valeurs dans H. Par ailleurs, d'après la propriété classique de *continuité en moyenne* des fonctions L^p, la translation en temps $v \to \tau_a v$, où $(\tau_a v)(t) = v(t + a)$, est continue de $\mathcal{H}$ dans lui-même, d'où la continuité de la fonction $a \to |v(a)|$ par composition de T et de τ_a. ◊

Le théorème de traces classique (cf. Annexe 2) est un exemple d'application du théorème A8.1 dans une situation V–H–V' appropriée : V est $L^2_{grad}(S)$, c'est-à-dire l'espace de Sobolev $H^1(S)$, V' est $L^2(S)$, et H est l'espace qu'on a appelé T(S) dans l'Annexe 4, c'est-à-dire $H^{1/2}(S)$. La définition de $H^{1/2}$ comme *interpolé* de L^2 et de H^1 (cf. [LM], Chap. 1) est en fait conçue pour que les inclusions $H^1(S) \subset H^{1/2}(S) \subset L^2(S)$ réalisent une situation V–H–V'.

Quant à l'équation (3), on a, entre autres résultats, ceci :

Théorème A8.2 ([LM], Vol. 1, p. 257). *On suppose qu'il existe* $\alpha > 0$ *tel que*

(4) $\quad \langle Av, v\rangle + |v|^2 \ge \alpha\, \|v\|^2 \quad \forall\, v \in V.$

---

[1] Dans ce cas, A est l'opérateur $v \to -\operatorname{div}(\kappa \operatorname{grad} v)$, avec $\kappa(x) \ge \kappa_0 > 0$.

Alors, pour $f \in L^2([0, \infty) ; V')$ *et* $u_0 \in H$ *donnés, l'équation* (3) *a une solution unique* u *dans* $L^2([0, \infty) ; V)$.

Comme alors $\partial_t u \in L^2([0, \infty) ; V')$, d'après l'équation (3), u est aussi dans $\mathcal{H}$ (ce qui donne un sens à la condition initiale), et de plus, l'application $\{f, u_0\} \to u$ est continue de $L^2([0, \infty) ; V') \times H$ dans $\mathcal{H}$. On dit, selon une terminologie qui remonte à Hadamard, que le problème (3) est "bien posé" (existence d'une solution unique, continue par rapport aux données).

L'opérateur A peut dépendre du temps, pourvu que (4) ait lieu avec le même α pour tous les A(t).

Référence

[LM] J.L. Lions, E. Magenes: **Problèmes aux limites non homogènes et applications,** Vols. 1 et 2, Dunod (Paris), 1968.

A9 Géométrie différentielle pour l'électromagnétisme (Petit guide d'étude)

A9.1 Concepts propres à la structure de variété différentiable

Mode de travail conseillé : mettre la main sur un ou deux traités de géométrie différentielle et s'y reporter pour comprendre chacun des concepts suivants (dans l'ordre), si nécessaire. L'intuition géométrique est plus importante ici que la technique.

Variétés. Ce sont des espaces topologiques qui "ressemblent, localement, à A_n". Plus précisément, on se donne un système d'applications φ_α, $\alpha \in \mathcal{A}$, appelées "cartes", de type $X \to \mathbb{R}^n$ (l'entier n est la *dimension* de X), partielles, biunivoques, telles que la réunion de leurs domaines couvre X et que $\varphi_\alpha \circ (\varphi_\beta)^{-1}$ soit C^∞ pour tous les couples $\{\alpha, \beta\}$ (condition de *compatibilité* des cartes ; l'ensemble de toutes les cartes possibles compatibles deux à deux s'appelle l'*atlas complet* de X). Les variétés de dimension n sont donc "des assemblages de morceaux de $\mathbb{R}^n$, régulièrement[1] raccordés". Le principe est de donner sens sur les variétés à tous les concepts du calcul différentiel classique (tel qu'il est développé à propos des applications différentiables de $\mathbb{R}^m$ dans $\mathbb{R}^n$.) Ainsi, une fonction f de type $X \to \mathbb{R}$ est dite C^∞ si la composée $f \circ \varphi^{-1}$ l'est. Si cette propriété est vraie dans une carte φ, elle l'est dans toute autre carte compatible, par définition même de la compatibilité des cartes.

Variétés à bord. Même chose, mais en certains points (ceux du bord), X ressemble localement au demi-espace $\{x \in \mathbb{R}^n : x^1 \geq 0\}$. Le bord est lui-même une variété (de bord vide) de dimension n − 1, notée ∂X. Désormais, on dira simplement "variété" pour "variété à bord", les variétés sans bord (définies ci-dessus) étant des cas particuliers.

Difféomorphismes. Applications bijectives C^∞ d'une variété sur une autre, c'est-à-dire, les applications qui conservent la structure de variété. Deux variétés difféomorphes ont même dimension. Une application $u \in X \to Y$ qui est C^∞ et réalise un difféomorphisme entre X et cod(u) s'appelle un *plongement*.

Vecteurs tangents en x, où $x \in X$, dits "vecteurs en x". Ce sont les classes d'équivalence de trajectoires passant en x. Une telle trajectoire est une application g

---

[1] En ce sens que la correspondance biunivoque qui définit la "loi de collage" de deux morceaux est C^∞.

de type $\mathbb{R} \to X$, telle que $g(0) = x$, et *régulière*, i.e., telle que $t \to \varphi(g(t))$ soit C^∞, où φ est une carte dont le domaine contient x. Deux trajectoires g et g' sont équivalentes si $|\varphi(g(t)) - \varphi(g'(t))| = o(t)$. On vérifie que cette équivalence, tout comme la propriété de régularité de g et g', est indépendante de la carte choisie (toujours à cause de la relation de compatibilité des cartes). Les vecteurs tangents sont donc les vecteurs-vitesse de toutes les trajectoires régulières possibles dans X.

Espace tangent en x. Noté $T_x X$, c'est l'espace des vecteurs tangents au point x, au sens de la définition ci-dessus. Sa structure d'espace vectoriel est l'image, par l'intermédiaire d'une carte en x, de celle de V_n, et ne dépend pas du choix de la carte. Si $x \in \partial X$, $T_x\partial X$ est un sous-espace de codimension 1 dans $T_x X$. Les autres vecteurs de $T_x X$ sont dits *transverses* à ∂X, et sont soit *sortants* soit *entrants*.

Application tangente. Une application $u \in X \to Y$, régulière, de domaine ouvert dans X, transforme les trajectoires en x de X en trajectoires en $y = u(x)$ de Y, et donc les vecteurs de $T_x X$ en vecteurs de $T_y Y$. La correspondance de type $T_x X \to T_y Y$ ainsi établie est linéaire et se note $u_*(x)$. On note u_* l'application induite sur TX, à valeurs dans TY.

Vecteurs de base en un point, relativement à une carte φ. On considère les trajectoires $g_i = t \to \varphi^{-1}(\gamma_i(t))$, images réciproques par φ des trajectoires particulières $\gamma_i = t \to \{0, ..., t, ..., 0\} \in \mathbb{R}^n$, avec t en i^e position (γ_i est le i^e axe de coordonnées de $\mathbb{R}^n$, parcouru à vitesse 1). Les g_i elles-mêmes sont les *lignes de coordonnées* (de X, au point $g(0)$). Les *vecteurs de base* sont les classes d'équivalence des g^i, $i = 1, ..., n$. Si f est une fonction de type $X \to \mathbb{R}$, la i^e dérivée partielle de la fonction composée $f \circ \varphi^{-1}$ (fonction de type $\mathbb{R}^n \to \mathbb{R}$) est par définition la i^e dérivée partielle de f dans cette base et se note $\partial_i f$. Vérifier (calcul facile) que c'est la vitesse de variation de la fonction f lorsqu'on parcourt la trajectoire g_i. On note $\partial_i(x)$ les vecteurs de base en x, on va voir pourquoi.

Fibré tangent. Noté TX, c'est l'ensemble des *couples* formés par un point x et un vecteur en x. Cet ensemble a une structure de variété, de dimension $2n$ (on lui trouve facilement des cartes lorsque les cartes de X sont données). Ainsi, la notion de trajectoire régulière dans TX, c'est-à-dire de trajectoire dans X avec, attaché à chaque point x, un vecteur en x qui dépend de façon différentiable de x, a un sens (on passe, comme toujours, par une carte). A aussi un sens la notion de *champ* de vecteurs v (en chaque point x d'une certaine partie de X, le domaine $\mathrm{dom}(v)$ de v, un vecteur v_x, dépendant régulièrement de x). Ce qui n'a pas de sens, par contre, c'est la notion de champ de vecteurs "constant" au voisinage d'un point, car ce qui est constant dans une carte ne l'est pas dans une autre. (On ne peut donc pas comparer deux vecteurs en des points différents, ni les additionner.) Exemple de champ de vecteurs : le champ ∂_i défini par $\partial_i = x \to \partial_i(x)$. Les ∂_i ne sont définis que *localement*, c'est-à-dire dans le domaine d'une carte particulière. Un champ de vecteurs v s'écrit alors, localement, $v = x \to \sum_{i=1,...,n} v^i(x)\, \partial_i(x)$, ou, sous forme abrégée, $v = \sum_i v^i\, \partial_i$. Les v^i sont les *composantes* de v (relativement à cette carte). La justification du symbole ∂ est qu'un champ de vecteurs v peut être vu comme un opérateur de différentiation sur X : en effet, si f est une fonction de type $X \to \mathbb{R}$, sa vitesse de variation le long d'une trajectoire de la classe de v est $\sum_i v^i \partial_i f$ (calcul facile), et ceci peut se lire comme $(\sum_i v^i \partial_i) f$, c'est-à-dire comme l'effet sur f d'un opérateur de dérivation.

Repère. Un *repère en* x est une base de $T_x X$, c'est-à-dire un système de n vecteurs indépendants. Un repère *local* dans un ouvert O de X est un champ de repères, c'est-à-dire un système de n champs de vecteurs réguliers $w_1, ..., w_n$ de domaine O, tels que les vecteurs en x correspondants soient indépendants. Un repère est *global* si le domaine de chaque w_i est tout X. On peut toujours trouver un repère local (par exemple, les vecteurs de base précédents), mais il n'y a pas, en règle générale, de repère global. Il n'y en a pas, par exemple, sur une sphère.

Covecteur. Élément du dual (noté $T_x^* X$) de $T_x X$. La dualité entre un covecteur ω et un vecteur v s'écrit $<\omega, v>$. S'il y a en x une base $\{\partial_i : i = 1, ..., n\}$ de vecteurs (x sous-entendu), il y a aussi une base, dite "duale", de covecteurs : ce sont les applications linéaires $d^i \in T_x X \to \mathbb{R}$ (x sous-entendu) définies par $<d^i , \partial_j> = 1$ si $i = j$, et 0 sinon. L'ensemble de tous les covecteurs est une variété de dimension 2n, notée T^*X, dite *fibré cotangent*.

p-covecteur en x. Application *multilinéaire alternée* de $T_x X \times ... \times T_x X$ (p fois) dans $\mathbb{R}$. S'il y a en x une base de covecteurs $\{d^i : i = 1, ..., n\}$, il y a une base de p-covecteurs. On note ceux-ci $d^{\sigma(1)} \wedge d^{\sigma(2)} \wedge ... \wedge d^{\sigma(p)}$, où σ est une injection *croissante* de l'ensemble d'entiers [1, p] dans [1, n], et par définition, l'effet d'un tel p-covecteur sur p vecteurs $\{v_1, v_2, ..., v_p\}$ est

$$(1) \qquad d^{\sigma(1)} \wedge d^{\sigma(2)} \wedge ... \wedge d^{\sigma(p)} (v_1, v_2, ..., v_p) = \sum_\pi v_1^{\sigma\circ\pi(1)} v_2^{\sigma\circ\pi(2)} ... v_p^{\sigma\circ\pi(p)} \operatorname{sign}(\pi)$$

où π parcourt l'ensemble S(p) de toutes les permutations de [1, p] (sign(π) est la signature de π). Ainsi, par exemple, $(d^1 \wedge d^2)(v, w) = v^1 w^2 - v^2 w^1$. Il y a autant de p-covecteurs de base que d'éléments dans l'ensemble $C(n, p)$ des combinaisons de n objets pris p à p. Il n'y a donc qu'un seul p-covecteur de base si p = 0 ou n. Pour p = 0, c'est (par convention) le nombre réel 1, et pour p = n, le *déterminant,* calculé à partir des composantes des n vecteurs facteurs dans la carte φ. (**Exercice A9.1 :** vérifier, d'après la formule (1), que $d^1 \wedge d^2 \wedge ... \wedge d^n$ est bien le déterminant.) On notera $\mathcal{F}_x^p$ l'espace des p-covecteurs en x. Chaque $\mathcal{F}_x^p$, à x fixé, est isomorphe à l'espace vectoriel, souvent noté Λ^p, des formes p-linéaires alternées sur V_n.

Soit $n = p + q$, tous entiers ≥ 0, et σ une injection croissante de [1, p] dans [1, n]. On notera ς l'injection croissante de [1, q] dans [1, n] "complémentaire" de σ, déterminée par la condition $\varsigma(i) \neq \sigma(j)$ $\forall$ i, j. La signature de la permutation $i \to$ {***si*** $i \leq p$ ***alors*** σ(i) ***sinon*** ς(i − p)} sera notée sign(σ, ς).

Produit extérieur. Le *produit extérieur* d'un p-covecteur ω_x et d'un q-covecteur η_x (tous deux en x) est le (p + q)-covecteur défini par

$$(\omega_x \wedge \eta_x)(v_1, \ldots, v_p, v_{p+1}, \ldots, v_{p+q}) =$$

$$\Sigma_{\sigma \in C(n, p)} \, \omega_x(v_{\sigma(1)}, \ldots, v_{\sigma(p)}) \, \eta_x(v_{\varsigma(1)}, \ldots, v_{\varsigma(q)}) \, \mathrm{sign}(\sigma, \varsigma).$$

Cette opération est associative, et on vérifiera que (1) est bien le produit extérieur des $d^{\sigma(i)}$, ce qui justifie cette notation. Elle est anti-commutative, en ce sens que

$$\eta_x \wedge \omega_x = (-1)^{pq} \, \omega_x \wedge \eta_x.$$

Produit intérieur. À un p-covecteur ω, $p \geq 1$, et à un vecteur v, cette opération fait correspondre le (p – 1)-covecteur

$$i_v\omega = \{v_2, \ldots, v_p\} \to \omega(v, v_2, \ldots, v_p)$$

(aussi noté $v \lrcorner \omega$ par certains, cf. p. ex. [Bu]). Cas particulier : lorsque $p = 1$, $i_v\omega = \langle\omega, v\rangle$.

Forme différentielle de degré p : champ C^∞ de p-covecteurs. On notera $\mathcal{F}^p(X)$ l'ensemble des p-formes sur X. (C'est mieux qu'un espace vectoriel, c'est un *module* sur l'anneau des fonctions.) Les formes différentielles de degré 0, ou 0-formes, sont les fonctions de type $X \to \mathbb{R}$, ou *champs scalaires*. Dans une carte locale, une p-forme s'écrit

$$\omega = x \to \Sigma_{\sigma \in C(n, p)} \, \omega_\sigma(x) \, d^{\sigma(1)} \wedge d^{\sigma(2)} \wedge \ldots \wedge d^{\sigma(p)},$$

où les ω_σ sont des fonctions C^∞. En particulier, la 1-forme générique s'écrit $\omega = x \to \Sigma_{i = 1, \ldots, n} \, \omega_i(x) \, d^i(x)$. Par linéarité de ω, on voit que $\langle\omega, v\rangle = \Sigma_i \, \omega_i \, v^i$ (avec x sous-entendu) comme on s'y attendait. Le développement de ces techniques de calcul en coordonnées constitue le *calcul tensoriel.*

Produit extérieur de formes. Opération de type $\mathcal{F}^p(X) \times \mathcal{F}^q(X) \to \mathcal{F}^{p+q}(X)$, notée $\wedge$, définie par $\omega \wedge \eta = x \to \omega_x \wedge \eta_x$.

Produit intérieur d'une p-forme ω et d'un champ de vecteurs v : c'est la (p – 1)-forme $i_v\omega = x \to i_{v(x)}\omega(x)$, parfois notée $v \lrcorner \omega$.

Trace d'une p-forme sur le bord ∂X de X. Les vecteurs tangents à ∂X étant des vecteurs tangents à X, la trace $t\omega$ de ω est simplement sa restriction à $T\partial X$, et peut donc se noter ω si c'est sans risque de confusion. Noter que la trace d'une n-forme est toujours nulle (car n vecteurs tangents à ∂X sont forcément dépendants). Trace d'une 0-forme et d'une fonction sont bien le même concept.

Tenseurs. Les tenseurs d'ordre (p, q) sont les champs d'applications multilinéaires sur le produit cartésien de p copies de $T_x X$ et de q copies de $T_x{}^* X$. (Noter l'absence du mot "alternées".) Cas particuliers : $p = 1$ et $q = 0$ (les 1-formes), $p = 0$ et $q = 1$ (les champs de vecteurs), $p = q = 0$ (les fonctions). Noter que le produit intérieur est un cas particulier de la contraction d'indices.

A9.2 Orientation et formes tordues

On passe d'une base à une autre dans un espace vectoriel par une matrice régulière. On dit que deux bases ont *la même orientation* si le déterminant de cette matrice est positif. Orienter l'espace consiste à choisir une des deux familles de bases. Exemple : la "règle des trois doigts" définit les repères directs dans V_3. Orienter une variété consiste à donner à tous ses espaces tangents des orientations cohérentes.

Volume : n-forme ne s'annulant pas sur X. On a vu que les n-formes s'écrivaient en coordonnées sous la forme $\Omega = x \to \alpha(x)\, d^1 \wedge \ldots \wedge d^n$, avec α régulière. On a donc affaire à un volume si la fonction α (qui est locale à la carte, attention !) ne s'annule pas.

Variété orientable. Variété sur laquelle existe un volume. Une *variété orientée* est la donnée d'une variété X et d'un volume Ω, ou plus correctement, d'une classe d'équivalence de tels volumes : Si Ω' est un autre volume, alors $\Omega' = \alpha\, \Omega$, où α est une fonction qui ne change pas de signe. On dit que Ω et Ω' confèrent à X *la même orientation* si $\alpha > 0$. Il y a ainsi, si X est connexe (ce que l'on inclut, en général, dans la définition d'une variété), deux orientations possibles, ou aucune.

Il existe toujours des volumes *locaux*, i.e., définis dans un voisinage de x : par exemple, $\Omega = x \to d^1 \wedge \ldots \wedge d^n$ (dans une certaine carte) est un volume local. Si $w_1, \ldots, w_n$ est un repère local, il y a, par définition même d'un repère, un voisinage de x où la fonction $x \to \Omega(w_1(x), \ldots, w_n(x))$ ne change pas de signe. Il y a donc deux classes de repères locaux, selon ce signe, au voisinage de x. Ceux pour lesquels $\Omega(w_1, \ldots, w_n)$ est positif sont dits *directs*, ou *positivement orientés*.

Le problème de l'orientabilité est de raccorder ces volumes locaux pour en faire un volume (global). Soient deux volumes locaux Ω et Ω', tels que l'intersection $\mathrm{dom}(\Omega) \cap \mathrm{dom}(\Omega')$ soit non vide et connexe. Dans cette région, on a $\Omega' = \alpha\, \Omega$, où α est de signe constant. Si ce signe est négatif, changer Ω' en $-\Omega'$ donne un volume compatible avec Ω, du point de vue de l'orientation. Si, procédant de proche en proche, on arrive ainsi à trouver une famille de volumes locaux compatibles couvrant tout X, il est facile (grâce à un résultat technique, l'existence de "partitions de l'unité") de construire à partir d'eux un volume. Mais ce processus peut échouer (essayer avec un ruban de Möbius), et il y a des variétés non orientables.

Remarque A9.1. S'il existe un repère global, X est évidemment orientable. Mais ce n'est pas une condition nécessaire (penser à la sphère unité dans E_3). ◊

Covecteurs tordus. Un p-covecteur *tordu* en x est la donnée d'un covecteur et d'une orientation de T_xX, étant entendu que le couple formé du covecteur opposé et de l'orientation opposée est le même covecteur. (Le p-covecteur tordu est donc, en fait, une classe d'équivalence, comportant deux éléments.)

Formes (différentielles) tordues. Champs réguliers de covecteurs tordus. Les n-formes tordues s'appellent des *densités*.

Le concept de forme tordue est difficile, et ne prend tout son intérêt que dans le cas, relativement peu fréquent[2], de variétés non orientables. En conséquence nous ne considérerons que des formes tordues sur des variétés orientables, et dans ce cas la définition se simplifie : Une p-forme tordue $\tilde{\omega}$ est un couple $\{\omega, \Omega\}$, où ω est une p-forme et Ω un volume (global), et on a $\{\omega, \Omega\} = \{-\omega, -\Omega\}$ par définition. (À toute forme tordue sont donc associées deux formes, et à toute forme, deux formes tordues. Mais si X n'est pas orientable, il n'y a pas de telle correspondance : formes et formes tordues ne peuvent être associées que localement.)

Trace d'une p-forme tordue sur ∂X. Si $\tilde{\omega}$ est représentée par $\{\omega, \Omega\}$, on sait ce qu'est $t\omega$, mais il reste à lui associer un volume sur ∂X. Pour cela, soit n un champ de vecteurs *sortants*[3] sur ∂X. Alors la trace $t\tilde{\omega}$ est représentée par le couple $\{t\omega, i_n\Omega\}$ (ou par le couple $\{-t\omega, -i_n\Omega\}$).

A9.3 Intégration et théorème de Stokes

Passons à l'intégration, où la notion de densité va révéler toute sa valeur : les densités, en effet, sont les objets géométriques susceptibles d'être intégrés.

Nous appellerons *p-simplexe de référence* le fermé de $\mathbb{R}^n$ suivant :

(2) $$S^p = \{x \in \mathbb{R}^p : x^i \geq 0 \quad \forall i \in [1, p], \ \Sigma_{i = 1, \dots, p}\, x^i \leq 1\},$$

et *faces* de S^p les sous-ensembles obtenus en remplaçant une ou plusieurs des inégalités dans (2) par des égalités. Sont donc des faces, entre autres, l'ensemble vide et les sommets. Une *application simpliciale*[4] est une fonction de type $S^p \to S^q$ qui est affine, biunivoque, et transforme les sommets en sommets. (Elle transforme alors

[2] Mais pas rarissime. Les variétés non-orientables interviennent de façon naturelle dans certaines modélisations, à propos de matériaux à structure périodique, par exemple.

[3] On pourrait naturellement faire choix d'un champ de vecteurs *entrants*. L'essentiel est d'avoir un champ *transverse*. Le choix des vecteurs sortants est conforme à l'usage courant.

[4] Cette notion, introduite ici par commodité, ne sert pas ailleurs.

toute face en une face de même dimension.) Une telle application induit une injection σ de $[0, p]$ dans $[0, q]$, obtenue en notant $\sigma(i)$ le numéro de l'image dans S^q du sommet de numéro i de S^p, et la donnée de cette injection suffit à la définir.

Il y a une notion d'orientation propre aux applications simpliciales lorsque $p = q$ ou $q - 1$. Si $p = q$, l'injection σ est en fait une permutation, et l'application est dite *directe* ou *gauche* selon la signature de σ. Lorsque $q = p + 1$, l'application est directe ou gauche selon la signature[5] de la permutation définie par $\{0, 1, ..., p + 1\} \to \{i, \sigma(0), \sigma(1), ..., \sigma(p)\}$, où i est celui des sommets de S^{p+1} qui n'est pas dans l'image de S^p.

Cellule simpliciale (de dimension p). C'est un plongement de S^p dans X (Fig. A9.1), ou plus précisément une classe d'équivalence de telles applications, la relation d'équivalence étant $s \sim s'$ si et seulement si (1°) les images de S^p par s et s', notées $|s|$ et $|s'|$, coïncident, (2°) $s^{-1} \circ s'$ est une application simpliciale *directe*. (À l'image $|s|$ correspondent donc deux cellules simpliciales, une de chaque orientation. On pourra parler de "simplexe" à propos de l'image $|s|$, ou de s elle-même, mais seulement par abus de langage.)

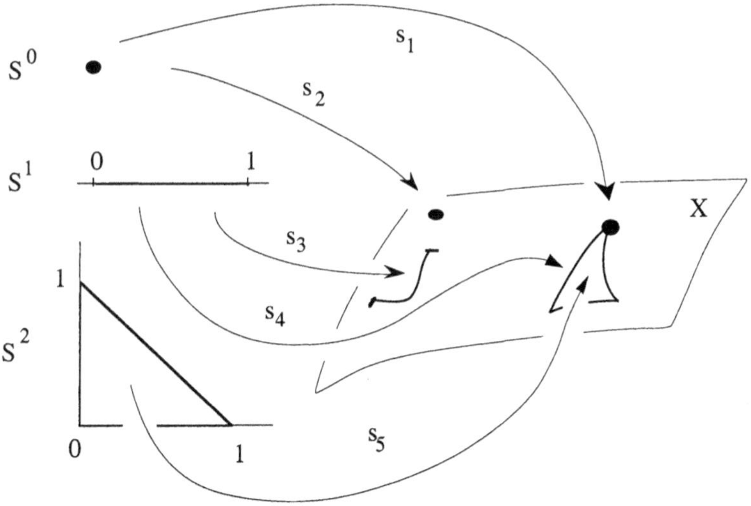

Figure A9.1. Quelques cellules simpliciales, en dimension 2.

Triangulation, ou *pavage simplicial* d'une variété différentiable X de dimension n. On appelle ainsi une famille *S* de cellules simpliciales de dimension n dans X avec les propriétés suivantes :

[5] Même notion que plus haut $\mathrm{sign}(\sigma, \varsigma)$, dans un contexte légèrement différent.

(a) Si s et σ sont deux cellules de S, l'application $s \circ \sigma^{-1}$ est simpliciale,

(b) Si $s \neq \sigma$, alors $|s| \neq |\sigma|$,

(c) $\cup_{s \in S} |s| = X$,

(d) Toute partie compacte de X est contenue dans la réunion d'un nombre fini d'images $|s|$.

Ces axiomes correspondent presque à la notion de maillage utilisée en théorie des éléments finis, où la variété X, de dimension 3, est le domaine D. (On vérifiera que, d'après (a), l'intersection de deux tétraèdres est un tétraèdre, une facette, une arête, un sommet, ou est vide.) Noter que la forme des éléments peut être choisie à loisir, et adaptée à la courbure du bord de D. Toutefois, la pratique des éléments finis exige plus qu'un simple pavage, elle demande qu'on sache parler avec précision des sommets, arêtes, etc., susceptibles de porter des degrés de liberté. D'où la notion suivante :

Maillage simplicial d'une variété différentiable X de dimension n. C'est une famille S de cellules simpliciales de dimension p (attention !), $0 \leq p \leq n$, avec les propriétés (a) à (d) ci-dessus, et de plus,

(e) Si $|s| \cap |\sigma|$ n'est pas vide, il existe une et une seule cellule de s dont l'image est $|s| \cap |\sigma|$.

Les p-cellules simpliciales, avec $p = 0, 1, 2, 3$, sont les nœuds (ou "sommets"), les arêtes, les facettes et les tétraèdres, ou "volumes", du maillage. La restriction "et une seule" ci-dessus correspond à l'usage, mais on peut quelquefois trouver avantage à la lever.

Noter que tout pavage, ou maillage, simplicial de X induit un pavage ou maillage simplicial du bord ∂X.

Un maillage simplicial S' est *plus fin* que S si pour tout $s \in S$, il existe une partie S'' de S' qui constitue un maillage simplicial de $|s|$. (Même notion pour les pavages.) C'est naturellement une relation d'ordre. Divers procédés de subdivision (cf. Fig. A9.2) permettent de raffiner un maillage. On dira qu'une suite ordonnée de maillages m "tend vers zéro" (noté $m \to 0$ au Chap. 7 en particulier) si la réunion de leurs sommets est dense dans X, et si une certaine condition d'uniformité, destinée à proscrire l'"aplatissement asymptotique" des cellules (comme par exemple : "pas d'angle dièdre supérieur à $(180 - \theta)°$, $\theta > 0$") est satisfaite.

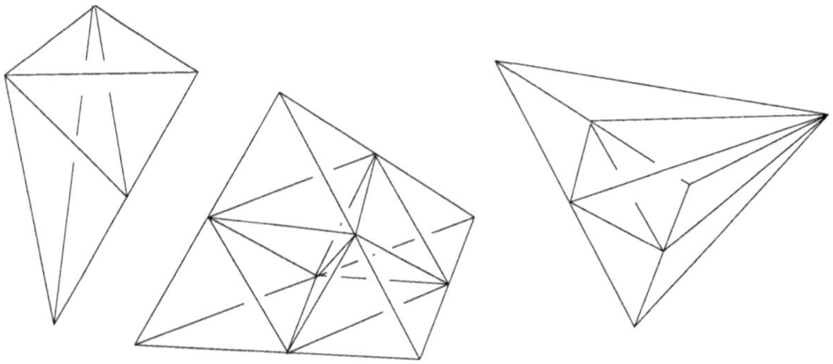

Figure A9.2. Raffinement local d'un maillage. Les tétraèdres voisins de celui du centre, découpé en 8 morceaux, doivent être eux-mêmes coupés en 4, comme celui de droite, ou (pour ceux, comme celui de gauche, ayant une arête en commun avec le tétraèdre central) en 2.

Intégrale d'une densité. Soit $\tilde{\omega} = \{\omega, \Omega\}$ une densité sur X, et S un pavage simplicial. Posons $<\tilde{\omega}, s> = (n!)^{-1}\, \omega(s_* e_1, \ldots, s_* e_n)\, \mathrm{sgn}[\Omega(s_* e_1, \ldots, s_* e_n)]$, où les e_i sont les vecteurs de base de $\mathbb{R}^n$ (i.e., les arêtes $\{0, i\}$ du simplexe de référence). On pose alors

$$\mathcal{J}_S(\tilde{\omega}) = \Sigma_{s \in S} < \tilde{\omega}, s>.$$

(C'est une somme de Riemann.) L'intégrale de $\tilde{\omega}$ sur X est la limite, si elle existe, de $\mathcal{J}_S(\tilde{\omega})$ lorsque S parcourt une suite ordonnée de maillages qui "tend vers zéro". Il est clair que $\mathcal{J}_S(\tilde{\omega})$ est indifférent à l'orientation des applications s, et c'est pourquoi ce sont les densités, et non les n-formes, qui peuvent être intégrées.

Les p-formes tordues s'intègrent sur les sous-variétés de dimension p. En particulier, l'intégrale $\int_{\partial X} \tilde{\omega}$ a un sens si $\tilde{\omega}$ est de degré $n - 1$. (C'est l'intégrale de sa trace, dont on a vu la définition plus haut.)

Différentielle extérieure. Si $\omega = x \to \Sigma_{\sigma \in C(n, p)}\, \omega_\sigma(x)\, d^{\sigma(1)} \wedge d^{\sigma(2)} \wedge \ldots \wedge d^{\sigma(p)}$ est la représentation en coordonnées d'une p-forme, on note $d\omega$ la $(p + 1)$-forme donnée par

(3) $$d\omega = x \to \Sigma_{\sigma \in C(n, p),\ i = 1, \ldots, n}\, \partial_i \omega_\sigma(x)\, d^i \wedge d^{\sigma(1)} \wedge d^{\sigma(2)} \wedge \ldots \wedge d^{\sigma(p)}.$$

Pour une forme tordue $\tilde{\omega} = \{\omega, \Omega\}$, on a par définition $d\,\tilde{\omega} = \{d\omega, \Omega\}$. Si $p = 0$, et si donc ω est une fonction f, df est sa *différentielle*, et $<df, v>$ est ce qu'on a noté plus haut $(\Sigma_i v^i \partial_i) f$.

Théorème A9.1 (Stokes). *Si* $\tilde{\omega}$ *est une* (n − 1)-*forme tordue, on a*

(4) $$\int_{\partial X} \tilde{\omega} = \int_X d\,\tilde{\omega}\,.$$

Démonstration. Prendre un pavage de X assez fin pour que chaque cellule simpliciale s soit dans le domaine d'une carte. Il est facile alors de montrer que $\int_{\partial|s|} \tilde{\omega}$ est égal à $\int_{|s|} d\,\tilde{\omega}$, en travaillant dans une carte à partir de (3). Lorsqu'on ajoute ces différentes contributions, les intégrales sur les (p − 1)-faces internes s'annulent deux à deux, et il ne reste que celles appartenant à ∂X, d'où (4). ◊

Dérivée de Lie. Opération de type $\mathcal{F}^p \to \mathcal{F}^p$, définie par $L_v\omega = i_v(d\omega) + d(i_v\omega)$, où v est un champ de vecteurs. Si p = 0, $L_v f = \langle df, v\rangle$. Lorsque f dépend du temps, $\partial_t f + L_v f$ est la *dérivée convective* de la mécanique des fluides.

A9.4 Structures métriques sur les variétés

Métrique. Champ régulier g d'applications bilinéaires $g \in T_x X \times T_x X$, *symétriques* (i.e., $g_x(v, w) = g_x(w, v)$ $\forall$ v, w, x, et strictement *définies positives :* $g_x(v, v) > 0$ si et seulement si $v \neq 0$. Une *variété riemannienne* {X, g} est une variété X munie d'une métrique g.

Si $u \in [0, 1] \to X$ est une trajectoire, et si $\partial_t u(t)$ est le vecteur tangent au point u(t), l'intégrale $\int_{[0,1]} [g(\partial_t u(t), \partial_t u(t))]^{1/2}\, dt$ est la *longueur* de l'image de u. La borne inférieure des longueurs de toutes les trajectoires u telles que u(0) = x et u(1) = y est la *distance* de x et de y. Les axiomes d'une distance sont bien vérifiés (**Exercice A9.2**), et la donnée d'une métrique fait donc de X un espace métrique. Mais il y a plus : une notion d'*angle,* puisqu'on dispose d'un produit scalaire g_x dans chaque espace tangent, une notion de *courbure* intrinsèque, etc., et une structure appelée *connexion,* qui rend possible ce qui ne l'était pas dans le cas général : comparer deux vecteurs éloignés, parler de tenseur "constant" au voisinage d'un point, et apprécier les variations locales de ces objets (notion de "dérivée covariante"). Pour ces notions et leurs applications, en particulier aux "théories de jauge", voir [Bl] (très bon ouvrage, mais abrupt).

Opérateur de Hodge. C'est l'opérateur noté * défini comme suit. Soit ω_x un p-covecteur en x et Ω un volume local. Soit $\{v_1, ..., v_n\}$ un repère direct *orthogonal* (au sens de g), et η_x le (n − p)-covecteur défini (par linéarité) par $\eta_x\{v_{p+1}, ..., v_n\} = \omega_x(v_1, ..., v_p\}$. On note $*\omega$ la forme tordue $\{x \to \eta_x, \Omega\}$. Si $\tilde{\omega} = \{\omega, \Omega\}$, $*\,\tilde{\omega}$ est la forme ordinaire $x \to \eta_x$. Observer (**Exercice A9.3**) que $** = \pm 1$, selon les parités de n et p.

Norme d'une p-forme. Si ω et $\eta \in \mathcal{F}^p$, le produit extérieur $\omega \wedge *\eta$ est une densité, donc $\int_X \omega \wedge *\eta$ a un sens. C'est par définition le produit scalaire de ω et de η. La *norme* de ω est alors $[\int_X \omega \wedge *\omega]^{1/2}$. Tout cela fait de $\mathcal{F}^p$ un espace préhilbertien. En le complétant, on obtient un espace de Hilbert de formes, noté F^p, qui est aux p-formes ce que l'espace L^2 est aux fonctions. Les "espaces L^2_∂" de l'Annexe 2 correspondent de même (pour p = 0, 1, 2) à l'espace de Hilbert F^p_d complété de $\mathcal{F}^p$ par rapport à la norme issue du produit scalaire $((\omega, \eta)) = \int_X \omega \wedge *\eta + \int_X d\omega \wedge *d\eta$.

Références

Le contenu de ce chapitre est détaillé dans

[Bo] A. Bossavit: "Notions de géométrie différentielle pour l'étude des courants de Foucault et des méthodes numériques en Électromagnétisme", in **Méthodes numériques en électromagnétisme** (A.B., C. Emson, I. Mayergoyz), Eyrolles (Paris), 1991, pp. 1-147.

Voir aussi `http://www.icm.edu.pl/edukacja/mat.php` pour une rédaction plus récente.

Pour l'étude des rudiments de la géométrie différentielle, "pure" ou "appliquée" (le titre suffit en général à indiquer dans quelle catégorie on se trouve), chacun des traités ci-dessous peut être utile. Les classiques sont [KN, dR]. Recommandés : [Ar, Bu, MW, So, Su, Sw], ainsi que (plus récents) [Fr, Jä].

[AM] R. Abraham, J.E. Marsden: **Foundations of Mechanics,** The Benjamin/-Cummings Publishing Company, Inc. (Reading, Mass.), 1978.

[AR] R. Abraham, J.E. Marsden, T. Ratiu: **Manifolds, Tensor Analysis, and Applications,** Addison-Wesley (London), 1983.

[Ar] V. Arnold: **Méthodes mathématiques de la physique classique,** Mir (Moscou), 1976.

[Ba] J. Barbotte: **Le calcul tensoriel,** Bordas (Paris), 1948.

[Bl] D. Bleeker: **Gauge Theory and Variational Principles,** Addison-Wesley (Reading, Mass.), 1981.

[Bk] W.L. Burke: **Spacetime, Geometry, Cosmology,** University Science Books (Mill Valley, CA 94941), 1980.

[Bu] W.L. Burke: **Applied Differential Geometry,** Cambridge University Press (Cambridge, U.K.), 1985.

[Ca] H. Cartan: **Formes différentielles,** Hermann (Paris), 1967.

[Ch] Y. Choquet-Bruhat: **Géométrie différentielle et systèmes extérieurs,** Dunod (Paris), 1968.

[CP] M. Crampin, F.A.E. Pirani: **Applicable Differential Geometry,** Cambridge U.P. (Cambridge), 1986.

[Di] J. Dieudonné: **Éléments d'analyse** (t. 3 et 4), Gauthier-Villars (Paris), 1971.

[DN] B. Doubrovine, S. Novikov, A. Fomenko: **Géométrie contemporaine, méthodes et applications** (2e partie), Mir (Moscou), 1982.

[Ed] D.G.B. Edelen: **Applied Exterior Calculus,** Wiley (New York), 1985.

[Fr] Th. Frankel: **The Geometry of Physics,** An Introduction, Cambridge U.P. (Cambridge), 1997.

[Fu] W. Fulton: **Algebraic Topology,** A First Course, Springer-Verlag (New York), 1995.

[GS] M. Göckeler, T. Schücker: **Differential Geometry, Gauge Theories, and Gravity,** Cambridge U.P. (Cambridge), 1987.

[Jä] K. Jänich: **Vector Analysis,** Springer (New York), 2001.

[KN] S. Kobayashi, K. Nomizu: **Foundations of Differential Geometry** (2 Vols.), J. Wiley & Sons (New York), 1963.

[La] J. Lafontaine: **Introduction aux variétés différentielles,** Presses Universitaires de Grenoble (Grenoble), 1996.

[Le] D. Leborgne: **Calcul différentiel et géométrie,** Presses Universitaires de France (Paris), 1982.

[Ml] P. Malliavin: **Géométrie différentielle intrinsèque,** Hermann (Paris), 1972.

[MH] J.E. Marsden, T.J.R. Hughes: **Mathematical Foundations of Elasticity,** Prentice-Hall (Englewood Cliffs, N.J.), 1983.

[Ms] W.S. Massey: **A Basic Course in Algebraic Topology,** Springer-Verlag (New York), 1991.

[MW] C.W. Misner, K.S. Thorne, J.A. Wheeler: **Gravitation,** Freeman (New York), 1973.

[Pa] S. Parrott: **Relativistic Electrodynamics and Differential Geometry,** Springer-Verlag (New York), 1987.

[dR] G. de Rham: **Variétés différentiables,** Hermann (Paris), 1960.

[RF] V. Rohlin, D. Fuchs: **Premier cours de topologie,** Mir (Moscou), 1981.

[So] J.A. Schouten: **Tensor analysis for physicists,** Dover (New York), 1989.

[Su] B. Schutz: **Geometrical methods of mathematical physics,** Cambridge University Press (Cambridge, U.K.), 1980.

[Sw] L. Schwartz: **Les tenseurs,** Hermann (Paris), 1975.

[Sr] J.-M. Souriau: **Géométrie et relativité,** Hermann (Paris), 1964.

[Ti] W. Thirring: **Classical Dynamical Systems,** Springer-Verlag (New York), 1978.

[To] J.A. Thorpe: **Elementary Topics in Differential Geometry,** Springer-Verlag (New York), 1979.

[Wr] G. Weinreich: **Geometrical Vectors,** University of Chicago Press (Chicago), 1998.

[Wt] S. Weintraub: **Differential Forms,** A Complement to Vector Calculus, Academic Press (San Diego), 1997.

[We] C. von Westenholtz: **Differential Forms in Mathematical Physics,** North-Holland (Amsterdam), 1981.

[Wi] T.J. Willmore: **Total curvature in Riemannian Geometry,** Ellis Horwood (Chichester), 1982.

Index des auteurs

Index

Déjà parus dans la même collection

1. T. Cazenave, A. Haraux
Introduction aux problèmes d'évolution semi-linéaires. 1990
2. P. Joly
Mise en oeuvre de la méthode des éléments finis. 1990
3/4. E. Godlewski, P.-A. Raviart
Hyperbolic systems of conservation laws. 1991
5/6. Ph. Destuynder
Modélisation mécanique des milieux continus. 1991
7. J. C. Nedelec
Notions sur les techniques d'éléments finis. 1992
8. G. Robin
Algorithmique et cryptographie. 1992
9. D. Lamberton, B. Lapeyre
Introduction au calcul stochastique appliqué. 1992
10. C. Bernardi, Y. Maday
Approximations spectrales de problèmes aux limites elliptiques. 1992
11. V. Genon-Catalot, D. Picard
Eléments de statistique asymptotique. 1993
12. P. Dehornoy
Complexité et décidabilité. 1993
13. O. Kavian
Introduction à la théorie des points critiques. 1994
14. A. Bossavit
Électromagnétisme, en vue de la modélisation. 1994
15. R. Kh. Zeytounian
Modélisation asymptotique en mécanique des fluides newtoniens. 1994
16. D. Bouche, F. Molinet
Méthodes asymptotiques en électromagnétisme. 1994
17. G. Barles
Solutions de viscosité des équations de Hamilton-Jacobi. 1994
18. Q. S. Nguyen
Stabilité des structures élastiques. 1995
19. F. Robert
Les systèmes dynamiques discrets. 1995
20. O. Papini, J. Wolfmann
Algèbre discrète et codes correcteurs. 1995
21. D. Collombier
Plans d'expérience factoriels. 1996
22. G. Gagneux, M. Madaune-Tort
Analyse mathématique de modèles non linéaires
de l'ingénierie pétrolière. 1996
23. M. Duflo
Algorithmes stochastiques. 1996
24. P. Destuynder, M. Salaun
Mathematical Analysis of Thin Plate Models. 1996

25. P. ROUGEE
Mécanique des grandes transformations. 1997
26. L. HÖRMANDER
Lectures on Nonlinear Hyperbolic Differential Equations. 1997
27. J. F. BONNANS, J. C. GILBERT, C. LEMARÉCHAL, C. SAGASTIZÁBAL
Optimisation numérique. 1997
28. C. COCOZZA-THIVENT
Processus stochastiques et fiabilité des systèmes. 1997
29. B. LAPEYRE, É. PARDOUX, R. SENTIS,
Méthodes de Monte-Carlo pour les équations
de transport et de diffusion. 1998
30. P. SAGAUT
Introduction à la simulation des grandes échelles
pour les écoulements de fluide incompressible. 1998
31. E. RIO
Théorie asymptotique des processus aléatoires faiblement dépendants. 1999
32. J. MOREAU, P.-A. DOUDIN, P. CAZES (EDS.)
L'analyse des correspondances et les techniques connexes. 1999
33. B. CHALMOND
Eléments de modélisation pour l'analyse d'images. 1999
34. J. ISTAS
Introduction aux modélisations mathématiques
pour les sciences du vivant. 2000
35. P. ROBERT
Réseaux et files d'attente: méthodes probabilistes. 2000
36. A. ERN, J.-L. GUERMOND
Eléments finis: théorie, applications, mise en œuvre. 2001
37. S. SORIN
A First Course on Zero-Sum Repeated Games. 2002
38. J. F. MAURRAS
Programmation linéaire, complexité. 2002
39. B. YCART
Modèles et algorithmes Markoviens. 2002
40. B. BONNARD, M. CHYBA
Singular Trajectories and their Role in Control Theory. 2003
41. A. TSYBAKOV
Introdution à l'estimation non-paramétrique. 2003
42. J. ABDELJAOUED, H. LOMBARDI
Méthodes matricielles – Introduction à la complexité algébrique. 2004
43. U. BOSCAIN, B. PICCOLI
Optimal Syntheses for Control Systems on 2-D Manifolds. 2004
44. L. YOUNES
Invariance, déformations et reconnaissance de formes. 2004

Druck und Bindung: Strauss GmbH, Mörlenbach